Peter Cimalla

Entwicklung und Anwendung eines neuartigen optischen Dualband-Kohärenztomografie-Systems für die biomedizinische Bildgebung

TUDpress

Peter Cimalla

Entwicklung und Anwendung eines neuartigen optischen Dualband-Kohärenztomografie-Systems für die biomedizinische Bildgebung

TUDpress
2014

Die vorliegende Arbeit wurde am 17. September 2013 an der Fakultät Elektrotechnik und Informationstechnik der Technischen Universität Dresden als Dissertation eingereicht und am 25. November 2013 verteidigt.

Vorsitzender der Promotionskommission:
Prof. Dr.-Ing. habil. Hagen Malberg

Gutachter:
Prof. Dr. rer. nat. Edmund Koch
Prof. Dr. Martin R. Hofmann

Bibliografische Information der Deutschen Nationalbibliothek
Die Deutsche Nationalbibliothek verzeichnet diese Publikation in der Deutschen Nationalbibliografie; detaillierte bibliografische Daten sind im Internet über http://dnb.d-nb.de abrufbar.

Bibliographic information published by the Deutsche Nationalbibliothek
The Deutsche Nationalbibliothek lists this publication in the Deutsche Nationalbibliografie; detailed bibliographic data are available in the Internet at http://dnb.d-nb.de.

ISBN 978-3-944331-53-9

Verlag der Wissenschaften GmbH
Bergstr. 70 | D-01069 Dresden
Tel.: 0351/47 96 97 20 | Fax: 0351/47 96 08 19
http://www.tudpress.de

Gesetzt vom Autor.
Printed in Germany.

Technische Universität Dresden

Entwicklung und Anwendung eines neuartigen optischen Dualband-Kohärenztomografie-Systems für die biomedizinische Bildgebung

Peter Cimalla

von der Fakultät Elektrotechnik und Informationstechnik der Technischen Universität Dresden

zur Erlangung des akademischen Grades

Doktoringenieur

(Dr.-Ing.)

genehmigte Dissertation

Vorsitzender:	Prof. Dr.-Ing. habil. Hagen Malberg		
Gutachter:	Prof. Dr. rer. nat. Edmund Koch	Tag der Einreichung:	17.09.2013
	Prof. Dr. Martin R. Hofmann	Tag der Verteidigung:	25.11.2013

Vorwort

Diese Arbeit entstand im Rahmen meiner Tätigkeit als wissenschaftlicher Mitarbeiter in der Arbeitsgruppe Klinisches Sensoring und Monitoring unter Leitung von Herrn Prof. Dr. rer. nat. Edmund Koch an der Medizinischen Fakultät Carl Gustav Carus der Technischen Universität Dresden und der Klinik und Poliklinik für Anästhesiologie und Intensivtherapie des Universitätsklinikums Dresden in den Jahren 2008 – 2013.

Abstract

Optical coherence tomography (OCT) is an innovative, contactless modality that is used for noninvasive sub-surface imaging of biological tissue in the field of biomedical research and medicine. OCT bases on the principle of low-coherent light interferometry and allows a high structural resolution in the range of several micrometers. Conventionally, OCT imaging is performed in the near-infrared spectral range, either around 800 nm or 1300 nm, in order to achieve a maximum penetration depth of 1 mm – 2 mm in turbid tissue. Although the fundamental properties of these wavelength bands are so far known, a detailed comparison of how different biological samples are reflected in the two spectral regions is still missing. In particular, it is unclear to what extent the acquired image information is identical in both wavelength bands and whether possible differences can be used as additional spectroscopic contrast mechanisms. To answer these questions, a novel dual-band OCT system is presented in this work, which allows simultaneous imaging at 800 nm and 1250 nm. The system is illuminated by an ultra-broadband supercontinuum laser as a single light source for both wavelength bands, which enables a high axial image resolution of 4 µm – 6 µm for a detailed visualization of the biological microstructure. Compared to single-band imaging, simultaneous dual-band OCT allows the combination of high resolution short-wave imaging and enhanced long-wave penetration depth, speckle reduction by means of frequency compounding and the extraction of differential spectral features of the sample. Due to its high resolution and penetration depth, the developed dual-band OCT system could successfully be applied to numerous biomedical applications, such as noninvasive imaging of retinal degeneration in small animal models and investigation of the optical properties of flowing blood. These experiments, which were carried out in cooperation with other research groups from the field of biology and medicine, revealed new insights into biological processes under *in vivo* conditions. Additionally, advanced methods such as axial resolution improvement by means of adequate fusion of the dual-band spectra as well as the combination of OCT and Indocyanine green fluorescence imaging were demonstrated. The imaging results of simultaneous dual-band OCT indicate that the structural information at 800 nm and 1250 nm is similar in the majority of biological samples investigated. Hence, apart from the enhanced penetration depth at longer wavelengths, both OCT wavelength bands are equally suited to acquire the general tissue morphology. Furthermore, significant wavelength band differences could be observed in melanin-pigmented samples, such as the eye fundus, and birefringent samples, such as the nail plate and nail fold. These differences are mainly caused by absorption and change of polarization, and indicate the potential of dual-band OCT to improve tissue contrast by means of reproducible spectral features. To further enhance this spectroscopic contrast, OCT imaging should be expanded to the visible spectral range in the future.

Kurzfassung

Die optische Kohärenztomografie (OCT) ist ein innovatives, kontaktfreies Bildgebungsverfahren, das in der biomedizinischen Forschung und der Medizin zur nichtinvasiven Schnittbilddarstellung von biologischem Gewebe zum Einsatz kommt. Die OCT beruht auf dem Prinzip der Interferometrie von kurzkohärentem Licht und besitzt eine strukturelle Auflösung im Mikrometerbereich. Für die OCT-Bildgebung wird typischerweise der nahinfrarote Spektralbereich, entweder um 800 nm oder 1300 nm, verwendet, um eine größtmögliche Eindringtiefe von 1 mm – 2 mm in Gewebe zu erreichen. Die grundlegenden Eigenschaften dieser Wellenlängenbänder sind zwar bekannt, ein detaillierter Vergleich, wie verschiedene biologische Proben in beiden Spektralbereichen abgebildet werden, steht jedoch aus. Insbesondere ist offen, inwieweit die gewonnenen Bildinformationen in beiden Wellenlängenbändern identisch sind, und ob sich etwaige Unterschiede als zusätzliche spektroskopische Kontrastmechanismen nutzen lassen. Zur Beantwortung dieser Fragestellungen wurde in der vorliegenden Arbeit ein neuartiges Dualband-OCT-System entwickelt, das eine simultane Bildgebung bei 800 nm und 1250 nm erlaubt. Als gemeinsame Lichtquelle für beide Spektralbereiche diente ein extrem breitbandiger Superkontinuum-Laser, mit dem eine hohe axiale Bildauflösung von 4 µm – 6 µm für eine detailreiche Visualisierung der biologischen Mikrostruktur realisiert werden konnte. Durch die simultane Bilderfassung können die Vorteile der beiden Einzelbänder – eine bessere Auflösung im Kurzwelligen und eine erhöhte Eindringtiefe im Langwelligen – miteinander kombiniert, und die Bildqualität durch Unterdrückung des Speckle-Rauschens verbessert werden. Ferner können durch den Vergleich der Wellenlängenbänder spektrale Informationen über die Probe gewonnen werden. Aufgrund der hohen Auflösung und Eindringtiefe konnte das entwickelte Dualband-OCT-System für zahlreiche biomedizinische Anwendungen, wie die nichtinvasive Bildgebung retinaler Degenerationsvorgänge in Kleintiermodellen und die Untersuchung der optischen Eigenschaften von strömendem Blut, erfolgreich eingesetzt werden. Diese Studien, die in Kooperation mit anderen Forschungsgruppen der Biologie und Medizin durchgeführt wurden, ermöglichten neue Einsichten in biologische Vorgänge unter *in vivo* Bedingungen. Ferner wurden erweiterte Methoden entwickelt, die eine Steigerung der axialen Auflösung durch eine adäquate Fusion der Dualband-Spektren sowie die Kombination von OCT- und Indocyaningrün-Fluoreszenzbildgebung erlauben. Bei der Anwendung des Systems zeigte sich, dass die Strukturinformation im 800 nm- und 1250 nm-Band bei einem Großteil der untersuchten biologischen Proben ähnlich ist. Somit sind beide OCT-Wellenlängenbänder, abgesehen von der erhöhten Eindringtiefe im Langwelligen, gleichermaßen für die Erfassung der allgemeinen Gewebemorphologie geeignet. Daneben konnten in Melanin-pigmentierten Proben, wie dem Augenhintergrund, und in doppelbrechenden Proben, wie dem Fingernagel und der Nagelfalz, auch signifikante spektrale Unterschiede beobachtet werden. Diese sind maßgeblich auf Absorption und Änderung der Polarisation zurückzuführen und zeigen das Potential der Dualband-OCT zur Gewinnung eines zusätzlichen Gewebekontrastes anhand reproduzierbarer spektraler Merkmale auf. Für eine weitere Steigerung dieses spektroskopischen Kontrasts sollte die OCT-Bildgebung zukünftig auf den sichtbaren Spektralbereich erweitert werden.

Inhaltsverzeichnis

Abbildungsverzeichnis

Tabellenverzeichnis

Abkürzungsverzeichnis

A-Scan	Tiefenprofil (engl. amplitude scan)
AG	Arbeitsgruppe
AMD	altersbedingte Makuladegeneration
B-Scan	zweidimensionales Schnittbild (engl. brightness scan)
BFL	Brennpunktabstand von der Linsenrückseite (engl. back focal length)
C-Scan	Volumenstapel aus einzelnen B-Scans
CCD	Charge-coupled device
CMOS	Complementary metal oxide semiconductor
CRTD	Center for Regenerative Therapies Dresden
DOCT	Doppler-OCT
FDML	Fourier domain mode locking
FD OCT	OCT im Frequenzbereich (engl. Frequency domain OCT)
FFT	schnelle Fourier-Transformation (engl. fast Fourier transform)
fps	Einzelbilder pro Sekunde (engl. frames per second)
FSK	optischer Faserschmelzkoppler
FWHM	Halbwertsbreite (engl. full width at half maximum)
GD	Gruppendispersion
H-Sync	horizontales Synchronisationssignal (A-Scan-Takt)
HSL	Hue, Saturation, Luma
ICG	Indocyaningrün
ICGA	ICG-Fluoreszenzangiografie
InGaAs	Indium-Gallium-Arsenid
LDLR	low density lipid receptor
LED	Light emitting diode
M-Scan	Tiefenscans an identischer Position über die Zeit (engl. motion scan)
MEMS	Micro-electro-mechanical system
MRT	Magnetresonanztomografie
MSC	mesenchymale Stammzellen (engl. mesenchymal stem cells)
NA	numerische Apertur
ND	spektral glatte optische Dichte bzw. Abschwächung (engl. neutral density)
Nd:YAG	Neodym-dotiertes Yttrium-Aluminium-Granat
NIR	Nahinfrarot
NMRI	Naval Medical Research Institute
OCM	Optische Kohärenzmikroskopie (engl. optical coherence microscopy)
OCT	Optische Kohärenztomografie (engl. optical coherence tomography)
OFDI	Optical frequency domain imaging (OCT mit durchstimmbarer Lichtquelle)
OMAG	Optical Micro-Angiography
OPD	optische Pfaddifferenz (Gangunterschied)
PCF	Photonic crystal fiber
PET	Positronenemissionstomografie

PN	postnataler Tag
PS OCT	Polarisationssensitive OCT
PSF	Punktspreizfunktion
RBZ	rote Blutzellen (Erythrozyten)
RCS	Royal College of Surgeons
$Rho^{-/-}$	Rhodopsin-defizient
RIN	intensitätsabhängiges Rauchen (engl. relative intensity noise)
ROI	Region of interest
RPE	retinales Pigmentepithel
RTSI	Real-Time System Integration (Bus-System von National Instruments)
SC	Superkontinuum (engl. supercontinuum)
SD OCT	Spectral domain OCT (spektrometerbasierte OCT)
Si	Silizium
SLD	Superlumineszenzdiode
SMF	Singlemode-Faser
SNP	Natrium-Nitroprussid (engl. sodium nitroprusside)
SNR	Signal-zu-Rauschverhältnis (engl. signal-to-noise ratio)
SPFI	Single-pass flow imaging
SS OCT	Swept source OCT (OCT mit durchstimmbarer Lichtquelle)
SOA	optischer Halbleiterverstärker (engl. semiconductor optical amplifier)
SOCT	spektroskopische OCT
STFT	Kurzzeit-Fouriertransformation (engl. short-time Fourier transform)
TD OCT	OCT im Zeitbereich (engl. Time domain OCT)
TE	transversal-elektrisch
TM	transversal-magnetisch
V-Sync	vertikales Synchronisationssignal (B-Scan-Takt)
VIS	Spektralbereich des sichtbaren (visuellen) Lichts

Formelverzeichnis

Formelzeichen	**Bezeichnung**	**Einheit**
A	Abbildungsmaßstab	
A	Flächeninhalt	m^2
$\hat{A}$	Amplitude des A-Scans	dB
α	Strahlwinkel	° (Grad), rad
α_e	Einfallswinkel Gitter	° (Grad), rad
b	konfokaler Parameter	m
b	Bildweite	m
b	Breite der Prismenbasis	m
b_D	Detektorbreite	m
b_G	Breite des ausgeleuchteten Gitterbereichs	m
β	Strahlwinkel	° (Grad), rad
$\Delta\beta$	spektraler Winkelbereich	° (Grad), rad
c	Lichtgeschwindigkeit im Vakuum ($c = 2{,}99792458 \cdot 10^8$ m/s)	m/s
d_{Spot}	Spot-Durchmesser des fokussierten Strahls	m
d_{Strahl}	Strahldurchmesser	m
δ	optischer Neigungswinkel	° (Grad), rad
E	elektrische Feldstärke	V/m
ε	Rotationswinkel (Polarkoordinate)	° (Grad), rad
f	Brennweite	m
Δf	Fokusverschiebung	m
$\Delta\phi$	Phasenverzögerung	° (Grad), rad
φ	Phase	° (Grad), rad
$\Delta\varphi$	Phasenverschiebung	° (Grad), rad
g	Rillenfrequenz Gitter	m^{-1}
g	Gegenstandsweite	m
GD	Gruppendispersion	m^{-1}
Γ	Dämpfungsfaktor des SNR	
γ	Scherrate	s^{-1}
γ	Dachwinkel Prisma	° (Grad), rad
γ	Sturzwinkel (Off-Plane-Winkel) Gitter	° (Grad), rad
h	axiale Punktspreizfunktion	
h	Plancksches Wirkungsquantum ($h = 6{,}62606957 \cdot 10^{-34}$ J·s)	J·s
η	Quanteneffizienz des Detektors	
θ	Strahldivergenz, halber Öffnungswinkel	° (Grad), rad
ϑ	Doppler-Winkel	° (Grad), rad
I	Intensität	W/m^2

I	Pixelintensität	Grauwert
k	Wellenzahl	m^{-1}
Δk	Periodenlänge einer Interferenzoszillation	m^{-1}
l_c	Kohärenzlänge	m
λ	Wellenlänge	m
$\Delta\Lambda$	volle spektrale Breite	m
$\Delta\lambda$	spektrale Bandbreite	m
$\Delta\lambda_{\text{min}}$	spektrales Auflösungsvermögen	m
M	Mittelpunkt	
m	Beugungsordnung	
μ_a	Absorptionskoeffizient	m^{-1}
μ_s	Streukoeffizient	m^{-1}
N	Anzahl der Messpunkte	
N	Anzahl der Detektorelemente	
N_G	Anzahl der beleuchteten Gitterlinien	
n	Brechungsindex	
Δn	Differenz des Brechungsindex	
n_g	Gruppenbrechungsindex	
ν	Lichtfrequenz	s^{-1}
ν_0	Zentralfrequenz	s^{-1}
NA	numerische Apertur	
OPD	optische Pfaddifferenz	m
P	optische Leistung	W
P_P	Probenarmleistung	W
P_R	Referenzarmleistung	W
R	Reflexionsgrad	
R	Gesamtradius eines durchflossenen Gefäßes	m
r	Reflexionsfaktor	
r	Abstand von optischer Achse in Brennebene	m
r	räumliche Koordinate in der Detektorebene	m
r	Radius	m
ρ	Wirkungsgrad des Detektionsarms	
S	Kreisbahn	
S_{AC}	Wechselanteil der Interferenzsignals (entspricht Amplitude des OCT-Signals)	
SNR	Signal-zu-Rauschverhältnis	
σ	Standardabweichung der OCT-Signal-amplitude	
σ_{Shot}	Amplitude des Schrotrauschens	
σ_{RIN}	Amplitude des intensitätsabhängigen Rauschens (RIN)	
$\sigma_{Detektor}$	Amplitude des Detektorrauschens	

T	Transmissionsgrad	
$T_{A\text{-}Scan}$	A-Scan-Periodendauer	s
t	Zeit	s
t_c	Kohärenzzeit	s
t_{exp}	Belichtungszeit (engl. exposure time)	s
v	Geschwindigkeit	m/s
v_g	Gruppengeschwindigkeit	m/s
v_z	axiale Komponente der Geschwindigkeit	m/s
v_x, v_y	transversale Geschwindigkeitskomponenten	m/s
w_0	Strahltaille	m
x	laterale Verschiebung	m
x, y, z	kartesische Koordinaten	
Δx	Halbwertsbreite des Probenstrahls (bezogen auf die Lichtintensität)	m
Δx	laterale Auflösung	m
Δx_E	Halbwertsbreite des Probenstrahls (bezogen auf die Amplitude des elektrischen Feldes)	m
$\Delta x'_E$	abgebildete Halbwertsbreite im OCT-Signal (bezogen auf die Interferenzlichtintensität)	m
z	axiale Tiefe	m
z_{Fokus}	axiale Brennpunktposition	m
z_R	Rayleigh-Länge	m
Δz	axiale Auflösung	m

1 Einleitung

Bildgebende Verfahren sind aus der heutigen Medizin nicht mehr wegzudenken. Sie erlauben Einblicke in die Struktur und Funktion des Körpers und stellen somit ein wertvolles Hilfsmittel der Diagnostik dar. Neben den allgemein bekannten und im klinischen Alltag vielseitig eingesetzten Verfahren wie Röntgen, Ultraschall und Magnetresonanztomografie, existiert noch eine Vielzahl weiterer Methoden, deren Anwendung zumeist auf spezielle Gegebenheiten oder Fragestellungen beschränkt ist. So auch die Bildgebung mittels optischer Kohärenztomografie (engl. optical coherence tomography – OCT). Dabei handelt es sich um ein innovatives, berührungsfreies und nichtinvasives Bildgebungsverfahren, das in der biomedizinischen Forschung und der klinischen Medizin zur Schnittbilddarstellung von biologischem Gewebe wie der Netzhaut, der oberen Haut- und Schleimhautschichten und der Gefäßwand von größeren Arterien (z. B. Herzkranzgefäße) zum Einsatz kommt. Die OCT beruht dabei auf dem Prinzip der Interferometrie mit kurzkohärentem Licht und ermöglicht eine hohe Auflösung im Mikrometerbereich. Sie wurde 1991 erstmals von Huang et al. [1] vorgestellt und wird bis zum heutigen Tag in ihrer Methodik stetig weiterentwickelt.

Wichtige Abbildungsparameter wie das axiale Auflösungsvermögen und die Eindringtiefe in Gewebe hängen dabei von den spektralen Eigenschaften der verwendeten Lichtquelle ab [2]. Das axiale Auflösungsvermögen wird durch die Kohärenzlänge des Lichtes bestimmt, welche sich umgekehrt proportional zur Bandbreite der Lichtquelle verhält. Die Eindringtiefe wird durch die spektralen Absorptions- und Streueigenschaften von biologischem Gewebe definiert und hängt daher vom Wellenlängenbereich der Lichtquelle ab.

Viele OCT-Systeme besitzen eine Auflösung im Bereich von 10 µm und verwenden Superlumineszenzdioden (SLDs) oder wellenlängendurchstimmbare Laser (engl. swept source) als Lichtquellen, welche typischerweise im Nahinfrarotbereich (NIR) um 800 nm oder 1300 nm zentriert sind. In diesem Spektralbereich ist die Eindringtiefe von Licht in biologisches Gewebe am größten, sodass Strukturen bis ca. 1 mm unter der Oberfläche bildgegeben werden können. Gleichzeitig kann bei 800 nm Silizium als günstiges Detektormaterial eingesetzt werden, wohingegen bei 1300 nm optische Standard-Telekom-Bauelemente wie Lichtwellenleiter zur Verfügung stehen. Dabei liefert im Allgemeinen die Bildgebung um 800 nm eine bessere Auflösung aufgrund der kürzeren Wellenlänge, wohingegen der Bereich um 1300 nm eine größere Eindringtiefe besitzt, bedingt durch eine zu größeren Wellenlängen hin abnehmende Lichtstreuung im Gewebe. Die grundlegenden Eigenschaften dieser beiden Wellenlängenbänder in Bezug auf die OCT-Bildgebung sind somit zwar bekannt, ein echter Vergleich sowie eine quantitative Bewertung ihrer Vor- und Nachteile hinsichtlich verschiedener biomedizinscher Anwendungen stehen jedoch aus. Des Weiteren ist offen, inwieweit die gewonnenen Informationen in beiden Bändern identisch sind, und ob sich etwaige Unterschiede als zusätzliche spektroskopische Kontrastmechanismen etablieren lassen. Diese grundlegenden Fragestellungen sollen in der vorliegenden Arbeit durch den Aufbau und die Anwendung eines neuartigen Dualband-OCT-Systems, welches eine simultane Bildgebung bei 800 nm und 1300 nm erlaubt, beantwortet werden.

Als Lichtquelle kommt dabei ein neuartiger, breitbandiger Superkontinuum-Laser (engl. supercontinuum laser – SC-Laser) zum Einsatz, der ein Emissionsspektrum vom Sichtbaren bis ins kurzwellige Infrarote liefert. Aufgrund seiner enormen Bandbreite kann dieser Laser als gemeinsame Lichtquelle für beide Bänder verwendet werden, und erlaubt obendrein eine Verbesserung des axialen Auflösungsvermögens auf unter 10 µm. Wie sich diese Breitbandlichtquelle in einen kompakten optischen Aufbau integrieren lässt, und sich ihre Eigenschaften für die hochauflösende OCT-Bildgebung eignen, soll hier ebenfalls untersucht werden.

Aufgrund der hohen Auflösung und Eindringtiefe konnte das entstandene Dualband-OCT-System in Kooperation mit anderen Arbeitsgruppen der Medizinischen Fakultät der TU Dresden und des Universitätsklinikums Dresden für eine Vielzahl biomedizinischer und präklinischen Fragestellungen erfolgreich eingesetzt werden. Dabei handelte es sich unter anderem um die nichtinvasive Bildgebung der Netzhaut im Kleintiermodell zur *in vivo* Verlaufskontrolle retinaler degenerativer Erkrankungen und deren Behandlung mit neuen Therapieansätzen sowie die Untersuchung der optischen Eigenschaften von strömendem Blut. Die individuelle Anpassung und Anwendung des Dualband-OCT-Systems für die unterschiedlichen Bildgebungsaufgaben wird in dieser Arbeit ebenfalls dargelegt.

Ferner soll in dieser Arbeit auf neue Methoden der OCT-Bildgebung eingegangen werden, die sich mit Hilfe des entstandenen Dualband-OCT-Systems realisieren lassen. Dazu zählen die Verbesserung des axialen Auflösungsvermögens mit Hilfe einer adäquaten numerischen Verrechnung beider Wellenlängenbänder sowie die Kombination der Verfahren OCT und Fluoreszenzangiografie für eine multimodale optische Bildgebung von Blutgefäßen.

2 Physikalisch-Technische Grundlagen

Das folgende Kapitel soll die theoretischen Grundlagen, die für das Verständnis der OCT und der optischen Gewebebildgebung notwendig sind, darlegen. Dabei wird zunächst auf die physikalischen Phänomene Kohärenz und Interferenz von elektromagnetischen Wellen – also auch Licht – eingegangen, welche der OCT zugrunde liegen. Anschließend werden die technischen Grundprinzipien der OCT-Bildgebung im Zeit- und Frequenzbereich erläutert, sowie deren funktionelle Erweiterungen spektroskopische OCT, polarisationssenitive OCT und Doppler-OCT vorgestellt.

2.1 Kohärenz und Interferenz

Der Begriff Kohärenz beschreibt in der Optik die Eigenschaft von Wellen ortsfeste Interferenzerscheinungen bilden zu können. Damit es bei der Überlagerung zweier Wellen zu stationären Interferenzeffekten kommt, d. h. lokale Verstärkung oder Auslöschung der Lichtintensität, müssen beide Wellen eine feste Phasenbeziehung zueinander aufweisen. Die Überlagerung zweier ebener, paralleler, identisch polarisierter Lichtwellen gleicher Frequenz erfolgt dabei nach dem Superpositionsprinzip und kann mathematisch mit der Addition der komplexen elektrischen Feldstärken $\underline{E}$ beschrieben werden [3]

$$\underline{E} = \underline{E}_1 + \underline{E}_2 . \tag{2.1}$$

Die sichtbare bzw. messbare Größe ist jedoch die Lichtintensität I, welche proportional zum Betragsquadrat des E-Feldes ist

$$I \propto \left|\underline{E}\right|^2 = \underline{E} \cdot \underline{E}^* = \left(\underline{E}_1 + \underline{E}_2\right) \cdot \left(\underline{E}_1^* + \underline{E}_2^*\right). \tag{2.2}$$

Mit der Beziehung

$$\underline{E}_1 \underline{E}_2^* + \underline{E}_2 \underline{E}_1^* = 2 \operatorname{Re}\left\{\underline{E}_1 \underline{E}_2^*\right\} \tag{2.3}$$

ergibt sich für das komplexe E-Feld mit der Amplitude $\hat{E}$ und der Phase φ

$$\left|\underline{E}\right|^2 = \left|\underline{E}_1\right|^2 + \left|\underline{E}_2\right|^2 + 2 \operatorname{Re}\left\{\hat{E}_1 \hat{E}_2 \cdot e^{j(\varphi_1 - \varphi_2)}\right\}, \tag{2.4}$$

und somit für die Intensität des Interferenzlichtes

$$I = I_1 + I_2 + 2\sqrt{I_1 \cdot I_2} \cdot \cos(\Delta\varphi), \tag{2.5}$$

$$\text{mit } \Delta\varphi = \varphi_1 - \varphi_2 . \tag{2.6}$$

Die Phasendifferenz $\Delta\varphi$ gibt dabei die Phasenbeziehung zwischen den beiden Wellen bzw. den optischen Gangunterschied zwischen einer Welle und einer zeitlich verschobenen Kopie ihrer selbst an.

Die Phasenlage des von einer Quelle ausgesandten Lichtes ändert sich aufgrund thermisch induzierter Schwingungs- und Stoßprozesse auf atomarer Ebene willkürlich über die Zeit. Die mittlere Zeitspanne, innerhalb der die Phase des ausgesandten Lichtes konstant ist, wird als Kohärenzzeit t_c, die Weglänge, die das Licht während dieser Zeit zurücklegt, als Kohärenzlänge l_c bezeichnet. Eine Lichtwelle, die in einem Interferometer mit einer zeitlich verschobenen Kopie von sich selbst interferieren soll, kann dies nur, wenn die zeitliche Verschiebung kleiner als die Kohärenzzeit und somit der Gangunterschied innerhalb des Interferometers kürzer als die Kohärenzlänge ist. Die zeitliche Kohärenz einer Lichtquelle ist dabei durch die spektrale Zusammensetzung des Lichtes bestimmt. Dieser Zusammenhang wird durch das Wiener-Chintschin-Theorem beschrieben, welches besagt, dass die inverse Fourier-Transformierte des Intensitätsspektrums der Lichtquelle gleich deren Autokorrelations- bzw. Kohärenzfunktion ist [4]. Damit gilt grundsätzlich: Je größer die Bandbreite der Lichtquelle, desto kleiner ist deren Kohärenzlänge. Für ein gaußförmiges Spektrum mit einer Zentralwellenlänge λ_0 und einer Halbwertsbreite (engl. full width at half maximum – FWHM) $\Delta\lambda_{FWHM}$ ergibt sich wiederum eine gaußförmige Kohärenzfunktion deren Halbwertsbreite der Kohärenzlänge der Lichtquelle entspricht. Sie kann im Vakuum bestimmt werden zu [4]

$$l_c = \frac{4 \cdot \ln 2}{\pi} \cdot \frac{\lambda_0^2}{\Delta\lambda_{FWHM}}. \tag{2.7}$$

Neben der zeitlichen Kohärenz, welche durch die spektralen Eigenschaften der Lichtquelle definiert wird, ist die räumliche Kohärenz, d. h. die Interferenzfähigkeit räumlich versetzter Wellen für die OCT von großer Wichtigkeit. Flächenstrahler mit statistischer Phasenverteilung wie Leuchtdioden, Gasentladungs- oder Glühlampen sind räumlich inkohärente Lichtquellen, d. h. das Licht, das von einem Punkt der Leuchtfläche emittiert wird, kann mit sich selbst interferieren, nicht aber mit dem Licht entfernter Punkte. Laser bzw. Punktstrahler wie Superlumineszenzdioden (SLDs) oder optische Halbleiterverstärker (engl. semiconductor optical amplifier – SOA) sind hingegen räumlich kohärente Lichtquellen, d. h. ihr Licht besitzt über die gesamte Apertur dieselbe Phase. Geht im Objektarm des Interferometers ein Teil des Lichtes durch Absorption und Streuung in der Probe verloren, kann das verbleibende Licht dennoch mit dem gesamten Licht aus dem nahezu verlustfreien Referenzarm interferieren, wodurch der Interferenzterm $2\sqrt{I_1 I_2}$ (vgl. Gl. 2.5) nur wenig abnimmt.

2.2 Optische Kohärenztomografie – OCT

Bei der OCT wird die Eigenschaft von breitbandigem, und damit zeitlich kurzkohärentem Licht, nur über einen geringen Gangunterschied miteinander interferieren zu können, gezielt für eine tiefenaufgelöste optische Bildgebung ausgenutzt. Sie basiert daher auf dem Prinzip der Weißlichtinterferometrie.

2.2.1 OCT im Zeitbereich

Bei dieser Variante handelt es sich um die ursprüngliche Form der OCT. Das Licht einer breitbandigen Lichtquelle, typischerweise einer SLD im NIR-Bereich, wird dabei mittels eines Strahlteilers in einen Referenz- und einen Probenstrahl aufgespalten. Das Referenzlicht wird auf einen Spiegel geleitet und das Probenlicht auf das bildzugebende Objekt, z. B. biologisches Gewebe. Das vom Referenzspiegel reflektierte und von der Probe zurückgestreute Licht werden dann mittels des Strahlteilers wieder zusammengeführt, sodass Referenz- und Probenarm ein Interferometer bilden. Die überlagerte Lichtintensität wird daraufhin mittels eines Detektors gemessen. Da es nur dann zu einem Interferenzmuster kommt, wenn Referenz- und Probenarm des Interferometers bis auf die Kohärenzlänge des Lichtes gleich lang sind (engl. coherence gate), kann durch mechanisches Verschieben des Referenzspiegels und Demodulation des Interferenzsignals ein Tiefenprofil der Probe aufgezeichnet werden [2].

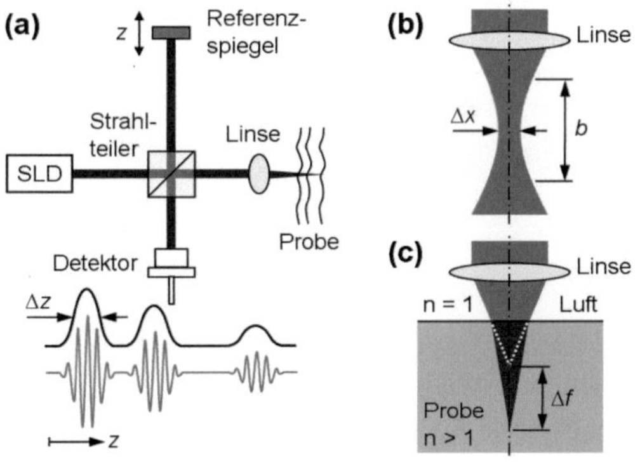

Abb. 2.1(a) Schematischer Aufbau eines Time domain OCT-Systems mit einer Superlumineszenzdiode (SLD) als Lichtquelle. Das in Abhängigkeit von der Position des Referenzspiegels erfasste Interferenzsignal (graue Kurve) wird demoduliert (schwarze Kurve) um ein Intensitätsprofil der Probe über die Tiefe z zu erhalten. Die axiale Auflösung Δz wird durch die Kohärenzlänge der Lichtquelle definiert. (b) Schematische Wellenoptik-Darstellung des fokussierten Probenstrahls als Gauß-Strahl, durch den die laterale Auflösung Δx und der konfokaler Parameter b (Schärfentiefe) des OCT-Systems bestimmt werden. (c) Schematische Strahlenoptik-Darstellung des fokussierten Probenstrahls beim Übergang von Luft in eine optisch dichtere Probe mit einem Brechungsindex $n > 1$. Durch Lichtbrechung an der Grenzfläche wird der Brennpunkt um Δf in die Tiefe verschoben (Bildhebung), was bei der Abstimmung der Referenzarmlänge auf die Fokusposition berücksichtigt werden muss. Weiterer Erläuterungen im Text.

Dieses Tiefenprofil (engl. amplitude scan – A-Scan) gibt die Rückstreuung des Lichtes im Gewebe wieder, die durch minimale Brechzahlunterschiede zwischen einzelnen Gewebebestandteilen und -typen verursacht wird. Gleichzeitig repräsentiert der Verlauf des Tiefenprofils, dessen Amplitude aufgrund von Absorption und Streuung mit der Tiefe abnimmt, die Extinktion bzw. optische Dichte des Gewebes. Da die Aufnahme des Tiefenprofils durch Verfahren des Referenzspiegels über die Zeit erfolgt, wird dieses Verfahren als OCT im Zeitbereich (engl. Time domain OCT – TD OCT) bezeichnet. Diesem Zeitbereich ist durch die Verfahrgeschwindigkeit des Spiegels ein Ortsbereich zugeordnet. Der schematische Aufbau eines TD OCT-Systems ist in Abb. 2.1 dargestellt.

Axiale Auflösung

Das axiale Auflösungsvermögen, also der minimale Abstand den zwei Streuzentren in der Tiefe haben müssen, damit sie im Ortsbereich noch als getrennte Echos wahrnehmbar sind, wird durch die Kohärenzlänge der Lichtquelle bestimmt. Liegt ein gaußförmiges Spektrum vor, so wird ein einzelner punktförmiger Streuer mit einer ebenfalls gaußförmigen Impulsantwort abgebildet. Deren Halbwertsbreite entspricht aufgrund der doppelten Laufzeit für Hin- und Rückweg des Lichtes im Interferometer der halben Kohärenzlänge (oder Umlaufkohärenzlänge, engl. round trip coherence length). Da ein Echo definitionsgemäß um diese Halbwertsbreite der Impulsantwort zu einem gleich hellen Echo verschoben sein muss, damit beide noch getrennt wahrgenommen werden können, kann mit Gl. (2.7) die axiale Auflösung im Vakuum Δz_{Vakuum} für ein gaußförmiges Spektrum berechnet werden zu [4;5]

$$\Delta z_{Vakuum} = \frac{l_c}{2} = \frac{2 \cdot \ln 2}{\pi} \cdot \frac{\lambda_0^{\ 2}}{\Delta \lambda_{FWHM}}. \tag{2.8}$$

Für die axiale Auflösung Δz in einem optischen Medium muss zusätzlich noch dessen Brechungsindex n berücksichtigt werden. Unter Vernachlässigung der Dispersion gilt

$$\Delta z = \frac{\Delta z_{Vakuum}}{n}. \tag{2.9}$$

Laterale Auflösung

Durch laterales Verschieben des Probenstrahls über das Untersuchungsobjekt können die so gewonnenen benachbarten A-Scans zu Schnittbildern und Volumenstapeln zusammengesetzt werden. Die Amplitude der Interferenzlichtintensität wird dabei in Grauwerte überführt. In Anlehnung an die Ultraschalltechnik werden zweidimensionale Schnittbilder als B-Scans (für engl. brightness scan) und Volumenstapel als C-Scans bezeichnet. Mehrere an identischer Probenposition über die Zeit aufgezeichnete A-Scans werden als M-Scan (für engl. motion scan) bezeichnet. Diese Darstellungsart eignet sich besonders um periodische Bewegungen in der Probe, z. B. durch Herzschlag, sichtbar zu machen. Das laterale Auflösungsvermögen wird dabei durch die objektseitige numerische Apertur NA_{obj} des Probenlichtes bestimmt, die sich aus dem Sinus des halbseitigen Öffnungswinkel α und dem Brechungsindex des Immersionsmediums n_{im} ergibt zu [3]

$$NA_{obj} = n_{im} \cdot \sin\alpha \,. \tag{2.10}$$

Für kleine Öffnungswinkel, für die der Ausdruck $\sin(\alpha) \approx \tan(\alpha) \approx \alpha$ gilt, kann die numerische Apertur an Luft mit $n_{im} = 1$ näherungsweise bestimmt werden zu

$$NA_{obj} \approx \frac{d_{Strahl}}{2 f_{obj}}, \tag{2.11}$$

wobei d_{Strahl} der Durchmesser des kollimierten Strahls und f_{obj} die Brennweite der Objektivlinse sind. Nähert man den Verlauf des fokussierten Strahles durch einen Gauß-Strahl an, so ergibt sich zwischen der Strahltaille w_0, also dem Abstand von der optischen Achse bei dem im Brennpunkt die Lichtintensität auf das $1/e^2$-fache abgefallen ist, und der Strahldivergenz θ die Beziehung [3]

$$\tan\theta = \frac{\lambda}{\pi \cdot w_0}. \tag{2.12}$$

Die Strahldivergenz entspricht dem halben Öffnungswinkel bezogen auf das $1/e^2$-Niveau des Strahlprofils. Sie ist daher mit der numerischen Apertur verknüpft. Für kleine Winkel kann daher die Strahltaille w_0 mit Gl. (2.10), Gl. (2.11) und Gl. (2.12) näherungsweise bestimmt werden zu

$$w_0 \approx \frac{\lambda}{\pi} \cdot \frac{1}{NA_{obj,1/e^2}} \approx \frac{\lambda}{\pi} \cdot \frac{2 f_{obj}}{d_{Strahl,1/e^2}}, \tag{2.13}$$

wobei $d_{Strahl,1/e^2}$ der Durchmesser des kollimierten Strahls bezogen auf das $1/e^2$-Niveau ist, mit dem die Objektivlinse beleuchtet wird. Die laterale Auflösung, die mit dieser Art der Beleuchtung erzielt werden kann, entspricht definitionsgemäß der Halbwertsbreite Δx des gaußförmigen Intensitätsprofils im Brennpunkt. Sie ergibt sich zu

$$\Delta x = \sqrt{2 \cdot \ln 2} \cdot w_0 \approx \frac{\sqrt{8 \cdot \ln 2} \cdot \lambda \cdot f_{obj}}{\pi \cdot d_{Strahl,1/e^2}}. \tag{2.14}$$

Bildhebung

Beim Übergang des fokussierten Probenstrahls von Luft in optisch dichteres Gewebe mit dem Brechungsindex $n > 1$ wird die Strahlgeometrie durch Lichtbrechung verändert. Bei ebener Grenzfläche verkleinert sich der Öffnungswinkel und damit die NA um den Faktor $1/n$. Da sich aufgrund der geringeren Lichtgeschwindigkeit die Wellenlänge λ im Gewebe ebenfalls um den Faktor $1/n$ verringert, bleibt die Strahltaille und damit die laterale Auflösung nach Gl. (2.13) und Gl. (2.14) aber konstant. Durch die Lichtbrechung verschiebt sich auch die Fokusebene im Gewebe um den Faktor n in die Tiefe. Dieser Effekt wird als Bildhebung bezeichnet, da bei einer optischen Abbildung tiefer gelegene Strukturen näher erscheinen würden als sie tatsächlich sind. Gleichzeitig erhöht sich durch den Brechungsindex $n > 1$ auch der optische Gangunterschied, d. h. Strukturen im Gewebe erscheinen im OCT-Bild um den Faktor n weiter entfernt als sie tatsächlich sind. Somit muss die Referenzarmlänge je nach Dicke und Beschaffenheit der Probe angepasst werden, um auf die Fokusposition im Gewebe abgestimmt zu sein.

Schärfentiefe

Eine besondere Eigenschaft der OCT ist, dass die laterale und axiale Auflösung voneinander entkoppelt sind. Das laterale Auflösungsvermögen ist wie bei der konventionellen Lichtmikroskopie von der Fokussierung abhängig, und nimmt bei einem Gauß-Strahl für eine Position z außerhalb der Brennpunktposition z_{Fokus} mit der Form

$$\Delta x(z - z_{Fokus}) = \Delta x(z_{Fokus}) \cdot \sqrt{1 + \left(\frac{z - z_{Fokus}}{z_R}\right)^2} \tag{2.15}$$

ab [3]. Dabei entspricht z_R der Rayleigh-Länge des Gaußstrahls, also dem Abstand vom Brennpunkt bei dem sich die Strahlquerschnittsfläche verdoppelt hat. Das axiale Auflösungsvermögen ist hingegen nach Gl. (2.8) durch die Kohärenzlänge definiert und bleibt somit über den gesamten Tiefenmessbereich konstant. Im Allgemeinen verwenden OCT-Systeme eine kleine NA um eine große Schärfentiefe zu realisieren, und so das zurückgestreute Licht über einen großen Tiefenbereich erfassen zu können. Ein Maß für die Schärfentiefe eines Gauß-Strahls ist der konfokale Parameter b. Er entspricht der doppelten Rayleigh-Länge und kann bestimmt werden zu [3]

$$b = 2z_R = \frac{2\pi \cdot w_0^2}{\lambda} \approx \frac{8 \cdot \lambda \cdot f_{obj}^2}{\pi \cdot d_{Strahl,1/e^2}^2}. \tag{2.16}$$

Ist eine große Schärfentiefe z. B. bei sehr dünnen Proben nicht erforderlich, kann durch eine höhere NA die laterale Auflösung und die Effizienz der Probenlichterfassung verbessert werden. Zur Unterscheidung werden die Verfahren mit hoher NA als optische Kohärenzmikroskopie (engl. optical coherence microscopy – OCM) bezeichnet [6].

Eindringtiefe in optisch trübes Gewebe

Wie bereits in Kapitel 1 erläutert, werden für die OCT üblicherweise Lichtquellen im Nahinfrarotbereich von 700 nm bis 1400 nm verwendet, da die Eindringtiefe in biologisches Gewebe in diesem optischen Fenster mit ca. 2 mm bis 8 mm maximal ist [7;8]. Der Spektralbereich des optischen Fensters wird dabei im Kurzwelligen durch eine erhöhte

Lichtstreuung im Gewebe, und im Langwelligen durch eine gesteigerte Lichtabsorption durch das im Gewebe enthaltene Wasser begrenzt.

Für die OCT muss zusätzlich auch die Kohärenz des Lichtes beachtet werden. Die meisten Photonen eines Laserpulses, der ein optisch trübes Medium passiert, werden entweder zufällig gestreut (diffuse Photonen) und verlieren ihre Kohärenz, oder sie werden absorbiert. Einige Photonen können sich jedoch über kurze Distanzen auf einer geraden Bahn bewegen ohne gestreut zu werden (ballistische Photonen), wodurch ihre Kohärenz erhalten bleibt. Neben den inkohärenten diffusen Photonen und den kohärenten ballistischen Photonen existieren noch geringfügig gestreuten Photonen (engl. *snake photons*), deren Kohärenz zu einem gewissen Grad erhalten bleibt [9].

Da für die OCT nur die über kurze Distanzen auftretenden ballistischen Photonen (einmalige Rückstreuung) und in gewissem Maße die *snake photons* (mehrfache Vorwärts- und Rückwärtsstreuung) detektierbar sind, ist die Eindringtiefe der Bildgebung je nach Gewebetyp, Spektralbereich und Sensitivität des OCT-Systems auf ca. 1 mm begrenzt.

2.2.2 OCT im Frequenzbereich

Da bei der OCT im Zeitbereich jeder Messpunkt eines A-Scans durch den mechanisch verschiebbaren Referenzspiegel angefahren werden muss, ist die Geschwindigkeit der Bildgebung auf ca. 4000 A-Scans/s beschränkt [10], wodurch eine Echtzeitbildgebung bewegter Proben unter *in vivo* Bedingungen nur begrenzt möglich ist. Eine schnellere, jedoch den optischen Aufbau betreffend deutlich aufwendigere Variante stellt die OCT im Frequenzbereich (engl. Frequency domain OCT – FD OCT) dar. Dabei wird das interferierte Licht, welches durch die Überlagerung von zurückgestreutem Licht der Probe und reflektiertem Licht des Referenzspiegels entsteht, mittels eines Spektrometers analysiert [11;12]. In Analogie zu Gl. (2.5) kann für die spektral betrachtete Zweistrahlinterferenz geschrieben werden

$$I(\lambda) = I_1(\lambda) + I_2(\lambda) + 2\sqrt{I_1(\lambda) \cdot I_2(\lambda)} \cdot \cos[\Delta\varphi(\lambda)], \tag{2.17}$$

$$\text{mit } \Delta\varphi(\lambda) = \frac{2\pi}{\lambda} \cdot n \cdot 2z, \tag{2.18}$$

wobei $n \cdot 2z$ der optische Gangunterschied zwischen Referenz- und Probenarm, und z der geometrische Abstand (axiale Tiefe) des Streuzentrums bezüglich der Position des Referenzspiegels ist. Durch die Überführung vom Wellenlängenraum in den Wellenzahlraum (k-Raum)

$$I(k) = I_1(k) + I_2(k) + 2\sqrt{I_1(k) \cdot I_2(k)} \cdot \cos(k \cdot n \cdot 2z), \tag{2.19}$$

$$\text{mit } k = \frac{2\pi}{\lambda}, \tag{2.20}$$

wird deutlich, dass das Interferenzspektrum durch den Kosinusterm mit einer harmonischen Intensitätsmodulation behaftet ist, deren Frequenz lediglich abhängig vom Gangunterschied $n{\cdot}2z$ zwischen Referenzspiegel und dem jeweiligen Streuzentrum in der Probe ist. Durch diese Modulation entsteht ein spektrales Intensitätsmuster, dessen Streifen als engl. *fringes* bezeichnet werden. Enthält die Probe mehrere Streuzentren in unterschiedlicher Tiefe, wie es bei Volumenstreuern wie biologischem Gewebe der Fall ist, ergibt sich eine Überlagerung aus mehreren Kosinusschwingungen mit entsprechend verschiedenen Frequenzen. Da an verschiedenen Streuzentren zurückgestreute Teilwellen des Probenlichtes ebenfalls interferieren können, beinhaltet das Interferenzsignal zudem einen Autokorrelationsanteil [12]. Da biologische Proben im Allgemeinen inhomogen sind und keine Periodizität aufweisen, wird dieser Anteil mit zunehmender Tiefe jedoch stark gedämpft. Durch eine Fourier-Analyse des Interferenzspektrums erhält man somit einen gesamten A-Scan mit nur einer Messung ohne den Referenzspiegel bewegen zu müssen. Dies ist möglich, da für jede Wellenlänge in einem Interferometer unabhängig von der Kohärenzlänge des Gesamtspektrums Interferenzen zu beobachten sind. Der maximal erfassbare Tiefenmessbereich ist somit nur durch die spektrale Auflösung des Spektrometers limitiert. Ein weiterer Vorteil liegt in der erhöhten Messempfindlichkeit gegenüber dem Time domain Verfahren [13;14], da die zur instantanen Erfassung des Spektrums benötigte Zeilenkamera eine Vielzahl von Einzeldetektoren darstellt. Mit Hilfe schneller Zeilenkameras lassen sich so gegenwärtig A-Scan-Raten von ca. 200 kHz bis 300 kHz erreichen [15;16].

Als alternative Variante der FD OCT kann die spektrale Zerlegung des Lichtes statt im Detektionsarm auch im Beleuchtungsarm des Interferometers erfolgen. Als Lichtquellen kommen dabei Laser zum Einsatz, deren Resonatorlänge, und damit deren Emissionswellenlänge, sich mittels rotierender Polygonspiegel [17;18], resonanter Galvanometerscanner [19] oder MEMS (engl. Micro-electro-mechanical system) [20] schnell durchstimmen lassen. Das Interferenzspektrum wird dann wiederum sequenziell mit einem Einzeldetektor erfasst. Durch die Verwendung von Ringlasern, deren Umlaufzeit auf die Durchstimmzeit piezobetriebener Fabry-Perot-Filter abgestimmt ist (Fourier domain mode locking – FDML) [21], können mittels „Buffering“ A-Scan-Raten von einigen Megahertz erreicht werden [22]. Zur Unterscheidung der Varianten der FD OCT werden spektrometerbasierte Verfahren auch als Spectral domain OCT (SD OCT) und Verfahren mit durchstimmbarer Lichtquelle als Swept source OCT (SS OCT) oder Optical frequency domain imaging (OFDI) bezeichnet. Der schematische Aufbau dieser FD OCT Systeme ist in Abb. 2.2 dargestellt. Da spektrometerbasierte OCT-Systeme im Gegensatz zu Time domain oder Swept source OCT-Systemen zur Erfassung von Tiefenscans auf keinerlei bewegliche mechanische Komponenten angewiesen sind, zeichnen sie sich durch eine gute Phasenstabilität aus, was insbesondere für die Doppler-OCT von Bedeutung ist.

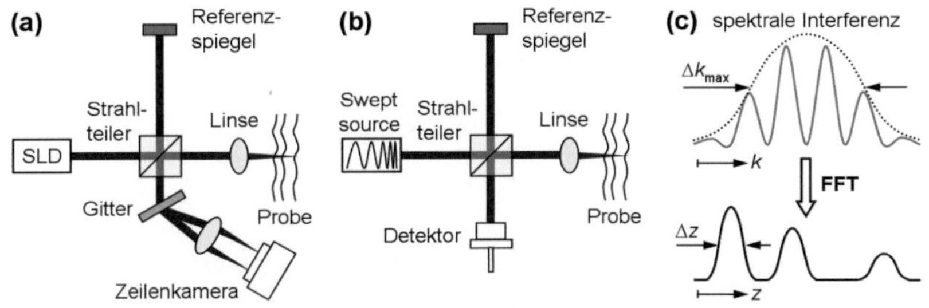

Abb. 2.2 Schematischer Aufbau der Frequency domain (FD) OCT mit fixem Referenzspiegel. (a) Spektrometerbasiertes FD OCT-System mit Superlumineszenzdiode (SLD) als Lichtquelle, und (b) FD OCT-System mit durchstimmbarer Lichtquelle (Swept source OCT). (c) Das Interferenzspektrum (graue Kurve) wird über die Wellenzahl k erfasst. Es enthält harmonische Intensitätsmodulationen, deren Frequenz abhängig vom Gangunterschied zwischen Referenz- und Probenarm ist. (Aus Gründen der Übersichtlichkeit ist nur eine Modulationsfrequenz dargestellt.) Mit Hilfe einer Fourier-Transformation (FFT) kann daraus ein Intensitätsprofil der Probe über die Tiefe z (schwaze Kurve) erhalten werden. Die axiale Auflösung Δz wird dabei durch die Breite $\Delta k_{\max}$ der Einhüllenden des Interferenzspektrums (schwarze gepunktete Kurve) bestimmt. Weiterer Erläuterungen im Text.

Axiale Auflösung und Tiefenmessbereich

Das axiale Auflösungsvermögen der FD OCT verhält sich analog zur TD OCT. Da jedoch nun das Interferenzspektrum erfasst wird, können spektrale Charakteristika, die nicht Teil der eigentlichen Interferenz sind, wie z. B. die spektrale Form der Lichtquelle oder die spektrale Übertragungsfunktion des optischen Aufbaus, numerisch korrigiert werden (engl. spectral shaping), sodass auch mit nichtgaußförmigen Lichtquellen eine gute Bildgebung möglich ist [23]. Darüber hinaus besteht die Möglichkeit die Dispersion in der Probe, die zu einer Verschlechterung der axialen Auflösung mit zunehmender Tiefe führt, rechnerisch zu kompensieren [24]. Vor der Fourier-Transformation muss das Interferenzspektrum zudem gefenstert werden, um Seitenbänder zu unterdrücken. Letztlich wird die axiale Auflösung durch die Breite dieser Fensterfunktion bestimmt. Dabei hat sich das Hann-Fenster (engl. auch Hanning window) als guter Kompromiss zwischen Auflösung und Seitenbandunterdrückung herausgestellt [25]. Da das Hann-Fenster im Gegensatz zum Gauß-Fenster in seinen Randbereichen genau auf Null abfällt, ist das Spektrum eindeutig begrenzt. Die Halbwertsbreite $\Delta\lambda_{FWHM}$ des so gefensterten Spektrums beträgt dann genau die Hälfte der vollen spektralen Breite $\Delta\Lambda$, die im Falle der spektrometerbasierten OCT auf die Zeilenkamera des Spektrometers abgebildet wird. Über die Fourier-Transformation ergibt sich der kleinste erfassbare Gangunterschied, also die axiale Auflösung Δz, aus der maximalen Oszillationsperiode $\Delta k_{\max}$ im Wellenzahlraum, die mit dem Spektrometer aufgelöst werden kann. Sie kann mit Gl. (2.20) über das Fehlerfortpflanzungsgesetz bestimmt werden zu

$$\Delta k_{\max} = \left|\frac{\mathrm{d}k}{\mathrm{d}\lambda}(\lambda_0)\right| \cdot \Delta\lambda = \frac{2\pi \cdot \Delta\lambda}{{\lambda_0}^2}. \tag{2.21}$$

Mit Gl. (2.19) gilt für den Zusammenhang zwischen Δz und $\Delta k_{\max}$

$$\cos(\Delta k_{\max} \cdot n \cdot 2\Delta z) = 1 , \tag{2.22}$$

$$\Delta k_{\max} \cdot n \cdot 2\Delta z = 2\pi , \tag{2.23}$$

$$\Delta z = \frac{\pi}{n \cdot \Delta k_{\max}} . \tag{2.24}$$

Somit kann mit Gl. (2.21) und Gl. (2.24) in Analogie zu Gl. (2.8) und Gl. (2.9) die axiale Auflösung für ein Hann-Fenster berechnet werden zu

$$\Delta z = \frac{\lambda_0^2}{2n \cdot \Delta\lambda_{FWHM}} = \frac{\lambda_0^2}{n \cdot \Delta\Lambda} . \tag{2.25}$$

Dieses Δz entspricht dem doppelten Kanalabstand nach der Fourier-Transformation, da zwei Punkte mindestens einen Abstand von zwei Kanälen haben müssen, um getrennt wahrgenommen werden zu können. Über die Anzahl der Detektorelemente N der Zeilenkamera ergibt sich über das Nyquist-Theorem die Anzahl der Kanäle nach der Fourier-Transformation, und über deren Anstand dann die maximal erfassbare Messtiefe $z_{\max}$ zu

$$z_{\max} = \frac{N}{2} \cdot \frac{\Delta z}{2} = \frac{N \cdot \lambda_0^2}{4n \cdot \Delta\Lambda} . \tag{2.26}$$

Diese Betrachtungen gelten analog für die Swept source OCT. Da das erfasste Interferenzsignal ein reelles Signal ist, ergibt sich nach einer schnellen Fourier-Transformation (engl. fast Fourier transform – FFT) ein bezüglich der Ordinate achssymmetrisches komplexes Signal, dessen Betrag ein Maß für die Intensität des von der Probe zurückgestreuten Lichts ist. Durch diese Symmetrie kommt es an der Referenzebene, also der Position des Referenzspiegels bei $z = 0$, zum Umklappen der bildgegebenen Strukturen [12]. Mit der konventionellen FD OCT kann somit lediglich der absolute Abstand eines Objektes von der Referenzebene ermittelt werden, nicht aber, ob sich das Objekt vor oder hinter der Referenzebene befindet. Daher wurde mit der *full range* FD OCT eine Methode entwickelt, welche durch Aufprägung einer definierten Phasenverschiebung zwischen benachbarten A-Scans die Erzeugung eines komplexwertigen Interferenzsignals und damit eine Vermeidung der Mehrdeutigkeit sowie eine Verdopplung des Tiefenmessbereichs erlaubt [26-28].

2.3 Funktionelle Erweiterungen der OCT

Im Vergleich zu anderen optischen Bildgebungsverfahren, wie beispielsweise der Fluoreszenzmikroskopie, liefert die OCT unspezifische, allgemeine Informationen über die Gewebestruktur. Daher sind verschiedene Erweiterungen zur konventionellen OCT entwickelt worden, die mit Hilfe zusätzlicher Kontrastmechanismen die Bildgebung spezifischer

Gewebetypen verbessern sollen und eine funktionelle Visualisierung erlauben. Zu den am meisten etablierten Erweiterungen zählen die spektroskopische OCT, die polarisationssensitive OCT und die Doppler-OCT. Diese sollen im folgenden Abschnitt kurz vorgestellt werden, da die zugrunde liegenden Kontrastmechanismen im Verlauf dieser Arbeit auch für die hier vorgestellte Dualband-OCT zur Anwendung kommen. Darüber hinaus gibt es weitere Methoden, bei denen *Pump-Probe*-Techniken [29;30], photothermale [31] und magnetomotive Detektion [32-34] oder nichtlineare Phänomene, wie Second harmonic generation [35], für eine Kontraststeigerung genutzt werden. Diese sind gegenwärtig aber zumeist noch im Stadium der Erforschung und Erprobung unter definierten Laborbedingungen.

2.3.1 Spektroskopische OCT

Bei der spektroskopischen OCT (SOCT) wird die große Bandbreite der Beleuchtungsquelle genutzt, um neben der Strukturinformation auch spektrale Merkmale, wie wellenlängenabhängige Absorption und Streuung der Probe ortsaufgelöst zu erfasst. Dies wird durch eine Demodulation des Interferenzsignals mit Hilfe einer Kurzzeitanalyse im Zeitbereich (TD OCT) [36] oder einer Kurzfrequenzanalyse im Frequenzbereich (FD OCT) [37] erreicht. Aufgrund der Unschärferelation führt dabei eine erhöhte spektrale Auflösung zu einer verminderten axialen Auflösung und umgekehrt. Die Funktionsweise der SOCT ist in Abb. 2.3 schematisch nach [38] dargestellt.

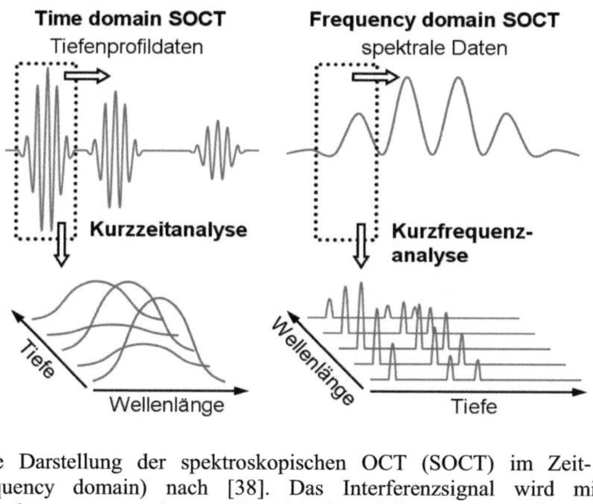

Abb. 2.3 Schematische Darstellung der spektroskopischen OCT (SOCT) im Zeit- (Time domain) und Frequenzbereich (Frequency domain) nach [38]. Das Interferenzsignal wird mittels Kurzzeit- bzw. Kurzfrequenzanalyse (schwarzes gepunktetes Viereck) demoduliert, um so die spektrale Intensität des zurückgestreuten Probenlichtes über die Tiefe zu gewinnen. Weitere Erläuterungen im Text.

Durch die Beleuchtung mit kohärentem Licht kommt es innerhalb der Probe zu lokalen konstruktiven und destruktiven Interferenzerscheinungen zwischen einzelnen Streuzentren, sodass OCT-Bilder von Volumenstreuern stets mit einem Speckle-Muster überlagert sind. Dieses Speckle-Muster ist sowohl von der Größe und dem Abstand der Streuzentren als auch

von der Wellenlänge des Beleuchtungslichtes abhängig. Aufgrund dieser Wellenlängenabhängigkeit des OCT-inhärenten Speckle-Musters wird der durch Absorption und Streuung hervorgerufene spektroskopische Inhalt des OCT-Signals gestört, was eine wesentliche Limitation der SOCT darstellt.
Ein Spezialfall der SOCT ist die Beschränkung der spektralen Auflösung auf zwei separate Wellenlängenbänder (Dualband-OCT), welche die Erfassung von differentiellen Probenmerkmalen erlaubt.

2.3.2 Polarisationssensitive OCT

Bei der Überlagerung zweier elektromagnetischer Wellen können nur die Komponenten miteinander interferieren, die einen identischen Polarisationszustand aufweisen. Diese Eigenschaft des Lichtes wird in der polarisationssensitiven OCT (PS OCT) gezielt ausgenutzt. Durch spezielle optische Aufbauten, die das OCT-Signal getrennt für horizontal und vertikal polarisiertes Licht erfassen [39], ist es möglich, die polarisationsverändernden oder -erhaltenden Eigenschaften von Gewebe bildzugeben, und damit einen zusätzlichen Kontrastmechanismus zu erhalten. Durch Verrechnung der OCT-Signale können die Phasenverzögerung und die Vorzugsrichtung von doppelbrechenden Proben ermittelt werden [40]. Biologisches Gewebe ist in der Regel dann doppelbrechend, wenn es einen geordneten Faseraufbau aufweist. Dies ist beim Auge, dem klinischen Hauptanwendungsgebiet der OCT, beispielweise bei der Hornhaut (Cornea) [41] und der retinalen Nervenfaserschicht, die die Netzhaut bedeckt [42], der Fall. Andere doppelbrechende Gewebetypen sind Muskelgewebe (Muskelfasern) [43], Knorpelgewebe (Kollagen-Fasern) [44] und Horngewebe (Fingernagel) [45]. Mit Hilfe der PS OCT können somit Rückschlüsse auf die Faserorientierung und einen eventuellen Verlust der Gewebeordnung durch Verletzung oder Erkrankung gezogen werden [46-48]. Da sich der Polarisationszustand einer Teilwelle durch doppelbrechendes Gewebe im Probenarm ändert und folglich diese Teilwelle nicht mehr vollständig mit der korrespondierenden Teilwelle aus dem Referenzarm interferieren kann, sind auch alle konventionellen OCT-Verfahren in gewisser Weise polarisationssensitiv.

2.3.3 Doppler-OCT im Frequenzbereich

Mit Hilfe der Doppler-OCT (DOCT) können bewegte Streuzentren wie Erythrozyten in fließendem Blut sichtbar gemacht, und so eine optische Angiografie ermöglicht werden. Unter Kenntnis des Doppler-Winkels kann so auch die Flussgeschwindigkeitsverteilung im Gefäßquerschnitt ermittelt werden.

Geschwindigkeitsabhängige Phasenverschiebung

Die Doppler-OCT im Frequenzbereich beruht dabei auf der Phasenverschiebung, die zwischen zwei zeitlich benachbarten Tiefenscans durch die Bewegung der Streuzentren hervorgerufen wird. Wenn $I_1(\lambda)$ und $I_2(\lambda)$ die zeitlich aufeinander folgenden Interferenzsignale eines bewegten Streuzentrums in der Tiefe z_1 bzw. z_2 sind, so kann für beide mit Gl. (2.19) und Gl. (2.20) geschrieben werden

$$I_1(\lambda) = \hat{I}(\lambda) \cdot \cos\left(\frac{2\pi}{\lambda} \cdot n \cdot 2z_1\right), \tag{2.27}$$

$$I_2(\lambda) = \hat{I}(\lambda) \cdot \cos\left(\frac{2\pi}{\lambda} \cdot n \cdot 2z_2\right), \tag{2.28}$$

$$\text{mit } z_2 = z_1 + v_z \cdot T_{A-Scan}, \tag{2.29}$$

wobei v_z die axiale Geschwindigkeitskomponente des Streuzentrums und $T_{A\text{-}Scan}$ die Zeitspanne zwischen den Tiefenscans, also die A-Scan-Periodendauer sind. Folglich ergibt sich für die Phasenverschiebung zwischen beiden Signalen

$$\Delta\varphi(\lambda) = \varphi_1(\lambda) - \varphi_2(\lambda) = -\frac{4\pi}{\lambda} \cdot n \cdot v_z \cdot T_{A-Scan}. \tag{2.30}$$

Dabei weist das negative Vorzeichen in Gl. (2.30) darauf hin, dass eine negative Phasenverschiebung vorliegt, wenn sich das Streuzentrum von der Referenzebene wegbewegt (positive z-Richtung), und eine positive Phasenverschiebung, wenn es sich zur Referenzebene hinbewegt (negative z-Richtung). Unter der Annahme, dass die über den Spektralbereich gemittelte Phase der Phase bei der Zentralwellenlänge λ_0 entspricht, kann mit dem Doppler-Winkel ϑ zwischen der Einfallsrichtung des Probenstrahls und der Normalen der Strömungsrichtung die Flussgeschwindigkeit über die Tiefe $v(z)$ ermittelt werden zu [49;50]

$$-v(z) = \frac{\Delta\varphi(z) \cdot \lambda_0}{4\pi \cdot n \cdot T_{A-Scan} \cdot \sin\vartheta}. \tag{2.31}$$

Da die komplexen A-Scans nach der Fourier-Transformation der reellwertigen Interferenzspektren einen Betrags- und einen Phasenterm besitzen, kann die Phasenverschiebung $\varphi(z)$ zwischen benachbarten Tiefenprofilen durch eine Multiplikation des komplexen ersten A-Scans $\underline{A}_1(z)$ mit dem konjugiert komplexen zweiten A-Scan $\underline{A}_2(z)$ über die Beziehung

$$\underline{A}_1(z) \cdot \underline{A}_2^*(z) = \hat{A}_1(z) \cdot e^{j\varphi_1(z)} \cdot \hat{A}_2(z) \cdot e^{-j\varphi_2(z)} = \hat{A}_1 \cdot \hat{A}_2 \cdot e^{j\Delta\varphi} \tag{2.32}$$

ermittelt werden. Neben dieser gebräuchlichen phasenaufgelösten DOCT-Variante (engl. phase-resolved DOCT) gibt es weitere Verfahren, wie *Optical Micro-Angiography* (OMAG) [51;52] oder *Single-pass flow imaging* (SPFI) [53;54], die aber alle auf derselben physikalischen Grundlage der bewegungsinduzierten Phasenverschiebung beruhen.

Der Messbereich, in dem die Phasenverschiebung eindeutig bestimmt werden kann, beträgt {-π … +π}. Das Vorzeichen der Phasenverschiebung erlaubt es dabei auf die Richtung der axialen Bewegungskomponente zu schließen. Dadurch können in biologischem Gewebe beispielsweise Arterien und Venen voneinander unterschieden werden, da sie in entgegengesetzter Richtung durchströmt werden [49]. Eine Phasenverschiebung von π entspricht nach Gl. (2.31) einer axialen Bewegung eines Streuzentrums um $\lambda_0/4n$. Die phasenaufgelöste OCT ist somit wesentlich sensitiver gegenüber kleinen Gangunterschieden im Nanometerbereich als die konventionelle OCT, die eine axiale Auflösung von mehreren Mikrometern besitzt. Wird der eindeutige Messbereich überschritten, kommt es zum Umklappen der ermittelten Phasenverschiebung um 2π. Dieser Vorgang setzt sich im klassischen Dopplermodell für Vielfache von $\lambda_0/2n$ periodisch fort.

Geschwindigkeitsabhängige Signaldämpfung

Durch die axiale Bewegung von Streuzentren kommt es neben der Phasenverschiebung zwischen benachbarten A-Scans auch zu einer Phasenverschiebung innerhalb eines Tiefenscans während der Belichtungszeit der Zeilenkamera. Dieser Effekt führt zu einem Verwaschen des Interferenzsignals (engl. *Fringe washout*), wodurch die Amplitude des OCT-Signals abnimmt. Legen die Streuzentren innerhalb der Belichtungszeit t_{exp} Vielfache der Strecke $\lambda_0/2n$ in axialer Richtung zurück, so wandert die Phase während dieser Zeit für jedes Detektorpixel um Vielfache von 2π. Infolgedessen löscht sich das mittlere OCT-Signal an diesen Punkten über die Belichtungszeit vollständig aus. Der geschwindigkeitsabhängige Signalabfall kann für rein axiale Bewegungen mit Hilfe einer Sinc^2-Funktion beschrieben werden [55;56]

$$\Gamma = \frac{\sin^2\left[\frac{2\pi}{\lambda_0}\cdot n\cdot(z_2 - z_1)\right]}{\left[\frac{2\pi}{\lambda_0}\cdot n\cdot(z_2 - z_1)\right]^2}, \tag{2.33}$$

wobei $\Gamma \in \{0 \ldots 1\}$ dem Faktor entspricht, mit dem das Signal-zu-Rauchverhältnis (engl. signal-to-noise ratio – SNR) der Amplitude des OCT-Signals gedämpft wird.

Die geschwindigkeitsabhängige Phasenverschiebung und die resultierende Signaldämpfung sind in Abb. 2.4 zusammengefasst dargestellt.

Klassisches und erweitertes Dopplermodell

Der nach dem klassischen Dopplermodell mit Gl. (2.31) und Gl. (2.33) aufgeführte Zusammenhang zwischen Geschwindigkeit, Phasenverschiebung und Signalabfall gilt bei genauer Betrachtung nur für die zwei Spezialfälle (1) unendlich großer Strahldurchmesser im Vergleich zur Größe der bewegten Streuzentren, oder (2) reine axiale Bewegung der Streuzentren. Anderenfalls kommt es aufgrund der Tatsache, dass in zwei benachbarten Tiefenscans teils unterschiedliche Streuzentren mit verschiedener Ausgangsphase erfasst werden, zu Abweichungen, die zu Fehlinterpretationen der Ergebnisse führen können. Diese lassen sich mit Hilfe des erweiterten Dopplermodells numerisch beschreiben [50;57]. Dabei zeigte sich, dass die Abweichung vom klassischen Modell innerhalb der ersten Phasenverschiebungsperiode von {-π … +π} für einen Doppler-Winkel größer 5° gering ist, und somit vernachlässigt werden kann.

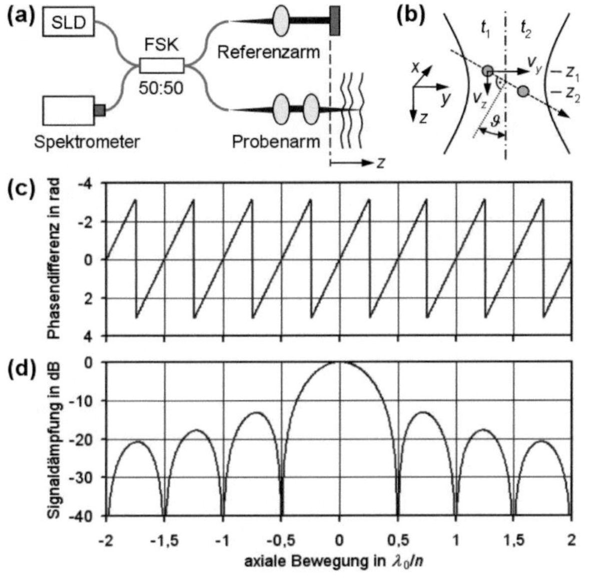

Abb. 2.4 Geschwindigkeitsabhängige Phasenverschiebung und Signaldämpfung. (a) Schematischer Aufbau eines fasergekoppelten spektrometerbasierten FD OCT-Systems, bei dem der Strahlteiler durch einen Faserschmelzkoppler (FSK) ersetzt wurde. Die gestrichelte Linie markiert die Referenzebene bei $z = 0$. (b) Schematische Darstellung eines bewegten Streuzentrums mit einer axialen (v_z) und einer transversalen Geschwindigkeitskomponente (v_y) im fokussierten Probenstrahl zu den Zeitpunkten t_1 und t_2. Mit Hilfe der aus der axialen Bewegung von z_1 nach z_2 resultierenden Phasenverschiebung des OCT-Signals kann unter Berücksichtigung des Doppler-Winkels ϑ auf die absolute Geschwindigkeit des Streuzentrums geschlossen werden. (c) Phasenverschiebung zwischen benachbarten A-Scans nach Gl. (2.31) als Funktion der axialen Bewegung während der A-Scan-Periodendauer und (d) Dämpfung des OCT-Signals nach Gl. (2.33) als Funktion der axialen Bewegung während der Belichtungszeit. Negative und positive Vorzeichen auf der Abszisse stellen eine Bewegung des Streuzentrums zur Referenzebene hin bzw. von der Referenzebene weg dar.

3 Stand der Wissenschaft und Technik

Nachdem im vorhergehenden Kapitel die physikalisch-technischen Grundlagen zur OCT und deren funktionellen Erweiterungen dargelegt worden sind, soll im folgenden Abschnitt der gegenwärtige Stand der Wissenschaft und Technik zur Bildgebung in zwei Wellenlängenbändern (Dualband-OCT) sowie der damit verbundenen Gewinnung von spektralen Probeninformationen aufgezeigt werden, welcher den Ausgangspunkt diese Arbeit bildet.

Dualband-OCT als Erweiterung zur konventionellen OCT-Bildgebung

Wie bereits in der Einleitung aufgeführt, sind konventionelle OCT-Systeme üblicherweise mit kompakten SLDs ausgestattet, die im NIR-Bereich um 800 nm oder 1300 nm emittieren. Im Allgemeinen erlaubt die Bildgebung um 800 nm eine höhere axiale Auflösung aufgrund der kürzeren Zentralwellenlänge. Der Spektralbereich um 1300 nm weist hingegen eine erhöhte Eindringtiefe auf, da die Lichtstreuung im Gewebe und die Absorption durch endogene Chromophore wie Hämoglobin und Melanin zu längeren Wellenlängen hin abnimmt.

Kürzlich vorgestellte OCT-Systeme verwenden SLDs mit einer spektralen Halbwertsbreite (FWHM) von ca. 50 nm bis 80 nm, wodurch eine axiale Auflösung von 7 µm bis 8 µm im 800 nm-Bereich [58;59] und 10 µm bis 15 µm im 1300 nm-Bereich [52;60] erreicht werden kann. Um die axiale Auflösung zu verbessern, müssen spektral breitere Lichtquellen verwendet werden. Dazu können mehrere SLDs mit unterschiedlicher Zentralwellenlänge zu einer kurzkohärenten Breitbandquelle kombiniert werden [61]. Eine Alternative dazu bieten breitbandige, modengekoppelte Festkörperlaser wie Cr:Forsterite- und Ti:Sapphire-Femtosekundenlaser, mit denen die axiale Auflösung auf 6 µm bei 1300 nm [62] und bis auf 1 µm bei 800 nm [63;64] gesteigert werden kann. Eine weitere Verbesserung der axialen Auflösung bis in den Submikrometerbereich ist durch den Einsatz von Superkontinuum-Lasern (SC-Laser) möglich [65]. Diese Lichtquellen, welche ein Emissionsspektrum vom Sichtbaren bis ins kurzwellige Infrarote liefern können, basieren zumeist auf einem modengekoppelten Pumplaser mit Pulsbreiten im Femto- oder Picosekundenbereich, der in eine hochgradig nichtlineare Hohlkernfaser (engl. photonic crystal fiber – PCF) eingekoppelt wird. Die schmalbandigen optischen Pulse werden in dem nichtlinearen Medium spektral extrem verbreitert, sodass am Faserausgang ein breitbandiges, kontinuierliches Emissionsspektrum erscheint [66;67]. SC-Laser mit zwei separaten Wellenlängenbändern, die eine Bildgebung bei 800 nm und 1300 nm mit einer hohen axialen Auflösung von 3 µm bzw. 5 µm erlauben, wurden ebenfalls für die OCT vorgestellt [68;69].

Die Kombination von zwei separaten Wellenlängenbändern für die OCT-Bildgebung (Dualband-OCT) wurde erstmals mit zwei sequentiell arbeitenden SLDs bei 800 nm und 1300 nm demonstriert, die in einem gemeinsamen optischen Aufbau angeordnet sind [70]. Eine simultane Dualband-Bildgebung wurde später durch zwei SLDs und zwei Interferometer im Parallelbetrieb [71] sowie durch zwei SLDs mit einem gemeinsamen Interferometer umgesetzt [72]. Diese Technik erlaubt es die Vorteile der beiden Einzelbänder – ein bessere Auflösung bei 800 nm und eine erhöhte Eindringtiefe bei 1300 nm – miteinander zu kombinieren. Gleichzeitig kann das Speckle-Rauschen durch *frequency compounding* [73] reduziert und damit die Bildqualität verbessert werden. Ferner können durch eine differentielle Auswertung der beiden Wellenlängenbänder örtlich aufgelöste spektrale Informationen über die untersuchte Probe gewonnen werden. Basierend auf den unterschiedlichen Absorptionseigenschaften einer Substanz in zwei verschiedenen Spektralbereichen wurde die Dualband-OCT bereits zur Messung der Wasserkonzentration in Gewebephantomen [74] und der menschlichen Cornea [75], sowie zur Bestimmung der Farbstoffkonzentration und -diffusion in Gewebephantomen [76;77] verwendet.

Für die hochaufgelöste simultane Dualband-OCT wurden bereits Systeme vorgestellt, die einen kommerziellen SC-Laser [78] oder eine Halogenlampe [79] als Einzellichtquelle verwenden. Dabei kamen zunächst Time domain OCT-Aufbauten mit Freistrahlführung zum Einsatz. Als Weiterentwicklung wurde kürzlich auch ein spektrometerbasiertes Dualband-OCT-System für die hochauflösende simultane Bildgebung bei 740 nm und 1300 nm vorgestellt, wobei ein lichtwellenleitergekoppelter optischer Aufbau bestehend aus zwei PCFs zwischen SC-Laser, Messoptik und Auswertespektrometern zur Anwendung kam. Die A-Scan-Rate, die mit diesem System erreicht werden konnte, beträgt 1,1 kHz [80].

Erhöhung des Gewebekontrasts anhand spektraler Merkmale

Ziel der simultanen Bildgebung in zwei Spektralbereichen ist neben der Kombination von hoher Auflösung und gesteigerter Eindringtiefe auch die Erhöhung des Gewebekontrastes anhand differenzieller spektraler Merkmale. Dieser Dualbandmethode steht die Gewinnung ortsaufgelöster spektroskopischer Eigenschaften der Probe in einem einzelnen Wellenlängenband mit Hilfe einer Zeit-Frequenzanalyse gegenüber, welche als spektroskopische OCT (SOCT, vgl. Kapitel 2.3.1) bezeichnet wird. Es konnte bereits gezeigt werden, dass mittels SOCT eine Kontrastverbesserung im Vergleich zur konventionellen, rein intensitätsbasierten OCT möglich ist [36;81;82], obwohl die ihr zugrunde liegenden Mechanismen noch nicht vollständig verstanden sind [83]. So wird berichtet, dass Melanozyten eine signifikante Rotverschiebung des Probenspektrums im Spektralbereich um 800 nm bewirken, was eventuell auf die verminderte Absorption von Melanin bei größeren Wellenlängen zurückzuführen ist [36;82]. Neben der wellenlängenspezifischen Absorption spielt auch die Gewebestreuung eine wichtige Rolle für die SOCT. So konnte gezeigt werden, dass der spektrale Inhalt des OCT-Signals signifikant durch die Größe der Streuzentren, sowie durch den Strahldurchmesser des Probenstrahls und das verfahrensimmanente Speckle-Rauschen beeinflusst wird [83;84].

Eine Hauptzielstellung der SOCT ist die räumlich aufgelöste Erfassung der Sauerstoffsättigung von Hämoglobin [85;86], was in Teilen bereits erfolgreich *in vitro* in humanem Vollblut [87;88] und an einzelnen roten Blutzellen [89] sowie *in vivo* in der menschlichen Retina [90;91] demonstriert werden konnte. Die Detektion einer spezifischen Substanz wie Oxyhämoglobin oder Desoxyhämoglobin in biologischen Proben wird dabei als *Molecular contrast* OCT bezeichnet [92]. Ein naheliegender Kontrastmechanismus, der in diesem Zusammenhang oft genutzt wird, ist die Blau- oder Rotverschiebung des Probenspektrums aufgrund der wellenlängenabhängigen Exstinktion der jeweiligen Substanz. Zur Visualisierung dieser spektralen Verschiebung wird der Schwerpunkt des Probenspektrums farbkodiert im OCT-Bild dargestellt [36;82]. Ebenfalls wurden nahinfrarote Fluoreszenzfarbstoffe sowie Plasmon-resonante Gold-Nanopartikel als Kontrastmittel eingesetzt, um eine zusätzliche Verschiebung des spektralen Schwerpunktes zu erreichen [93;94]. Ein Nachteil dieser Methode ist jedoch die Sensitivität gegenüber wellenlängenabhängiger Streuung. Da größere Wellenlängen aufgrund der verminderten Streuung tiefer in optisch trübes Gewebe eindringen können als kleinere Wellenlängen [95], kommt es mit zunehmender Probentiefe stets zu einer unspezifischen Rotverschiebung des OCT-Signals.

Um diese Einschränkung zu überwinden, wurde eine alternative Technik vorgestellt, die als *Spectral triangulation* bezeichnet wird [96]. Als Kontrastmittel kam der für die Anwendung am Menschen zugelassene, nahinfrarote Fluoreszenzfarbstoff Indocyaningrün (ICG) zum Einsatz. Bei dieser Methode erfolgt die OCT-Bildgebung in drei Wellenlängenintervallen, die einen identischen Abstand zueinander haben. Ein Intervall wird auf das Absorptionsmaximum des Farbstoffes gelegt, während sich die beiden anderen unter- und oberhalb davon befinden. Durch geeignete Datenverarbeitung kann dann die differenzielle Farbstoffabsorption als zusätzlicher Kontrast tiefenaufgelöst bestimmt werden, wobei spektrale Variationen in der Probe, wie die wellenlängenabhängige Streuung, in erster Ordnung unterdrückt werden. Dennoch ist die Verwendung von ICG als absorbierendes OCT-Kontrastmittel aufgrund der hohen benötigten Farbstoffkonzentration noch weit von einer klinischen Anwendung entfernt. Generell unterliegt die absorptionsbasierte SOCT einem Kompromiss zwischen Absorberkonzentration und optischer Weglänge. Um eine ausreichend große spektrale Verschiebung des zurückgestreuten Probenlichtes zu erreichen, muss entweder eine hohe Absorberkonzentration in der Probe vorliegen oder die Länge der absorbierenden Region muss groß sein. Aus diesem Grund konzentrieren sich gegenwärtige Entwicklungen auf die komplexere, streuungsbasierte SOCT [97;98]. Diese unterliegt nicht dem oben genannten Konzentrations-Weglängen-Kompromiss, da die wellenlängenabhängige Streuung nahezu ein Punkteffekt ist [84], der durch die optischen Eigenschaften der individuellen Streuzentren und ihrer unmittelbaren Nachbarn definiert wird.

Die Dualbandmethode, bei der die Rückstreueigenschaften der Probe in zwei verschiedenen Wellenlängenbändern miteinander verglichen werden, ist als spektroskopisches Messverfahren ebenfalls geeignet, um zusätzliche spektrale Gewebeinformationen zu gewinnen. So konnte bereits an menschlicher Schleimhaut in der Mundhöhle [72], an der Trachea [79] und am Auge im Kaninchenmodell [78] sowie an menschlicher Haut und der Nagelfalz [71;78;80] gezeigt werden, dass mit Hilfe dieser Methode eine Verbesserung des Gewebekontrastes möglich ist. Andererseits weisen vergleichende, aber nicht simultan durchgeführte OCT-Messungen bei 800 nm, 1060 nm und 1300 nm in der Retina [99;100] und der Haut [101] darauf hin, dass die gewonnene fundamentale Strukturinformation in allen nahinfraroten Wellenlängenbändern nahezu identisch ist. Der gesteigerten Eindringtiefe in den langwelligen Spektralbereichen bei 1060 nm und 1300 nm scheint dabei ein leicht erhöhter Gewebekontrast bei 800 nm gegenüberzustehen [100;101].

4 Zielstellung der Arbeit

Ausgehend von dem im vorhergehenden Kapitel aufgezeigten aktuellen Stand der Wissenschaft und Technik bezüglich der Dualband-OCT, wurde folgende Zielstellung für die vorliegende Arbeit formuliert.

Es soll ein spektrometerbasiertes Dualband-OCT-System mit hoher Auflösung und adäquatem Tiefenmessbereich für biologisches Gewebe aufgebaut werden, das eine simultane Bildgebung in den Spektralbereichen um 800 nm und 1300 nm erlaubt. Als gemeinsame Lichtquelle für beide Wellenlängenbänder soll ein neuartiger, kommerziell verfügbarer Superkontinuum-Laser zum Einsatz kommen.

Dieser SC-Laser ist zunächst in Betrieb zu nehmen und hinsichtlich Lichtleistung und Emissionspektrum zu charakterisieren. Darauf aufbauend werden die Zentralwellenlänge und die spektrale Breite der beiden Wellenlängenbänder festgelegt, wodurch das axiale Auflösungsvermögen sowie der Tiefenmessbereich definiert werden. Nach Festlegung der Systemspezifikationen soll ein für beide Wellenlängenbänder optimierter optischer Aufbau realisiert werden, der es erlaubt beide Bänder aus dem Emissionspektrum des SC-Lasers zu extrahieren. Spektralbereiche, die nicht für die Bildgebung benötigt werden, sollen durch eine geeignete Filterung geblockt oder unterdrückt werden, um den Nahinfrarotstrahlungseintrag in biologisches Gewebe gering zu halten. Ein einfacher und flexibler Zugang zum jeweiligen Messareal soll durch einen separaten, lichtwellenleitergekoppelten Messkopf (Applikator) gewährleistet werden, der für beide Wellenlängenbänder optimiert ist. Die Detektion des im Applikator entstehenden Interferenzlichtes der beiden Wellenlängenbänder soll mit Hilfe von zwei individuellen Spektrometern realisiert werden. Eine simultane OCT-Bildgebung in beiden Bändern ist dabei durch eine synchronisierte Zeitsteuerung aller betreffenden elektronischen und elektromechanischen Komponenten zu gewährleisten. Die hohen Bildraten, die sich mittels spektrometerbasierter OCT erreichen lassen, sollen eine Echtzeitbetrachtung von sich bewegenden biologischen Proben erlauben.

Im Anschluss an die erfolgreiche Inbetriebnahme und Charakterisierung des Systems soll mittels simultaner Dualband-OCT die Eignung der beiden Wellenlängenbänder für die Bildgebung von unterschiedlichen biologischen Proben untersucht werden, und somit ein anwendungsspezifischer quantitativer Vergleich der Wellenlängenbänder erfolgen. In Verbindung mit der simultanen Bildgebung in zwei Wellenlängenbereichen werden verschiedene Dualband-Kontrastmechanismen ermittelt und untersucht, die auf den spektralen Eigenschaften von biologischem Gewebe beruhen. Damit soll geklärt werden, ob sich diese Kontrastmechanismen als zusätzliches Merkmal für die Unterscheidung verschiedener Gewebetypen im OCT-Bild eignen und etablieren lassen. Darüber hinaus wird untersucht, inwieweit sich diese Kontrastmechanismen durch die Verwendung von Kontrastmitteln wie Fluoreszenzfarbstoffe für eine spezifische Gewebebildgebung optimieren lassen.

Des Weiteren gilt es verschiedene biomedizinische Fragestellungen in dieser Arbeit zu beantworten, die gleichzeitig dazu dienen sollen, die praktische Anwendung des Dualband-OCT-Systems zu demonstrieren. Dabei handelt es sich im Einzelnen um (1) die Bildgebung des Augenhintergrundes im *in vivo* Rattenmodell zur Erfassung der Netzhautdicke in

Abhängigkeit einer fortschreitenden retinalen Degeneration und Behandlung mittels eines neuartigen Therapieansatzes, und (2) die Untersuchung und Ursachenklärung der optischen Inhomogenität von strömendem Blut, die bei *in vivo* Versuchen in den OCT-Schnittbildern von Blutgefäßen beobachtet werden konnte.

5 Systementwurf und -realisierung

In diesem Kapitel wird der Aufbau eines spektrometerbasierten, lichtwellenleitergekoppelten Dualband-OCT-Systems in Verbindung mit einer SC-Laserquelle für die hochauflösende, simultane *in vivo* Bildgebung biologischer Proben bei 800 nm und 1300 nm beschrieben.

5.1 Spezifikationen

Bei der verwendeten Lichtquelle handelt es sich um einen SC-Laser der Firma Koheras (SuperK Versa Super Continuum Source, Koheras A/S, Dänemark), welcher auf einem Nd:YAG-Pumplaser basiert und ein kontinuierliches Emissionsspektrum von 460 nm bis 2400 nm mit einer optischen Gesamtleistung von 1,5 W liefert.
Wie bereits in Kapitel 3 erläutert, werden SC-Laser bereits seit mehreren Jahren unter Laborbedingungen für die OCT-Bildgebung angewendet [23;65;68;69]. Kommerzielle SC-Laser werden hingegen erst seit Kurzem von Fianium (Fianium Ltd., Großbritannien) und Koheras (jetzt NKT Photonics A/S, Dänemark) angeboten. Die Eignung des Fianium-Modells für die OCT-Bildgebung ist bereits im Zeit- und Frequenzbereich demonstriert worden [78;80]. Im Zuge der vorliegenden Arbeit konnte ergänzend dazu erstmals die Verwendung des Koheras-Modells beschrieben werden.
Aus dem breitbandigen Emissionsspektrum des SC-Lasers sollen zwei Bänder im 800 nm- und 1300 nm-Bereich für die simultane Dualband-Bildgebung extrahiert werden. Dabei gilt es in der spektrometerbasierten OCT bei der Wahl der Systemparameter Zentralwellenlänge und spektrale Breite nach Gl. (2.25) und Gl. (2.26) einen guten Kompromiss zwischen axialer Auflösung und Tiefenmessbereich zu finden, die sich umgekehrt proportional zueinander verhalten. Zudem sollen die Bestandteile des SC-Emissionsspektrums, die nicht für die Bildgebung benötigt werden, zum Schutz der Probe vor unnötiger Erwärmung geblockt werden. Dies gilt insbesondere für den leistungsstarken Nd:YAG-Pumplaser bei 1064 nm.
Auf Grundlage dieser Betrachtungen wurden zwei Wellenlängenbänder mit eine Zentralwellenlänge von 800 nm und 1250 nm und einer vollen spektralen Breite von 200 nm bzw. 300 nm ausgewählt. Damit ergibt sich nach Gl. (2.25) eine theoretische axiale Auflösung in Luft von 3,2 µm im 800 nm-Band und 5,2 µm im 1250 nm-Band. Wird jedes Band mit einer individuellen Zeilenkamera mit jeweils 1024 Pixel analysiert, ergibt sich als Konsequenz nach Gl. (2.26) ein maximal erfassbarer Tiefenmessbereich von 0,82 mm im 800 nm-Band und 1,33 mm im 1250 nm-Band.
Bei der Wahl des kurzwelligen Spektralbereichs von 700 nm bis 900 nm und des langwelligen Spektralbereichs von 1100 nm bis 1400 nm wurde zusätzlich berücksichtigt, dass eine OCT-Bildgebung in biologischem Gewebe unterhalb von 700 nm aufgrund der erhöhten Streuung [95] sowie oberhalb von 1400 nm infolge der gesteigerten Wasserabsorption [102] nicht sinnvoll erscheint. Eine Zentralwellenlänge von 800 nm im kurzwelligen Spektralbereich ist insofern günstig, da die Absorptionsspektren von Oxy- und Desoxyhämoglobin an dieser Stelle einen Kreuzungspunkt aufweisen [103;104], und somit dieses Band gegebenenfalls für

eine spektroskopische Auswertung der Sauerstoffsättigung verwendet werden kann. Ebenfalls besitzt der nahinfrarote Fluoreszenzfarbstoff ICG als ein mögliches OCT-Kontrastmittel (vgl. Abschnitt 3) in diesem Bereich sein Absorptionsmaximum [105]. Eine obere Begrenzung des kurzwelligen Spektralbereichs auf 900 nm bezüglich des Verhältnisses von Bandbreite zu maximaler Messtiefe ist sinnvoll, da Silizium als Detektormaterial oberhalb dieser Wellenlänge zunehmend transparent wird und dessen spektrale Empfindlichkeit somit abnimmt [106]. Die untere Begrenzung des langwelligen Spektralbereichs auf 1100 nm wird durch den Pumplaser vorgegeben, welcher sich im Emissionsspektrum als Peak bei 1064 nm niederschlägt, der die benachbarten spektralen Anteile um ca. 10 dB überragt. Wie bereits erwähnt, soll aus Gründen der Lasersicherheit und der zu erwartenden Übersteuerung des Detektors bzw. Einschränkung des Dynamikbereichs für das restliche OCT-Signal der Bereich um 1064 nm nicht für die Bildgebung verwendet werden.

5.2 Optischer Aufbau

Um die Systemspezifikationen umzusetzen, wurde der im Folgenden beschriebene optische Aufbau verwendet. Er besteht im Wesentlichen aus drei Teilen: (1) der Prismen-Linsensequenz zur spektralen Formung der Lichtquelle, (2) dem Messkopf (Applikator) mit integriertem Interferometer, in dem das Interferenzlicht entsteht, und (3) zwei Spektrometern zur simultanen Erfassung des Interferenzlichtes im kurzwelligen und langwelligen Spektralbereich.

5.2.1 Spektrale Formung mittels Prismen-Linsensequenz

Eine adäquate spektrale Formung des kontinuierlichen SC-Laserspektrums zur Generierung zweier separater Wellenlängenbänder kann entweder mittels optischer Filter [107] oder einer Kombination aus dispersiven Elementen und räumlichen Blenden [78] erfolgen. In dieser Arbeit wird die zweite Methode bevorzugt, da es mit ihr möglich ist, den gesamten, für die Bildgebung benötigten Spektralbereich von 700 nm bis 1400 nm als Einzelstrahlanordnung zu handhaben, ohne ihn aufgrund der limitierten Bandbreite verfügbarer optischer Filter aufteilen und wieder zusammenführen zu müssen. Dadurch wird zudem die nachfolgende Einkopplung in eine optische Faser erleichtert.
Ausgehend von der von Spöler et al. vorgeschlagenen Doppel-Prismensequenz [78] wurde im Folgenden eine modifizierte Prismen-Linsensequenz für die spektrale Formung des SC-Laserspektrums umgesetzt. Der optische Aufbau ist in Abb. 5.1 schematisch dargestellt. Das SC-Laserlicht, welches die Lichtquelle als kollimierter Strahl mit einem Durchmesser von 0,8 mm verlässt, wird zunächst auf einen Notch-Filter geleitet, der die spektralen Anteile des Pumplasers bei 1064 nm unterdrückt. Das übrige Licht wird dann durch ein Dispersionsprisma spektral aufgespalten und mittels einer Zylinderlinse fokussiert. In der Brennebene dieser Zylinderlinse befindet sich ein Dachkantprisma mit einer vorgelagerten mechanisch

verstellbare Schlitzblende, mit der der nicht benötigte kurzwellige und langwellige Teil des Emissionsspektrums geblockt wird, und schließlich das gewünschte Dualband-Spektrum entsteht. Das durch das Dachkantprisma umgelenkte Licht durchläuft erneut die Zylinderlinse und das Dispersionsprisma, wodurch die anfängliche Strahlform wiederhergestellt wird (Abb. 5.1, Seitenansicht). Nach der Passage der Prismen-Linsensequenz kann der nun spektral geformte Strahl in eine optische Faser eingekoppelt werden, die im späteren Verlauf zum Messkopf, dem so genannten Applikator führt. Eine detaillierte Beschreibung der Konstruktion der Prismen-Linsensequenz ist im Anhang A.1 zu finden.

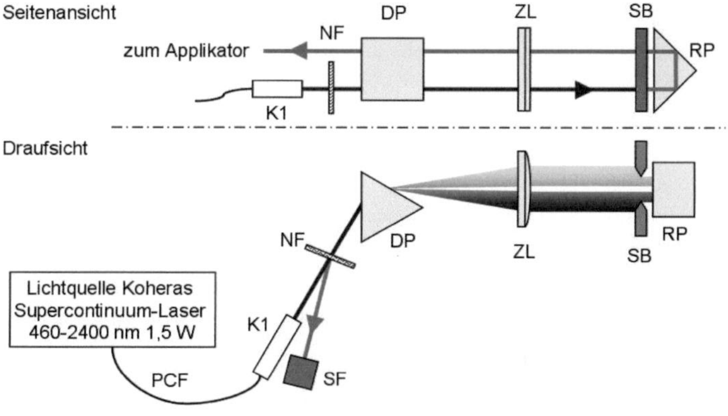

Abb. 5.1 Prismen-Linsensequenz zur spektralen Formung des Emissionsspektrums der SC-Laserquelle: Photonic Crystal Fiber (PCF) und Kollimator des SC-Lasers (K1), Notch-Filter (NF) zur Unterdrückung der spektralen Anteile des Nd:YAG-Pumplasers bei 1064 nm, welche aus dem Strahlverlauf reflektiert und auf eine Strahlfalle (SF) gelenkt werden, Dispersionsprisma (DP), Zylinderlinse (ZL), mechanisch verstellbare Schlitzblende (SB) zum Ausblenden der nicht benötigten unteren und oberen Spektralanteile und Retroreflektorprisma (RP).

Dieser Aufbau bietet gegenüber der ursprünglichen Doppel-Prismensequenz mehrere Vorteile: (1) Es wird nur ein Prisma benötigt, wodurch die Verluste und die Polarisierung des Lichtes beim Übergang zwischen Luft und Glas mit schrägem Einfallswinkel reduziert werden. (2) Der einfallende und zurücklaufende Strahl werden durch das rechtwinklige Umlenkprisma um Ende der Sequenz räumlich getrennt, wodurch kein Licht direkt in den SC-Laser zurückgesendet wird. Aufgrund der durch das Prisma gewährleisteten Parallelität der Strahlen kann die Strahlhöhe des zurücklaufenden Strahls durch vertikales Verschieben des Umlenkprismas einfach justiert werden. (3) Es werden keine mechanisch verschiebbaren Spiegel zur gerichteten, spektral selektiven Reflexion des Lichtes am Ende der Sequenz benötigt, sondern lediglich mechanisch verschiebbare Blenden zum Blockieren unerwünschter spektraler Anteile. Ein geringes Lagerspiel der mechanischen Verschiebeeinheiten kann somit vernachlässigt werden, wodurch die Justage ebenfalls erleichtert wird.

Bei einer Leistungsstufe des SC-Lasers von 70 % beträgt die optische Leistung an dessen Ausgang 845 mW. Diese Ausgangsleistung wird durch den Notch-Filter auf 668 mW und den nachgeschalteten Prismen-Linsenaufbau auf 182 mW reduziert. Folglich sind nach Passage der Prismen-Linsensequenz noch 22 % der ursprünglichen optischen Leistung verfügbar, was aufgrund der hohen Leistung des SC-Lasers für die OCT-Bildgebung mehr als ausreichend ist.

5.2.2 Messkopf und Dualband-Spektrometer

Nach der Passage der Prismen-Linsensequenz wird der nun spektral geformte Strahl über einen Strahlteiler und einen Faserkollimator in eine Singlemode-Faser (SMF) eingekoppelt, die zum Messkopf (Applikator) führt. Um die Lichtleistung, die auf die Probe geschickt wird, weiter zu reduzieren, wurde ein Teilungsverhältnis von 80:20 (Transmissions- zu Reflexionsgrad) gewählt, wodurch die Leistung auf 31 mW verringert wird. Ein weiterer Vorteil dieses Strahlteilers ist, dass 80 % des aus dem Messkopf zurückkommenden Interferenzlichtes den Spektrometern zugeführt werden kann.

Im Applikator befindet sich ein Michelson-Interferometer mit Referenz- und Probenarm. Durch zwei senkrecht zueinander stehende Galvanometerscanner wird der Probenstrahl ausgelenkt, und in Verbindung mit einer telezentrisch angeordneten Scanlinse lateral über die Probe geführt, wodurch eine zwei- und dreidimensionale Bildgebung ermöglicht wird. Das Interferenzlicht wird über den internen Kollimator wieder in die SMF eingekoppelt, mittels des 80:20-Strahlteilers vom hinlaufenden Licht getrennt und zu einem dichroitischen Spiegel geleitet, der das 800 nm-Band und das 1250 nm-Band voneinander separiert. Jedes Band wird anschließend mit einem individuellen, gitterbasierten Spektrometer analysiert. Um eine ausreichende spektrale sowie optische Auflösung der Spektrometer gewährleisten zu können, muss zum einen eine bestimmte Anzahl an Gitterlinien beleuchtet werden, und zum anderen eine genügend gute Fokussierung auf die Detektorzeile erfolgen. Daher wird der beim Verlassen des Faserkollimators vorliegende geringe Strahldurchmesser von 1,44 mm mittels eines Kepler-Teleskopaufbaus auf 15,4 mm vergrößert. Durch eine Lochblende in der Fokusebene des Teleskops wird zudem unerwünschtes, schräg einfallendes Streulicht von vorgelagerten optischen Oberflächen unterdrückt. In den Spektrometern wird das Licht des 800 nm-Bandes auf eine Silizium- (Si) Zeilenkamera und das Licht des 1250 nm-Bandes auf eine Indium-Gallium-Arsenid- (InGaAs) Zeilenkamera fokussiert. Der optische Aufbau des Messkopfes sowie der Spektrometer ist in Abb. 5.2 schematisch dargestellt. Eine detaillierte Beschreibung der Konstruktion ist im Anhang A.2 bzw. A.3 zu finden.

Bei der InGaAs-Zeilenkamera für den langwelligen Spektralbereich handelt es sich um das Modell Sensors Unlimited SU1024LDH-1.7RT-0500/LC (Sensors Unlimited, USA), welche über 1024 Pixel verfügt und eine maximale Zeilenausleserate von 47 kHz erlaubt. Als Si-Zeilenkamera für den kurzwelligen Bereich wurden im Verlauf dieser Arbeit zwei verschiedene Modelle verwendet. In der ursprünglichen Systemkonfiguration (im Weiteren als Konfiguration A bezeichnet) kam der Zeilendetektor DALSA IL-C6-2048C (Teledyne DALSA, Kanada) in Verbindung mit einer kundenspezifischen Ausleseelektronik zum Einsatz, wie er schon in mehreren OCT-Tischgeräten der Arbeitsgruppe Klinisches Sensoring und Monitoring erfolgreich angewendet werden konnte [49;108].

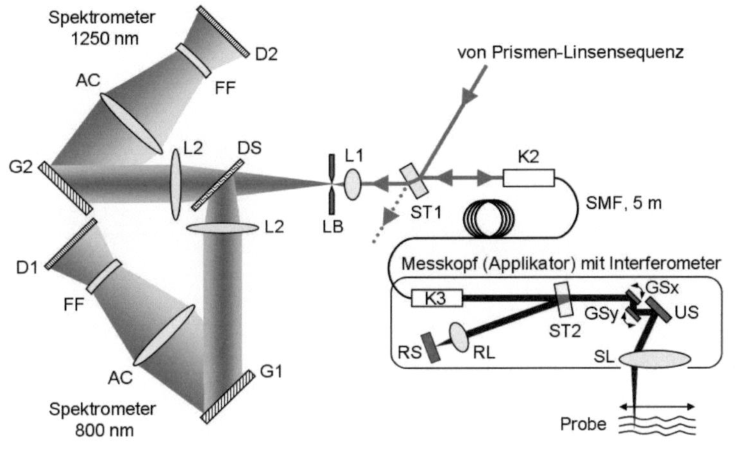

Abb. 5.2 Applikator und Dualband-Spektrometer: Der zuvor spektral geformte Strahl wird über einen Strahlteiler (ST1) und einen Faserkollimator (K2) in eine Singlemode-Faser (SMF) eingekoppelt, die zum Applikator mit integriertem Michelson-Interferometer führt. Im Applikator befinden sich ein interner Kollimator (K3) und ein Strahlteiler (ST2), der das Licht in einen Referenzarm mit Referenzlinse (RL) und -spiegel (RS) sowie einen Probenarm mit senkrecht zueinander angeordneten Galvanometerscannern (GSx, GSy), Umlenkspiegel (US) und Scanlinse (SL) aufspaltet. Das vom Applikator zurückkommende Interferenzlicht wird über eine Teleskopoptik (L1, L2) mit Lochblende (LB) und dichroitischem Spiegel (DS) zur Trennung der Wellenlängenbänder zum jeweiligen Spektrometer geführt. In den Spektrometern werden die Bänder von Reflektionsgittern (G1, G2) spektral aufgespalten und anschließend über eine Optik bestehend aus Achromat (AC) und Fieldflatner (FF) auf eine Si- (D1) bzw. InGaAs-Zeilenkamera (D2) fokussiert.

Die maximale Zeilenausleserate über die integrierte IEEE 1394a-Schnittstelle (FireWire 400) beträgt 11,88 kHz für 1024 Pixel, sodass zugunsten der Geschwindigkeit immer zwei benachbarte Pixel der insgesamt 2048 Detektorelemente intern zusammengefasst wurden (horizontales Binning). Im späteren Verlauf wurde diese Kamera durch eine Basler sprint spL2048-70km (Basler, Deutschland) mit 2048 Pixeln und einer maximalen Zeilenausleserate von 70 kHz ersetzt (Konfiguration B1), um die hohe Aufnahmegeschwindigkeit von 47 kHz simultan in beiden Wellenlängenbändern erreichen zu können. Optional können auch bei dieser Kamera die Detektorelemente durch horizontales Binning zu 1024 Pixeln zusammengefasst werden (Konfiguration B2), wodurch sich die Signalstärke bei geringen Lichtintensitäten erhöhen lässt.

Das Optik-Design für beide Spektrometer in Konfiguration A wurde mittels Raytracing-Software (OSLO Light Edition 6.4, Lambda Research, USA) optimiert und ist im Anhang A.3 näher beschrieben. Beim Wechsel zu Konfiguration B wurde der optische Aufbau des 800 nm-Spektrometers übernommen. Da die Detektorlänge der Basler sprint-Kamera in Konfiguration B mit 20,48 mm kürzer ausfällt als die des DALSA-Detektors in Konfiguration A mit 26,6 mm, wird ein Teil des ursprünglichen kurzwelligen Spektralbereichs von 700 nm bis 900 nm nicht mehr auf die Zeilenkamera abgebildet. Dieser Umstand führt zu einer geringfügigen Verschlechterung der axialen Auflösung von Konfiguration B im

Vergleich zu Konfiguration A. Die verschiedenen Spektrometerkonfigurationen sind in Tabelle 5.1 zusammengefasst.

Tabelle 5.1 Spektrometerkonfigurationen

Band	**800 nm**			**1250 nm**
Konfiguration	A	B1	B2	A und B
Detektor	DALSA IL-C6-2048C	Basler sprint spL2048-70km	Basler sprint spL2048-70km	Sensors Unlimited SU1024LDH-1.7RT-0500/LC
Detektortyp	CCD	Dual line CMOS	Dual line CMOS	Photodiodenarray
Apertur (Breite x Höhe)	26,6 mm x 0,5 mm	20,48 mm x 0,02 mm	20,48 mm x 0,02 mm	25,6 mm x 0,5 mm
Schnittstelle	IEEE 1394a	Camera Link	Camera Link	Camera Link
maximale A-Scan-Rate	11,88 kHz	70 kHz	70 kHz	47 kHz
Anzahl Detektorelemente	1024	2048	1024	1024
Detektorelementgröße (Breite x Höhe)	26 µm x 500 µm (horizontales Binning)	10 µm x 20 µm (vertikales Binning)	20 µm x 20 µm (horizontal- / vertikales Binning)	25 µm x 500 µm
voller Spektralbereich*	700 nm – 900 nm	712 nm – 888 nm	712 nm – 888 nm	1100 nm – 1400 nm
axiale Auflösung*,**	3,2 µm	3,64 µm	3,64 µm	5,21 µm
maximale Messtiefe*,**	0,82 mm	1,86 mm	0,93 mm	1,33 mm

* theoretisch berechnete oder durch Simulation bestimmte Werte, ** in Luft ($n = 1$)

5.2.3 Validierung des optischen Aufbaus

Um die Funktionsweise des optischen Aufbaus überprüfen zu können, wurde zunächst ein selbstentwickeltes, fasergekoppeltes Prismenspektrometer aufgebaut, das für den Wellenlängenbereich von 550 nm bis 1800 nm ausgelegt ist. Nähere Details zur Konstruktion dieses Spektrometers sind im Anhang A.4 zu finden.

In einem ersten Schritt wurden die räumliche Filterung mit Hilfe der mechanischen Schlitzblende in der Prismen-Linsensequenz sowie die anschließende Einkopplung des spektral geformten Strahls in eine SMF getestet. Die Verwendung einer 780 nm-SMF mit einer typischen Cut-off-Wellenlänge von 720 nm (Corning HI 780 Specialty Fiber, Corning, USA) soll dabei den Singlemode-Betrieb über den gesamten, für die OCT-Bildgebung benötigten Spektralbereich von 700 nm bis 1400 nm gewährleisten. Dies ist wichtig, da es anderenfalls bei der Ausbildung mehrerer Moden aufgrund der damit verbundenen unterschiedlichen Weglängen des kohärenten Lichtes durch die Glasfaser zu zusätzlichen Interferenzerscheinungen kommen würde, die das eigentliche OCT-Signal überlagern und stören. Abb. 5.3 zeigt verschiedene Wellenlängenbänder im Spektralbereich von 600 nm bis 1500 nm, die mittels der Prismen-Linsensequenz beliebig aus dem Emissionsspektrum des

SC-Lasers extrahiert und in die 780 nm-SMF eingekoppelt wurden. Die Funktionalität der räumlichen Filterung und der Faserkopplung konnte somit für einen großen Spektralbereich nachgewiesen werden. Da innerhalb der extrahierten Bänder keine Interferenzerscheinungen (Oszillationen im Spektrum) zu beobachten sind, die bei Mehrmodigkeit der Faser zwangsläufig auftreten würden, kann zudem von einem Singlemode-Betrieb über den gesamten Spektralbereich ausgegangen werden.

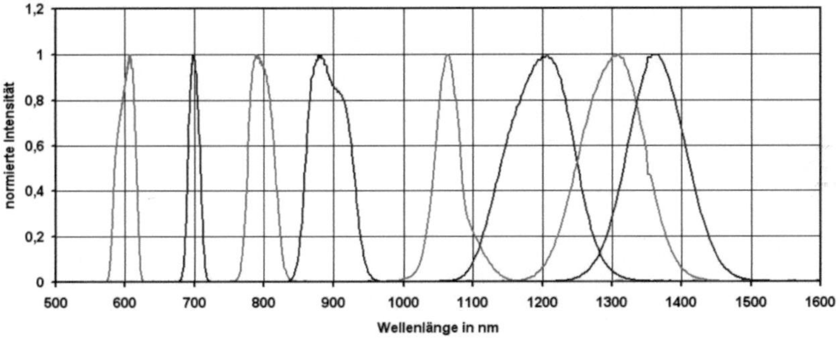

Abb. 5.3 Verschiedene Wellenlängenbänder, die mittels der Prismen-Linsensequenz beliebig aus dem Emissionsspektrum des SC-Lasers extrahiert wurden, nach der Passage einer 780 nm-Singlemode-Faser mit einer Länge von 5 m.

In einem zweiten Schritt wurde die Generierung eines Dualband-Spektrums für die OCT-Bildgebung untersucht. Abb. 5.4(a) zeigt das mit dem Prismenspektrometer gemessene Emissionsspektrum der SC-Laserquelle nach der Einkopplung in die SMF ohne und mit spektraler Formung durch die Prismen-Linsensequenz. Ohne spektrale Formung (schwarze Kurve) ist die Spitze des Pumplasers bei 1064 nm klar zu erkennen. Wellenlängen über 1450 nm werden deutlich abgeschwächt, was entweder durch eine erhöhte Faserdämpfung oder eine verminderte Einkoppeleffizienz in die Faser in diesem Spektralbereich bedingt ist. Mit spektraler Formung (graue Kurve), d. h. durch den Notch-Filter in Kombination mit der mechanischen Schlitzblende, wird ein entsprechendes Dualband-Spektrum mit den Wellenlängenbereichen 700 nm bis 1040 nm und 1090 nm bis 1400 nm erzeugt. In Abb. 5.4(b) ist das erhaltene Dualband-Spektrum in einer linearen Skala (graue durchgehende Kurve: 700-1050 nm, fünffache Vergrößerung, graue gestrichelte Kurve: 1050-1400 nm) sowie die gemessene Transmissionskurve des verwendeten dichroitischen Spiegels (schwarze Kurve), der zur Trennung der Bänder vor der Detektion durch die Spektrometer verwendet wird, dargestellt. Es ist zu erkennen, dass der Spektralbereich von 1100 nm bis 1400 nm (1250 nm-Band) transmittiert wird, wohingegen der Bereich von 700 nm bis 950 nm reflektiert wird. Von dem entsprechenden Spektrometer für das 800 nm-Band wird nur der Bereich von 700 nm bis 900 nm analysiert (Konfiguration A, vgl. Tabelle 5.1). Der Spektralbereich von 900 nm bis 1040 nm wird nicht für die OCT-Bildgebung genutzt.

Die optische Leistung der Wellenlängenbänder, die am Faserausgang der SMF austritt, ist in Abb. 5.5 dargestellt. Es ist zu erkennen, dass die Lichtleistung im Langwelligen näherungsweise linear mit der Leistungsstufe des SC-Lasers zunimmt, wohingegen im Kurzwelligen ein verzögerter, ungefähr exponentiell ansteigender Verlauf vorliegt.

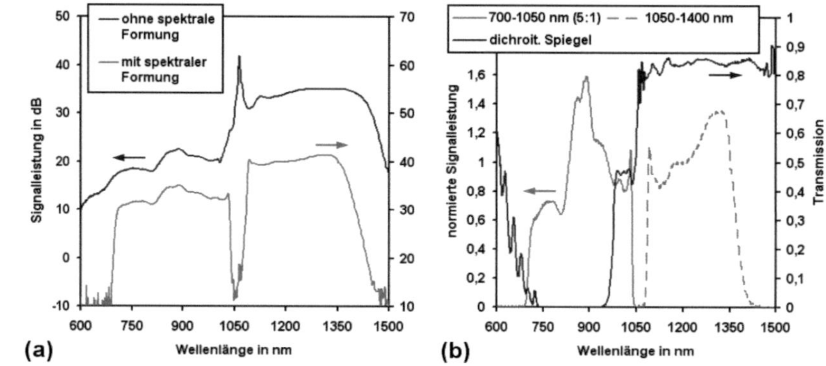

Abb. 5.4 (a) Gemessenes Emissionsspektrum der SC-Laserquelle nach der Einkopplung in eine 780 nm-Singlemode-Faser ohne und mit vorheriger spektraler Formung durch die Prismen-Linsensequenz. Die Spektren wurden mit unterschiedlichen Spektrometereinstellungen gemessen, um jeweils den vollen Dynamikbereich des Detektors auszunutzen. (b) Durch spektrale Formung erhaltenes Dualband-Spektrum in einer linearen Skala und gemessener Transmissionsgrad des dichroitischen Spiegels (Farbteiler) bei einem Einfallswinkel von 45°, welcher die beiden auszuwertenden OCT-Bänder von 700 nm bis 900 nm und 1100 nm bis 1400 nm voneinander trennt. Der Spektralbereich von 900 nm bis 1040 nm wird nicht für die OCT-Bildgebung verwendet.

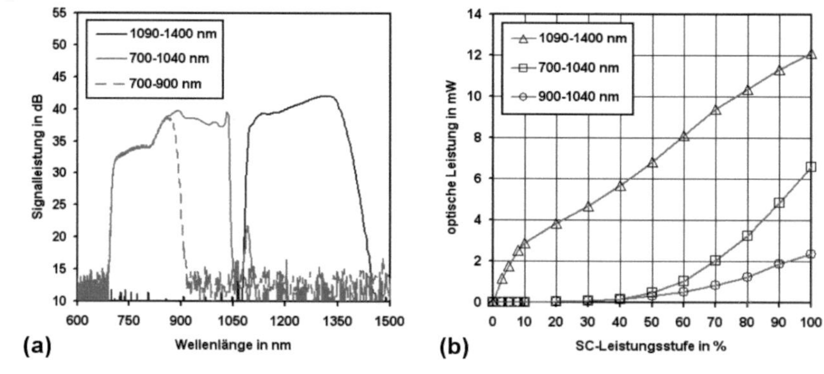

Abb. 5.5 Optische Leistung im Dualband-Spektrum. (a) Langwelliger (1090-1400 nm) und kurzwelliger Spektralbereich (700-1040 nm) nach Einkopplung in die 780 nm-SMF, sowie kurzwelliger Bereich, der für die OCT-Bildgebung im 800 nm-Band (700-900 nm) verwendet wird, bei einer SC-Leistungsstufe von 100 %. (b) Optische Leistung am Ausgang der SMF im langwelligen (1090-1400 nm) und kurzwelligen Spektralbereich (700-1040 nm), sowie im Bereich, der nicht für die OCT-Bildgebung verwendet wird (900-1040 nm). Die nicht für die Bildgebung genutzte Leistung wurde durch Subtraktion der Leistung im Bereich 700 nm – 900 nm von der Leistung im Bereich 700 nm – 1040 nm (vgl. Spektren in (a)) ermittelt.

Dieses unterschiedliche Verhalten der Lichtleistung unter- und oberhalb der Pumpwellenlänge von 1064 nm deutet auf die verschiedenen nichtlinearen Prozesse hin, die die Generierung des Superkontinuums im kurz- bzw. langwelligen Spektralbereich dominieren [109;110]. Da die spektrale Breite insbesondere im kurzwelligen Band zu kleinen Leistungsstufen stark abnimmt, ist eine Bildgebung in diesem Bereich erst ab einer relativen SC-Laserleistung von ca. 50 % sinnvoll. Bei einer Leistungsstufe des SC-Lasers von 70 % beträgt die optische Leistung im kurzwelligen Bereich von 700 nm bis 1040 nm 2,1 mW, und im langwelligen Bereich von 1090 nm bis 1400 nm 9,4 mW. Abgesehen von der direkten Anwendung am Auge sind diese Werte für die OCT-Bildgebung von biologischem Gewebe geeignet. Die optische Leistung im nicht für die Bildgebung genutzten Spektralbereich von 900 nm bis 1040 nm beträgt 0,9 mW, und entspricht damit ca. 8 % der optischen Gesamtleistung, die zur Probe gelangt. Wegen dieses geringen Beitrages wurden keine zusätzlichen Maßnahmen zur Unterdrückung dieses Bereichs unternommen.

5.3 Zeitsteuerung und Synchronisation

Konfiguration A

Für die simultane Dualband-OCT-Bildgebung in Konfiguration A (vgl. Tabelle 5.1) werden die InGaAs-Kamera (Sensors Unlimited 1024LDH-1.7RT-0500/LC) und die Galvanometerscanner auf die Si-Kamera (DALSA IL-C6-2048C) mit einer Zeilenrate von 11,88 kHz synchronisiert. Da diese Zeilenrate hardwareseitig durch die Ausleseelektronik der Si-Kamera festgelegt ist, dient sie als Taktgeber für die Zeitsteuerung des gesamten Systems. Bei einer Anzahl von 512 A-Scans pro Schnittbild (B-Scan) ergibt sich daher eine Aufnahmerate von 23,2 Bildern pro Sekunde. Das System ist damit rund zehnmal schneller als bisher vorgestellte vergleichbare Dualband-OCT-Systeme [80]. Dank des „Integrate-while-readout"-Layouts der Kameraelektronik ist es möglich die Belichtungszeiten nahezu so groß wie die A-Scan-Periodendauer zu wählen. Die maximal möglichen Belichtungszeiten der Si- und der InGaAs-Kamera bei einer festen A-Scan-Rate von 11,88 kHz betragen 84 µs bzw. 80,2 µs, was einem Tastgrad (Duty cycle) von 100 % bzw. 95 % entspricht. Dabei kann die Belichtungszeit der InGaAs-Kamera unabhängig von der Zeilenrate gewählt werden, sodass im 1250 nm-Band auch kleinere Tastgrade möglich sind. Die Bilddatenaufnahme und -verarbeitung sowie die Steuerung der Galvanometerscanner erfolgt über einen PC mit Hilfe einer selbst entwickelten Software unter LabVIEW (National Instruments, USA). Die InGaAs- und die Si-Kamera werden dabei über eine Camera Link-Bilderfassungskarte (NI PCIe-1427, National Instruments, USA) bzw. die IEEE 1394a-Schnittstelle (FireWire 400) mit dem PC verbunden.
Die Zeitsteuerung für die Spektrometerkonfiguration A ist in Abb. 5.6 schematisch dargestellt. Die InGaAs-Kamera und die Galvanometerscanner werden mittels externer Trigger-Leitungen auf die Si-Kamera synchronisiert. Die Si-Kamera liefert als Taktgeber für das Gesamtsystem zwei Trigger-Signale: (1) das horizontale Synchronisationssignal (H-Sync), welches den Zeitpunkt der Belichtung der Detektorzeile angibt, und (2) das vertikale Synchronisationssignal (V-Sync), welches den Beginn eines neuen Bildes bestehend aus einer definierten Anzahl von Einzelzeilen repräsentiert. H-Sync und V-Sync stellen somit

den Takt für die Erfassung von A-Scans bzw. B-Scans dar. Folglich steuert H-Sync auch die Belichtung der InGaAs-Detektorzeile sowie das schrittweise Verfahren der Galvanometerscanner, aus deren Einzelpositionen sich später ein B-Scan (oder C-Scan) zusammensetzt. V-Sync hingegen gibt der Bilderfassungskarte der InGaAs-Zeilenkamera vor, zu welchem Zeitpunkt mit der Erfassung eines neuen Bildes (B-Scan) begonnen werden soll. Gleichzeitig wird V-Sync zum (einmaligen) Starten eines zuvor definierten Scan-Musters der Galvanometerscanner verwendet. Dieses Scan-Muster besteht aus einer Abfolge von elektrischen Spannungswerten, die im Takt des H-Sync-Signals über eine Digital-Analog-Erfassungskarte (NI PCIe-6251, National Instruments, USA) ausgegeben, und zu den Treibern der Galvanometerscanner (MicroAmp II 62, MediaLas Electronics, Deutschland) geleitet wird.

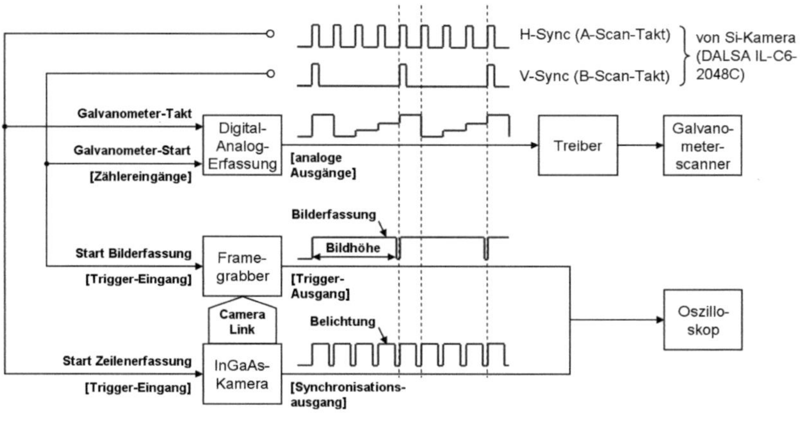

Abb. 5.6 Schematische Darstellung der Zeitsteuerung für Konfiguration A. Die InGaAs-Kamera (Sensors Unlimited 1024LDH 1.7RT-0500/LC) und die Galvanometerscanner werden mittels des horizontalen (H-Sync) und vertikalen Synchronisationssignals (V-Sync) auf die Si-Kamera (DALSA IL-C6-2048C) mit einer festen Zeilenrate von 11,88 kHz synchronisiert. Zur Überwachung können die Trigger-Signale für Belichtung und Bilderfassung extern auf einem Oszilloskop dargestellt werden. Weitere Erläuterungen im Text.

Da bei der Verarbeitung von H-Sync durch die InGaAs-Kamera eine interne Verzögerungszeit von 6,7 µs auftritt, kann es je nach gewählter Belichtungszeit vorkommen, dass zum Zeitpunkt eines aktuellen V-Sync-Pulses die Erfassung des vorrangegangen B-Scans noch nicht abgeschlossen ist. In diesem Fall wird der aktuelle Puls durch die Bilderfassungskarte ignoriert und die Aufnahme erst beim darauf folgenden Puls fortgesetzt, wodurch sich die Bilderfassungsrate der InGaAs-Kamera halbiert. Um dieses Problem zu umgehen, wird bei der Erfassung eines B-Scans der jeweils letzte darin enthaltene A-Scan ausgelassen, sodass ein B-Scan im 1250 nm-Band um eine Bildspalte kürzer ist, als der entsprechende B-Scan im 800 nm-Band.

Beide Spektrometer können auch voneinander unabhängig als eigenständige OCT-Systeme betrieben werden, wobei jeweils die Si- oder InGaAs-Kamera als eigenständiger Taktgeber fungieren. Im 1250 nm-Band begünstigt dabei eine ca. fünffach höhere Lichtleistung gegenüber dem 800 nm-Band kürzere Belichtungszeiten der InGaAs-Kamera, und damit eine schnelle Bildgebung mit einer A-Scan-Rate von bis zu 47 kHz.

Konfiguration B

Für die simultane Dualband-OCT-Bildgebung in Konfiguration B (vgl. Tabelle 5.1) werden die InGaAs-Kamera (Sensors Unlimited SU1024LDH-1.7RT-0500/LC), die Galvanometerscanner und die Si-Kamera (Basler sprint spL2048-70km) auf eine extern generierte Zeilenrate von kleiner gleich 47 kHz synchronisiert. Als Taktgenerator für das gesamte System dient dabei die im Steuerungs-PC vorhandene Digital-Analog-Erfassungskarte, die bereits in Konfiguration A für die Ansteuerung der Galvanometerscanner verwendet wurde. Als Framegrabber für die nun ausschließlich über Camera Link verbundenen Zeilenkameras kommt eine Zweikanal-Bilderfassungskarte (NI PCIe-1430, National Instruments, USA) zum Einsatz. In dieser Konfiguration können nun die Belichtungszeiten sowohl für die Si- als auch für die InGaAs-Kamera unabhängig von der Zeilenrate gewählt werden.
Die Zeitsteuerung für die Spektrometerkonfiguration B ist in Abb. 5.7 schematisch dargestellt. H-Sync und V-Sync werden im Gegensatz zu Konfiguration A nun von der Digital-Analog-Erfassungskarte bereitgestellt und PC-intern über den RTSI-Bus (Real-Time System Integration, National Instruments, USA) an die Framegrabber-Karte übertragen. Die Weiterleitung von H-Sync an die Zeilenkameras erfolgt über die Trigger-Leitung der Camera Link-Schnittstelle (CC1 +/-). Da die erzeugten Synchronisationssignale gleichzeitig intern auf der Digital-Analog-Erfassungskarte für die Ansteuerung der Galvanometerscanner zur Verfügung stehen, werden in dieser Konfiguration keine zusätzlichen externen Trigger-Leitungen benötigt.

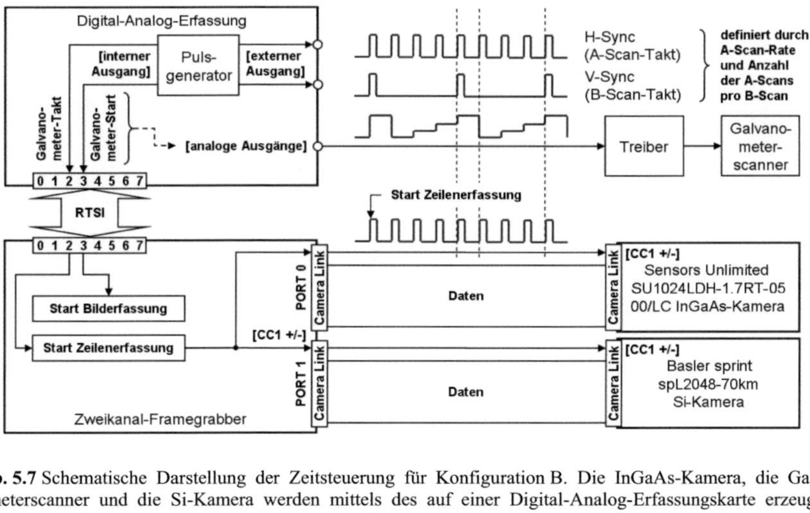

Abb. 5.7 Schematische Darstellung der Zeitsteuerung für Konfiguration B. Die InGaAs-Kamera, die Galvanometerscanner und die Si-Kamera werden mittels des auf einer Digital-Analog-Erfassungskarte erzeugten horizontalen (H-Sync) und vertikalen Synchronisationssignals (V-Sync) aufeinander synchronisiert. Die Zeilenrate ist variabel und kann im simultanen Betrieb bis zu 47 kHz betragen. Weitere Erläuterungen im Text.

Da die Steuerung beider Zeilenkameras nun über einen externen Taktgeber erfolgt, wird in Analogie zu Konfiguration A der jeweils letzte A-Scan eines B-Scans in beiden Wellenlängenbändern ausgelassen, um so die zeitlich korrekte Erfassung der Bilddaten zu gewährleisten. Ebenfalls können auch in dieser Konfiguration beide Spektrometer unabhängig voneinander als eigenständige OCT-Systeme betrieben werden. Der Taktgeber im PC begünstigt dabei ein einfaches Umschalten der Betriebsmodi per Software, ohne das Trigger-Leitungen variiert werden müssen. In diesem Zusammenhang kann die Si-Kamera im Einzelbetrieb für die Hochgeschwindigkeitsbildgebung mit einer A-Scan-Rate von bis zu 70 kHz verwendet werden.

5.4 Signalverarbeitung

Im folgenden Abschnitt soll auf die Signalverarbeitung eingegangen werden, die notwendig ist, um aus dem mit der Zeilenkamera erfassten Interferogramm ein OCT-Schnittbild zu erzeugen. Die Abfolge der Signalverarbeitung ist dabei in beiden Wellenlängenbändern identisch, lediglich die spektrometerspezifischen Parameter unterscheiden sich je nach Spektralbereich und Konfiguration.

Schwarzabgleich
In einem ersten Schritt, dem so genannten Schwarzabgleich, wird das Dunkelsignal des Detektors pixelweise vom erfassten spektralen Interferenzsignal subtrahiert, um so den Einfluss der fertigungsbedingten Variabilität des Dunkelstroms über die Detektorzeile zu minimieren. Das zuvor bei ausgeschalteter Lichtquelle gemessene Dunkelsignal (Schwarzspektrum) ist dabei als Referenz in einer Tabelle hinterlegt, die in regelmäßigen zeitlichen Abständen überprüft und gegebenenfalls aktualisiert wird.

Weißabgleich und Fensterung
In einem nächsten Schritt wird das Interferenzsignal mit einer Korrekturfunktion multipliziert, die zum einen zur Unterdrückung der spektrale Charakteristik der Lichtquelle (Weißabgleich), und zum anderen zur Fensterung des Signals in Vorbereitung auf die nachfolgende Fourier-Transformation dient. Die Unterdrückung der Lichtquellencharakteristik ist wichtig, da aufgrund der spektralen Form nicht gaußförmiger Lichtquellen das Interferenzsignal mit zusätzlichen Frequenzanteilen überlagert ist, welche wiederum zu Artefakten im OCT-Bild führen. Da die spektrale Form von Lichtquellen, insbesondere bei SC-Lasern, stets kleinen zeitlichen Fluktuationen unterliegt, wird die Korrekturfunktion für den Weißabgleich für jeden B-Scan aktualisiert. Dazu wird während der ersten 32 A-Scans zu Beginn eines jeden B-Scans eine Referenzposition durch die Galvanometerscanner angefahren, die weit außerhalb der Öffnung der Scanlinse im Messkopf (Applikator) liegt. Folglich gelangt während dieser Zeit nur das Licht aus dem Referenzarm auf den Detektor, was unter Vernachlässigung der geringen spektralen Charakteristik des Strahlteilers dem Spektrum der Lichtquelle (Weißspektrum) entspricht. Die gesamte Korrekturfunktion setzt sich dann aus

dem auf den Mittelwert normierten Produkt aus reziprokem Weißspektrum und Hann-Fenster zusammen.

Überführung in den *k*-Raum (*DeChirp*)

In einem dritten Schritt muss das erfasste Spektrum vom Wellenlängenraum (λ-Raum) in den Wellenzahlraum (k-Raum) überführt werden, um nach Gl. (2.19) für jede Tiefe z ein harmonisches Interferenzsignal zu erhalten, welches sich anschließend mittels Fourier-Transformation eindeutig in seine Frequenzkomponenten zerlegen lässt. Der Zusammenhang zwischen λ- und k-Raum ist nach Gl. (2.20) nichtlinear. Aufgrund dieser Nichtlinearität, die des Weiteren durch den Farbquerfehler der verwendeten Spektrometeroptik beeinflusst wird, ändert sich die Modulationsfrequenz des Interferenzspektrums, die abhängig vom Gangunterschied zwischen Referenz- und Probenarm ist, entlang der Detektorzeile. Dieser Effekt, der als engl. *chirp* bezeichnet wird, ist spektrometerspezifisch. Der Verlauf der *Fringe*-Periode Δk über die räumliche Koordinate r in der Detektorebene kann dabei mit Hilfe einer allgemeinen Kalibrierungsfunktion $\Delta k(r)$ der Form

$$\Delta k(r) = \Delta k_0 + a_1 \cdot r + \frac{1}{2} a_2 \cdot r^2 + \frac{1}{6} a_3 \cdot r^3 + \ldots \tag{5.1}$$

um die zentrale *Fringe*-Periode Δk_0 entwickelt werden [111]. Als Folge empirischer Beobachtungen kann diese Reihenentwicklung für hinreichende Genauigkeit nach dem 2. Glied abgebrochen werden, sodass sich ein Polynom 2. Grades ergibt. Mit Hilfe dieses Polynoms werden die durch den Zeilendetektor äquidistant erfassten Stützstellen des Interferenzspektrums gestaucht bzw. gedehnt, um schließlich ein harmonisches Signal zu erhalten. Da die Stützstellen dieses Signals nun nicht mehr äquidistant verteilt sind, die diskrete Fourier-Transformation dies aber voraussetzt, wird das Signal anschließend erneut äquidistant abgetastet, wobei die nicht vorhandenen Signalwerte zwischen den Stützstellen mittels linearer Interpolation aufgefüllt werden. Nach diesen Signalverarbeitungsschritten liegt ein äquidistant abgetastetes, harmonisches Interferenzsignal ohne *Chirp* vor. Sie werden daher im Folgenden unter dem Begriff *DeChirp* zusammengefasst. Als alternative Bezeichnung wird in der Literatur auch der allgemeine Begriff *k-space resampling* verwendet [112].

Fourier-Transformation und Logarithmieren

Nach dem Schwarz- und Weißabgleich, der Fensterung sowie dem *DeChirp* erfolgt die Zerlegung des Interferenzsignals in seine Frequenzkomponenten mit Hilfe der schnellen Fourier-Transformation (FFT). Dies kann als Überführung des Interferenzsignals vom k-Raum in den Ortsraum verstanden werden, da jede im Signal abgebildete *Fringe*-Frequenz $2\pi/\Delta k_i$ einer optischen Weglängendifferenz $n \cdot 2z_i$ zwischen Referenz- und Probenarm entspricht. Aufgrund dieses Zusammenhangs ergibt sich schließlich das Tiefenprofil (A-Scan) der Probe. Der nach der FFT des reellwertigen Interferenzsignals erhaltene A-Scan stellt ein komplexes Signal dar, das symmetrisch bezüglich der Ordinatenachse ist. Zur Darstellung der von der Probe zurückgestreuten Lichtintensität über die Tiefe wird daher der Betrag des komplexen A-Scans verwendet und die Daten auf der negativen Ortsachse (Abszisse) verworfen. Der Betrag wird ferner logarithmiert, um die Sichtbarkeit kleiner Rückstreusignale zu verbessern. Die Amplitude des erfassten OCT-Signals ergibt sich nach Gl. (2.19) aus der Wurzel des Produkts zwischen konstanter Referenz- und variabler Probenlichtintensität. Dies entspricht demnach der Probenlichtamplitude multipliziert mit einem konstanten Verstärkungsfaktor. Zur korrekten Darstellung des Tiefenprofils (Probenlichtintensität) in Dezibel muss daher das Logarithmieren der Amplitude $\hat{A}$ des erfassten OCT-Signals nach der Form

$$\hat{A}_{\log} = 20 \cdot \lg\left(\hat{A}\right), \tag{5.2}$$

erfolgen, trotz der Tatsache, dass es sich bei dem vom Detektor erfassten Licht physikalisch bereits um eine Intensitätsgröße handelt.

Filterung im Ortsraum

Als letzter Schritt in der Signalverarbeitungskette erfolgt eine Filterung des logarithmierten Tiefenprofils im Ortsraum. Diese besteht aus einem Hochpassfilter zur Unterdrückung des spektralen Gleichanteils, der zusätzlich zum Interferenzterm durch die einfache Addition von Referenz- und Probenlicht entsteht. Ein zweiter Filter korrigiert den tiefenabhängigen Signalabfall, der aufgrund der linearen Interpolation während des *DeChirp* entsteht. Durch die lineare Interpolation des Interferenzsignals werden insbesondere höherfrequente harmonische Oszillationen mit wenigen Stützstellen zunehmend zu Dreiecksfunktionen verschliffen. Signaltheoretisch stellt dies eine Faltung des Interferenzsignals mit einer Dreiecksfunktion im k-Raum dar. Im Ortsraum, also nach der Fourier-Transformation, entspricht diese Faltung einer Multiplikation des Tiefenprofils mit der Fourier-Transformierten der Dreiecksfunktion, welche eine Sinc^2-Funktion ist. Der durch die lineare Interpolation hervorgerufene tiefenabhängige Signalabfall lässt sich dann mit dem Ausdruck

$$\hat{A}_{DeChirp}(z) = \hat{A}(z) \cdot \left[\frac{\sin\left(\frac{\pi}{2} \cdot \frac{z}{z_{\max}} \right)}{\frac{\pi}{2} \cdot \frac{z}{z_{\max}}} \right]^2 \tag{5.3}$$

beschreiben. Da sowohl das eigentliche Signal als auch das Rauschen gleichermaßen von diesem Effekt betroffen sind, kann der interpolationsbedingte Signalabfall durch eine entsprechende Umkehrfunktion zu Gl. (5.3) korrigiert werden. Diese Filteroperation wird im Folgenden als *DeSinc*^{2} bezeichnet.

Der Ablauf der aufgezeigten Signalverarbeitungskette vom Interferogramm zum fertigen Tiefenprofil (A-Scan) ist in Abb. 5.8 schematisch zusammengefasst. Abb. 5.9 zeigt exemplarisch das erfasste Interferenzsignal und den daraus resultierenden A-Scan einer Glasoberfläche für die verschiedenen Wellenlängenbänder und Spektrometerkonfigurationen.

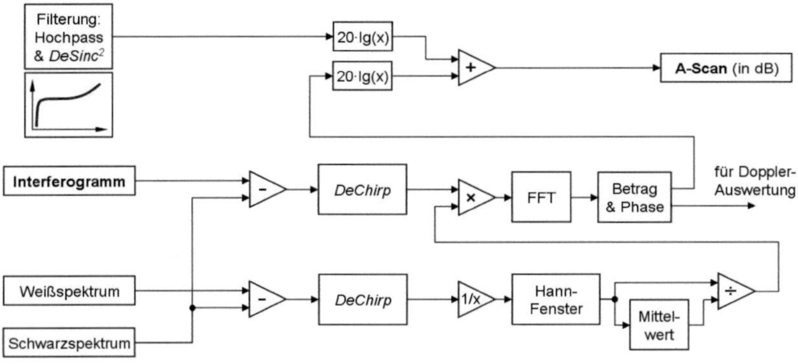

Abb. 5.8 Schematische Darstellung der Signalverarbeitung vom erfassten Interferogramm zum Tiefenprofil (A-Scan). Weitere Erläuterungen im Text.

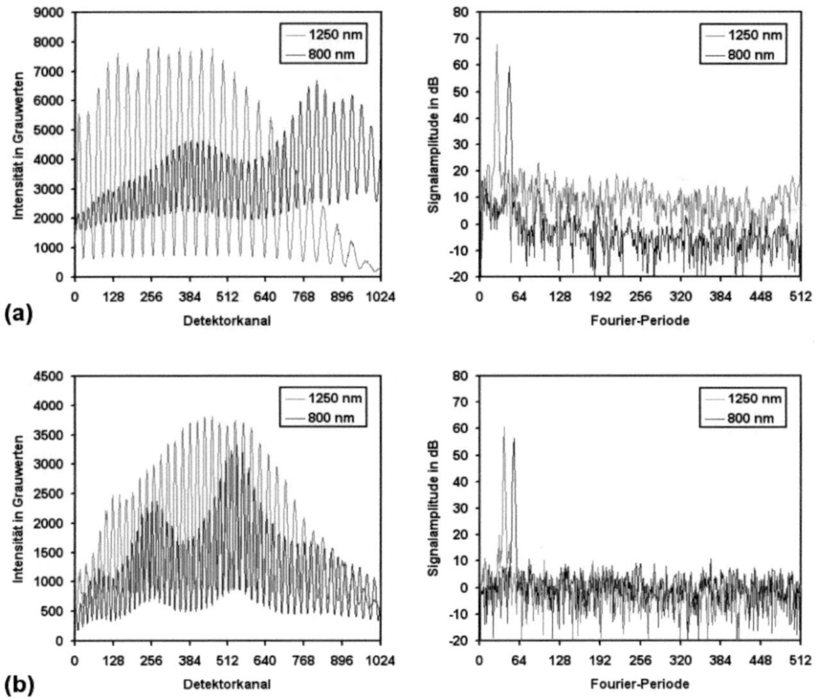

Abb. 5.9 Simultan in den Wellenlängenbändern 800 nm und 1250 nm erfasste spektrale Interferenzsignale (links) und resultierende A-Scans (rechts) einer Glasoberfläche für die Spektrometerkonfigurationen A (a) und B2 (b). Aufgrund der höheren axialen Auflösung des kurzwelligen Bandes liegt die Spitze des Tiefenprofils, welche den Übergang von Luft nach Glas repräsentiert, bei 800 nm weiter von der Referenzebene (Fourier-Periode = 0) entfernt als bei 1250 nm.

5.5 Systemcharakterisierung

Um das entwickelte Dualband-OCT-System zu charakterisieren, wurden verschiedene Messungen hinsichtlich des axialen und lateralen Auflösungsvermögens, der tiefenabhängigen Messempfindlichkeit sowie des Signalrauschabstandes vorgenommen.

5.5.1 Tiefenskalierung

In einem ersten Schritt wurde zunächst eine Überprüfung des Tiefenmessbereichs in Luft vorgenommen, um so den Skalierungsfaktor zwischen der *Fringe*-Frequenz in Fourier-Perioden und dem optischen Gangunterschied zwischen Proben- und Referenzarm zu bestimmen. Als Probe diente hierzu eine axial verschiebbare Glasplatte, welche sich mit Hilfe einer Translationseinheit (Z-Axis Translation Mount SM1Z, Thorlabs, USA) definiert im Mikrometerbereich verfahren ließ. Die Ergebnisse dieser Messung sind in Abb. 5.10 für die verschiedenen Spektrometerkonfigurationen (siehe Tabelle 5.1) dargestellt.

Der gefundene Zusammenhang zwischen der erfassten Tiefe in Fourier-Perioden und der tatsächlichen optischen Tiefe weist einen erwartungsgemäßen linearen Verlauf auf, und kann gut durch eine Regressionsgerade angenähert werden. Im OCT-Schnittbild (B-Scan) entspricht eine Fourier-Periode einer Pixelkantenlänge in axialer Richtung. Der Anstieg der Regressionsgeraden in Abb. 5.10(d) gibt folglich den axialen Skalierungsfaktor zwischen der Tiefe in Pixeln und der geometrischen Tiefe in Mikrometern für das Immersionsmedium Luft ($n = 1$) wieder. Er beträgt für das 800 nm-Band 1,55 µm/Pixel (Konfiguration A) bzw. 1,93 µm/Pixel (Konfiguration B) und für das 1250 nm-Band 2,64 µm/Pixel.

Über die Anzahl der Detektorelemente lässt sich dann der maximal erfassbare Tiefenmessbereich z_{max} für die einzelnen Wellenlängenbänder und Spektrometer-konfigurationen bestimmen. Er beträgt in Luft für das 800 nm-Band in Konfiguration A und das 1250 nm-Band 0,8 mm bzw. 1,35 mm. Für das 800 nm-Band in Konfiguration B1 und B2 beträgt der Tiefenmessbereich in Luft 1,98 mm bzw. 0,99 mm.

Mit Hilfe des axialen Skalierungsfaktors bzw. der axialen Pixelkantenlänge kann zudem das zu erwartende axiale Auflösungsvermögen abgeschätzt werden. Da zur Auflösung eines Objekts mindestens zwei Pixel notwendig sind, wird dazu die axiale Pixelkantenlänge mit dem Faktor 2 multipliziert. Folglich ergeben sich als Schätzwerte für die axiale Auflösung in Luft 3,1 µm bzw. 3,9 µm für das 800 nm-Band (Konfiguration A bzw. B) sowie 5,3 µm für das 1250 nm-Band. Diese Werte stimmen näherungsweise mit den theoretisch ermittelten Werten aus Tabelle 5.1 überein.

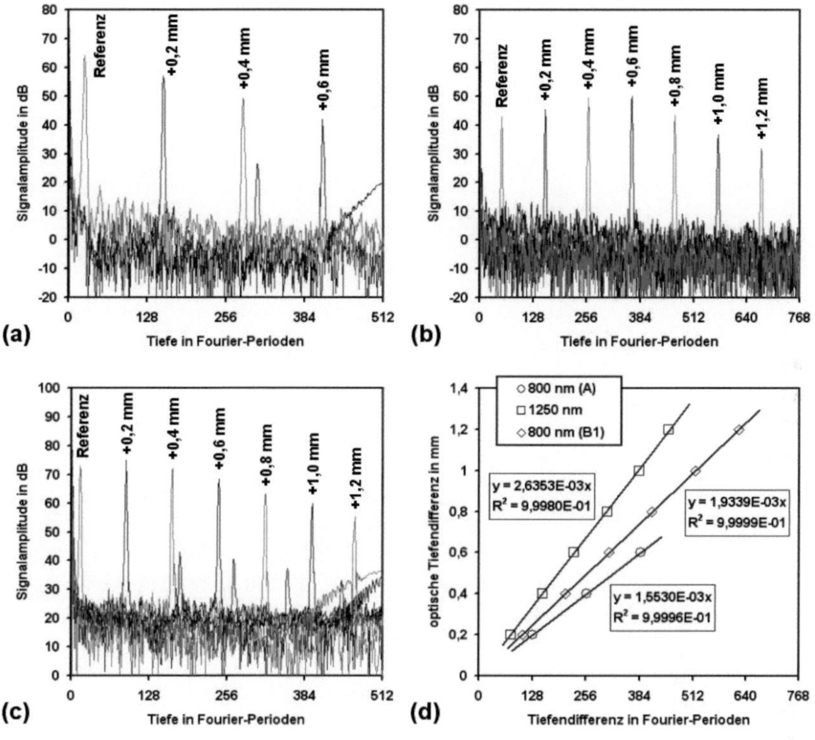

Abb. 5.10 Tiefenskalierung des Dualband-OCT-Systems mit Hilfe einer axial verschiebbaren Glasplatte. A-Scans der Glasoberfläche in verschiedenen Tiefen in Luft für (a) 800 nm – Konfiguration A, (b) 800 nm – Konfiguration B1 und (c) 1250 nm. (d) Ermittelter Zusammenhang zwischen der vorgegebenen Tiefe der Glasoberfläche und der erfassten Tiefendifferenz bezogen auf die Referenztiefe in (a-c). Der Anstieg der Regressionsgeraden gibt den Skalierungsfaktor zwischen der erfassten Tiefe in Fourier-Perioden und der tatsächlichen optischen Tiefe in Millimetern an. Weitere Erläuterungen im Text.

5.5.2 Tiefenabhängiger Signalabfall

Ein entscheidendes Qualitätskriterium spektrometerbasierter OCT-Systeme ist die Höhe des tiefenabhängigen Signalabfalls. Aufgrund der endlichen spektralen Auflösung der Spektrometer als Folge der diskreten Detektorelemente sowie der Abbildungsfehler der verwendeten Optiken, tritt mit zunehmender Tiefe ein Abfall der erfassten Signalamplitude und damit der Messempfindlichkeit auf. Dieser Effekt ist in Abb. 5.11 für das 800 nm- und 1250 nm-Band anhand von A-Scans einer Glasoberfläche in verschiedenen Tiefen dargestellt. Um den Einfluss der Probenstrahlfokussierung auf die Amplitude des OCT-Signals auszuschließen, wurde für diese Messung der Referenzspiegel gemeinsam mit der vorgelagerten Referenzlinse verschoben.

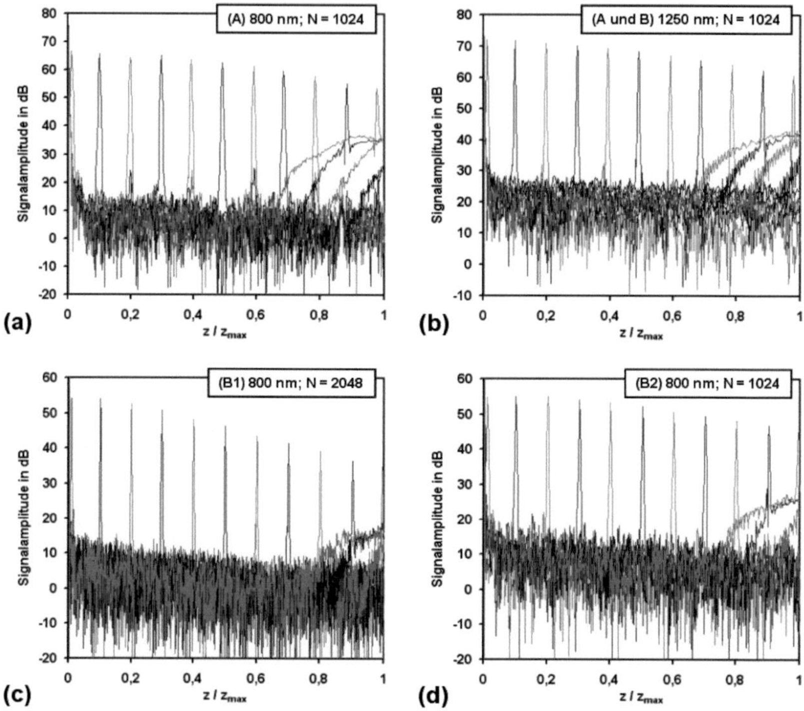

Abb. 5.11 Darstellung des tiefenabhängigen Signalabfalls für das Dualband-OCT-System anhand von A-Scans einer Glasoberfläche in verschiedenen Tiefen. (a) 800 nm – Konfiguration A, (b) 1250 nm – Konfigurationen A und B, (c) 800 nm – Konfiguration B1 und (d) 800 nm – Konfiguration B2. Im oberen Drittel des Tiefenmessbereichs ist in allen Diagrammen ein zunehmender partieller Aliasing-Effekt – erkennbar an dem erhöhten Signaluntergrund – zu beobachten. Weitere Erläuterungen im Text.

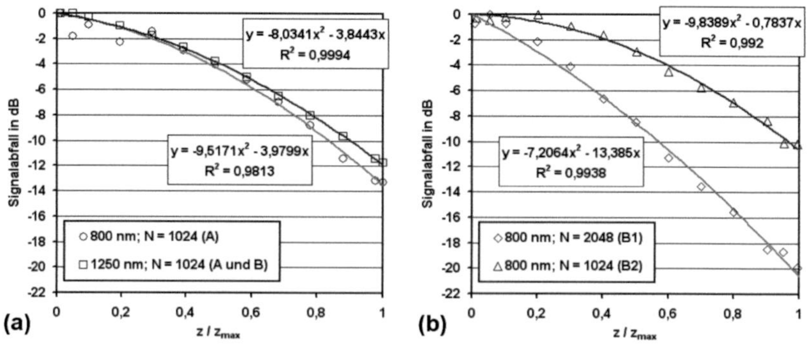

Abb. 5.12 Ermittelter Signalabfall über die Tiefe für (a) das 800 nm-Band in Konfiguration A und das 1250 nm-Band in Konfiguration A und B, sowie für (b) das 800 nm-Band in Konfiguration B mit 2048 (B1) bzw. 1024 Detektorelementen (B2). Der Verlauf des Signalabfalls kann im Logarithmischen gut durch eine Parabel angenähert werden.

Darüber hinaus ist in Abb. 5.11 für beide Bänder ab dem oberen Drittel des Tiefenmessbereichs ein signifikanter partieller Aliasing-Effekt zu beobachten; erkennbar an dem mit zunehmender Probentiefe ansteigenden Signaluntergrund. Ursache hierfür ist der *Chirp*-Effekt. Wie im vorhergehenden Abschnitt 5.4 erläutert, ändert sich aufgrund dieses Effekts die Modulationsfrequenz des erfassten Interferenzlichtes entlang des Zeilendetektors. Folglich wird bei großen Gangunterschieden, d. h. großen Probentiefen und somit hohen Modulationsfrequenzen die Nyquist-Frequenz auf der einen Seite der Detektorzeile früher überschritten als auf der anderen, was zu dem beobachteten partiellen Aliasing-Effekt führt.
Der ermittelte Signalabfall für die beiden Wellenlängenbändern und die verschiedenen Spektrometerkonfigurationen ist in Abb. 5.12 über die Tiefe aufgetragen. Der Verlauf des Signalabfalls im Logarithmischen kann dabei gut durch eine Parabel angenähert werden, sodass eine anschließende Korrektur dieses Effekts mit Hilfe einer entsprechenden Umkehrfunktion einfach realisiert werden kann. Im vorliegenden System fallen die Signale über den gesamten Tiefenmessbereich für das 800 nm-Band in Spektrometerkonfiguration A um -13,3 dB, und für das 1250 nm-Band um -11,7 dB ab. Für das 800 nm-Band in Konfiguration B1 und B2 beträgt der Signalabfall -19,9 dB bzw. -10,2 dB. Diese Werte liegen im Bereich anderer vergleichbarer OCT-Systeme [113-115].
Auffällig ist jedoch der wesentlich größere Signalabfall bei der Verwendung von 2048 Detektorelementen (800 nm-Band – Konfiguration B1) im Vergleich zu 1024 Detektorelementen (800 nm-Band – Konfiguration A und B2, sowie 1250 nm-Band). Als Erklärung hierfür ist die geringere Pixelgröße von 10 µm in dieser Konfiguration verglichen zu 20 µm bis 26 µm in den anderen Konfigurationen (vgl. Tabelle 5.1) anzusehen, welche in Verbindung mit den Abbildungsfehlern der Spektrometeroptik zu einem erhöhten Sensitivitätsverlust führt. Gleichzeitig muss aber beachtet werden, dass der Tiefenmessbereich für das 800 nm-Band in Konfiguration B1 aufgrund der doppelten Anzahl von Detektorelementen zweimal so groß ist wie in Konfiguration B2. Der Signalabfall über den halben Tiefenmessbereich beträgt dann lediglich -8,5 dB und ist somit etwas kleiner als die Werte, die mit 1024 Detektorelementen erreicht werden.

5.5.3 Auflösung

Axiale Auflösung

Für die Ermittlung der axialen Auflösung in Luft wurden die erfassten A-Scans der Glassoberfläche aus Abb. 5.11. verwendet. Die Auflösung entspricht definitionsgemäß der Halbwertsbreite (FWHM) der im A-Scan enthaltenen Amplitudenspitzen (siehe Abschnitt 2.2.1). Folglich wurde für die Auflösung die Breite ermittelt, bei der die Amplitude des OCT-Signals auf -6 dB vom Spitzenwert abgefallen ist. Durch Anfitten einer nach unten geöffneten Parabel an die jeweilige Amplitudenspitze konnte die Messunsicherheit auf den Subpixel-Bereich reduziert werden. Die Verwendung einer Parabel als Modell für die Amplitudenspitzen eines A-Scans ist sinnvoll, da die Fourier-Transformierte eines näherungsweise gaußförmigen Spektrums wieder eine gaußförmige Kurve ist, welche im Logarithmischen einer Parabel entspricht.

Die so bestimmten axialen Auflösungen sind in Abb. 5.13 für die beiden Wellenlängenbänder und die verschiedenen Spektrometerkonfigurationen dargestellt.

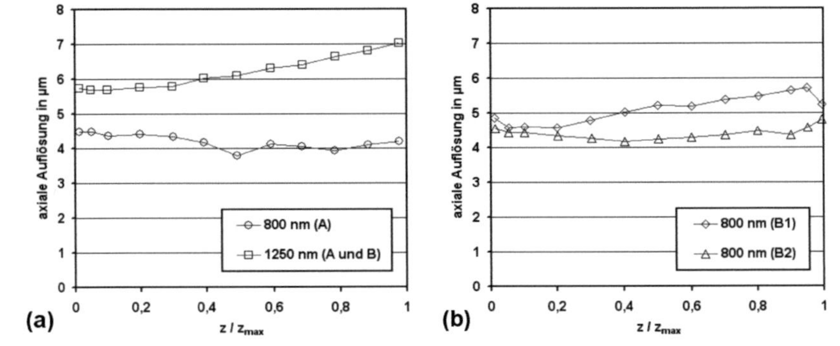

Abb. 5.13 Ermittelte axiale Auflösung in Luft für (a) das 800 nm-Band in Konfiguration A und das 1250 nm-Band in Konfiguration A und B, sowie für (b) das 800 nm-Band in Konfiguration B mit 2048 (B1) bzw. 1024 Detektorelementen (B2). Der Verlauf der axialen Auflösung über die Tiefe ist näherungsweise konstant.

Die gemessene axiale Auflösung in Luft liegt für das 800 nm-Band in Konfiguration A im Bereich von 3,8 µm bis 4,5 µm, und für das 1250 nm-Band im Bereich von 5,7 µm bis 7 µm. Für das 800 nm-Band in Konfiguration B1 und B2 beträgt die axiale Auflösung 4,6 µm bis 5,7 µm bzw. 4,2 µm bis 4,8 µm. Im Extremfall ist damit die Auflösung rund 50 % schlechter als die Werte, die theoretisch ermittelt bzw. anhand der Tiefenskalierung abgeschätzt wurden (vgl. Tabelle 5.1 und Abschnitt 5.5.1). Eine mögliche Ursache hierfür könnte eine nicht ausreichend genaue Transformation der Detektordaten in den *k*-Raum durch die verwendete Signalverarbeitung (*DeChirp*, vgl. Abschnitt 5.4) oder ein nicht zu vernachlässigender, geringer Dispersionsunterschied zwischen dem Referenz- und dem Probenarm des Interferometers im Messkopf sein. Da aber insbesondere in der ersten Hälfte des Tiefenmessbereichs, welcher aufgrund des tiefenabhängigen Signalabfalls die bevorzugte Region für die Bildgebung darstellt, dennoch ein hohes axiales Auflösungsvermögen vorliegt, werden die in der Arbeitsgruppe Klinisches Sensoring und Monitoring etablierten Methoden der Signalverarbeitung und des optischen Aufbaus des Messkopfes vorerst beibehalten.

Laterale Auflösung

Das laterale Auflösungsvermögen eines OCT-Systems wird durch den Strahldurchmesser in der Probe begrenzt [1]. Zur Bestimmung dieses Durchmessers, d. h. der Spot-Größe des fokussierten Probenstrahls, muss untersucht werden, wie eine Probe, deren Abmaße unterhalb der Auflösungsgrenze liegen, im OCT-Schnittbild abgebildet wird. Die Spot-Größe ist dabei abhängig vom Durchmesser des kollimierten Strahls, welcher die Objektivlinse beleuchtet, der Brennweite der fokussierenden Optik, sowie der Wellenlänge. Die Halbwertsbreite als Angabe für die Spot-Größe kann im Fokus entsprechend nach Gl. (2.14) abgeschätzt werden.

Wie in Abb. 5.2 zu erkennen ist, wird der Durchmesser des kollimierten Strahls im Messkopf durch den Faserkollimator K3 (Schäfter und Kirchhoff 60FC-4-M12-37, Deutschland) bestimmt. Dieser Kollimator liefert laut Hersteller einen Strahldurchmessers von 2,16 mm ($1/e^2$-Niveau) bei einer numerischen Apertur der angeschlossenen Singlemode-Glasfaser von 0,11. In Verbindung mit der Brennweite der Scanlinse (SL) von f_{obj} = 25,4 mm ergibt sich nach Gl. (2.11) eine objektseitige, auf das $1/e^2$-Niveau bezogene NA von 0,043. Die theoretische Halbwertsbreite des Probenstrahls im Fokus der Scanlinse beträgt dann Δx = 7,05 µm für λ = 800 nm und Δx = 11,02 µm für λ = 1250 nm. Diese Werte sind mit den Angaben für das laterale optische Auflösungsvermögen von aktuellen ophthalmologischen OCT-Geräten vergleichbar [116].

Um die tatsächliche laterale Auflösung zu ermitteln, wurde ein senkrecht zur OCT-Schnittbildebene gespannter Wolframdraht mit einem nominalen Durchmesser von 5 µm als Probe verwendet. Abb. 5.14(a,b) zeigt die entsprechenden B-Scans dieser Probe in verschiedenen Tiefen, die simultan im 800 nm-Band – Konfiguration A und im 1250 nm-Band mit einer lateralen Schrittweite (Ablenkwinkel der Galvanometerscanner) von 0,2 µm aufgenommen wurden. Der auftretende tiefenabhängige Signalabfall in den B-Scans, welcher sich im Logarithmischen näherungsweise durch eine Parabel beschreiben lässt (vgl. Abschnitt 5.5.2), wurde zudem durch entsprechende Umkehrfunktionen korrigiert. In beiden Wellenlängenbändern ist der taillierte Verlauf der abgebildeten Probenbreite klar zu erkennen, wohingegen die Probenhöhe in axialer Richtung nahezu konstant bleibt. Dies verdeutlicht die Entkopplung zwischen axialer und lateraler Auflösung in der OCT. Ebenfalls ist zu erkennen, dass die schmalste Probenbreite, d. h. der Brennpunkt des fokussierten Probenstrahls, für das 800 nm-Band und das 1250 nm-Band in unterschiedlicher Tiefe liegt, was auf einen Farblängsfehler der verwendeten Messkopfoptik hindeutet. Zur Quantifizierung der abgebildeten Probenbreite wurden die Pixelintensitäten für jeweils einen Reflex über die Tiefe (z-Richtung) aufsummiert. Dies ist zulässig, da die Rayleigh-Länge des fokussierten Strahls wesentlich größer ist als das axiale Auflösungsvermögen, und so die Änderung des Strahlquerschnittes innerhalb des Tiefenbereichs, über den ein Reflex dargestellt wird, vernachlässigt werden kann. Anschließend wurde eine Gaußkurve an die laterale Verteilung (x-Richtung) des Summensignals angefittet und dessen Halbwertsbreite (FWHM) bestimmt. Die Ergebnisse sind in Abb. 5.14(c) dargestellt.

Die Pixelintensität repräsentiert für diesen Fall die linear aufgetragene Amplitude des OCT-Signals. Sie ist daher ein Maß für die Quadratwurzel der zurückgestreuten Probenlichtintensität, und somit für die Amplitude des entsprechenden E-Feldes. Dieser Ansatz ist der besonderen Entstehung des Messsignals in der OCT geschuldet. Da die Beleuchtung über eine Singlemode-Faser erfolgt, kann die Beschreibung der Strahlausbreitung in Referenz- und Probenarm durch Gauß-Strahlen erfolgen. Im Brennpunkt des fokussierten Probenstrahls weist die Amplitudenverteilung des E-Feldes einen minimalen Durchmesser von $2 \cdot w_0$ (1/e-Niveau) auf. Die Halbwertsbreite des Feldes an dieser Stelle beträgt folglich

$$\Delta x_E = 2 \cdot \sqrt{\ln 2} \cdot w_0 . \tag{5.4}$$

Durch Überlagerung des Probenstrahls mit dem ebenfalls gaußverteilten Referenzstrahl im Interferometer kommt es zu einer Reduzierung der Halbwertsbreite im Detektionskanal um den Faktor $2^{1/2}$ [117], sodass für die im OCT-Signal abgebildete Halbwertsbreite der resultierenden Interferenzlichtintensität gilt

$$\Delta x_E' = \frac{\Delta x_E}{\sqrt{2}} = \sqrt{2\ln 2} \cdot w_0 \,. \tag{5.5}$$

Dieser Effekt entspricht einer Quadrierung der ursprünglich eingestrahlten, normierten Gauß-Verteilung der Probenlichtamplitude, sodass $\Delta x'_E$ die Halbwertsbreite Δx der Probenlichtintensität nach Gl. (2.14) wiedergibt. Im Ergebnis bedeutet dies, dass obwohl Amplituden gemessen werden, die Halbwertsbreite des Signals die Halbwertsbreite der Intensität ist.

In diesem Zusammenhang wird die laterale Auflösung des OCT-Systems fortan als die Halbwertsbreite definiert, mit der eine kleine, vereinzelte Probe im OCT-Signal abgebildet wird. Unter Berücksichtigung der oben dargelegten Betrachtungen stimmt die laterale Auflösung mit der intensitätsbezogenen Halbwertsbreite Δx des Probenstrahls überein. Folglich kann Δx direkt aus den Aufnahmen in Abb. 5.14(a,b) ermittelt, und mit den oben aufgeführten theoretischen Werten verglichen werden.

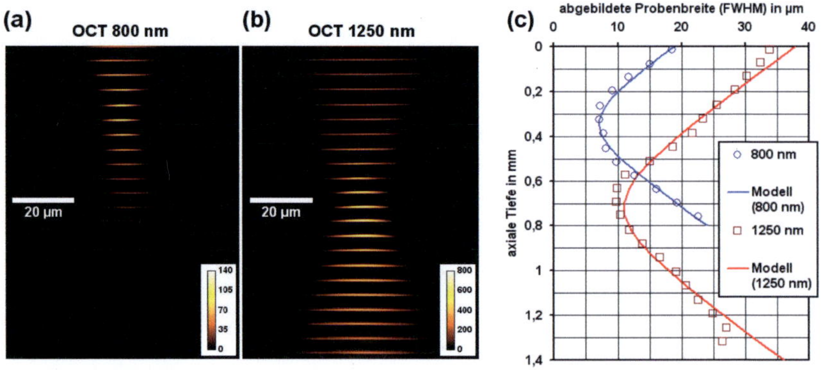

Abb. 5.14 Bestimmung der lateralen Auflösung des Dualband-OCT-Systems. Überlagerung mehrerer B-Scans (maximale Intensitätsprojektion) eines senkrecht zur Bildebene gespannten Wolframdrahtes (Ø 5 µm) in verschiedenen Tiefen, die simultan im 800 nm-Band – Konfiguration A (a) und 1250 nm-Band (b) erfasst wurden. Die farbkodierten Grauwerte in den Bildern repräsentieren die lineare Amplitude des OCT-Signals. Die Kalibrierungsbalken unten rechts geben den Zusammenhang zwischen den Farbwerten und der von den Zeilenkameras erfassten Signalamplitude in digitalen Einheiten wieder. (c) Aus den B-Scans ermittelte, tiefenabhängige Halbwertsbreite (FWHM) der abgebildeten Probe für das 800 nm- und 1250 nm-Band, sowie angefittetes Gauß-Strahlmodell nach Gl. (5.6) und Gl. (5.7). Weitere Erläuterungen im Text.

Zur Überprüfung, ob der ermittelte Verlauf der Halbwertsbreite über die Tiefe näherungsweise dem eines Gaußstrahls entspricht, wurde eine Funktion der Form

$$\Delta x(z - z_{Fokus}) = \Delta x(z_{Fokus}) \cdot \sqrt{1 + \left(\frac{z - z_{Fokus}}{b/2} \right)^2} \,, \tag{5.6}$$

$$\text{mit} \quad b/2 = z_R = \frac{\pi \cdot \Delta x(z_{Fokus})^2}{\lambda_0 \cdot 2 \ln 2} \tag{5.7}$$

(vgl. Gl. (2.15) und Gl. (2.16)) mit den freien Parametern z_{Fokus} (axiale Fokusposition) und $\Delta x(z_{Fokus})$ (Halbwertsbreite des Probenstrahls im Brennpunkt) in Verbindung mit der jeweiligen Zentralwellenlänge λ_0 an die ermittelten Werte in beiden Wellenlängenbändern angefittet. Es ist zu erkennen, dass dieses Modell in der Umgebung des Brennpunktes gut mit den Messwerten übereinstimmt. Als Maß für die Schärfentiefe des fokussierten Probenstrahls kann somit der konfokale Parameter b angegeben werden, welcher sich in aus dem Modell ermitteln lässt. Desweiteren kann mit Hilfe von Gl. (2.14) und Gl. (2.11) in Verbindung mit der bekannten Brennweite der Scanlinse (f_{obj} = 25,4 mm) und der jeweiligen Zentralwellenlänge der Durchmesser des kollimierten Strahls auf der Scanlinse und die objektseitige numerische Apertur des Probenstrahls bestimmt werden.
Die Ergebnisse des Fits nach Gl. (5.6) und Gl. (5.7) sowie die daraus berechneten Größen sind in Tabelle 5.2 zusammengetragen. Sie stellen die Werte für die Spektrometerkonfiguration A dar. Da in Konfiguration B die verwendeten Spektralbereiche nahezu (800 nm) bzw. vollständig identisch (1250 nm) sind (vgl. Tabelle 5.1), wurde auf eine erneute Vermessung der Probenstrahlgeometrie verzichtet.

Tabelle 5.2 Probenstrahlgeometrie des OCT-Messkopfes

Band	800 nm	1250 nm	Bezeichnung
$\Delta x(z_{Fokus})$	7,0 µm	10,9 µm	Halbwertsbreite des Probenstrahls im Brennpunkt
z_{Fokus}	0,35 mm	0,72 mm	axiale Brennpunktposition
b	0,28 mm	0,43 mm	konfokaler Parameter
$d_{Strahl,1/e^2}$*	2,17 mm	2,18 mm	Strahldurchmesser auf Scanlinse (1/e^2-Niveau)
$NA_{obj,1/e^2}$*	0,043	0,043	objektseitige NA (1/e^2-Niveau) des fokussierten Probenstrahls

* berechnet mittels der Nennbrennweite der Scanlinse (25,4 mm) ohne Berücksichtigung des Farblängsfehlers

Die so bestimmte laterale Auflösung von 7,0 µm im 800 nm-Band und 10,9 µm im 1250 nm-Band stimmt in beiden Wellenlängenbereichen gut mit den theoretisch ermittelten Werten für die Halbwertsbreite des Probenstrahls im Fokus überein. Dies lässt vermuten, dass zum einen die NA der verwendeten Singlemode-Faser nahezu dem vom Kollimatorhersteller angenommenen Wert von 0,11 entspricht, und zum anderen die Kollimierung und Fokussierung des Strahls mit ausreichender Qualität hinsichtlich optischer Abbildungsfehler erfolgt.
Ein wesentlich kritischerer Punkt ist dagegen der auftretende Farblängsfehler der Messkopfoptik. So liegen die Brennpunkte des 800 nm- und des 1250 nm-Bandes im Immersionsmedium Luft um 0,37 mm auseinander, wobei der Fokus des kurzwelligen Bandes erwartungsgemäß näher an der fokussierenden Optik liegt als der Fokus des langwelligen Spektralbereichs. Ein Farblängsfehler dieser Größenordnung ergibt sich auch in der Simulation der Messkopfoptik mittels Raytracing-Software (OSLO Light Edition 6.4, Lambda

Research, USA), und kann aufgrund des großen Spektralbereichs nur durch aufwendigere Linsensysteme korrigiert werden, insbesondere da auch die anderen Abbildungsfehler klein bleiben sollen. Da der Farblängsfehler, d. h. der axiale Abstand der Brennpunkte, im Bereich der ermittelten konfokalen Parameter liegt, überschneiden sich die Schärfentiefebereiche der Einzelbänder, sodass für die simultane Dualband-Bildgebung dennoch von einer ausreichend scharfen Abbildung der Probe in beiden Wellenlängenbereichen ausgegangen werden kann.

5.5.4 Signal-zu-Rauschverhältnis und Sensitivität

Vorbetrachtungen – Signal-zu-Rauschverhältnis, Sensitivität und Dynamikbereich
Das Signal-zu-Rauschverhältnis (engl. signal-to-noise ratio – SNR) eines OCT-Systems ist ein Parameter, der zur Quantifizierung der Abbildungsleistung verwendet wird. Er gibt an, wie groß der Abstand zwischen dem physikalisch größtmöglichen Signal und dem Rauschen ist. Das größtmögliche Signal liegt dann vor, wenn das gesamte Probenlicht zurückreflektiert wird, d. h. die Probe einen idealen Spiegel darstellt. In der Praxis ist das erfassbare SNR durch den Dynamikbereich des Detektors begrenzt, welcher in der Regel deutlich kleiner ist. Folglich ist es sinnvoll, anstelle des SNR die Sensitivität als Qualitätsmaß zu benutzen. Die Sensitivität eines OCT-Systems ist dabei definiert als diejenige Probenreflektivität bezogen auf einen idealen Spiegel, bei der sich ein OCT-Signal mit einem SNR von 1 ergibt, d. h. die Signalamplitude gerade mit der Rauschamplitude übereinstimmt [118]. So gibt eine Sensitivität von beispielsweise -90 dB an, dass das Rauschniveau einer Probenreflektivität von einem Milliardstel eines idealen Spiegels entspricht, und somit alle Streuzentren, die eine höhere Reflektivität als 10^{-9} aufweisen, detektiert werden können. Gleichzeitig wäre die Signalamplitude des idealen Spiegels (Reflektivität gleich 1) bei entsprechend großem Dynamikbereich des Detektors um den Faktor 10^{9} größer als das Rauschen, sodass sich ein SNR von 90 dB ergibt. Die Sensitivität ist somit der Kehrwert des SNR; beide Begriffe beschreiben den gleichen physikalischen Sachverhalt. Tatsächlich beträgt der Dynamikbereich einer typischen Zeilenkamera, wie sie in der spektrometerbasierten OCT angewendet wird, ca. 60 dB, was für die überwiegende Mehrheit der biologischen Proben ausreichend ist. Folglich ergibt sich für das gewählte Beispiel aus der Sensitivität und dem Dynamikbereich ein Reflektivitätswertebereich von 10^{-9} bis 10^{-3}. Streuzentren mit einer geringeren oder höheren Reflektivität heben sich nicht vom Rauschen ab bzw. werden übersteuert dargestellt. Der Reflektivitätswertebereich kann zu Lasten der Sensitivität durch Reduzierung der Referenz- und / oder Probenleistung nach oben verschoben werden, um so stärker reflektierende Proben übersteuerungsfrei erfassen zu können.
Neben der optischen Leistung im Referenz- und Probenarm ist die Sensitivität bzw. das SNR eines spektrometerbasierten OCT-Systems von weiteren Parametern wie der Belichtungszeit und der Rauschcharakteristik der Lichtquelle sowie des Detektors abhängig. Für das SNR als den Quotienten aus dem Wechselanteil des Interferenzsignals S_{AC} und dem Rauschen σ kann für einen Einzelreflektor im Probenarm und unter Annahme weißen Rauschens nach [13] geschrieben werden

$$SNR = \frac{{S_{AC}}^2}{\frac{1}{N}\sigma^2} = \frac{\frac{1}{N^2}\left(\frac{\rho \cdot \eta}{h \cdot \nu_0}\right)^2 \cdot {t_{exp}}^2 \cdot P_P \cdot P_R}{\frac{1}{N}\left({\sigma_{Shot}}^2 + {\sigma_{RIN}}^2 + {\sigma_{Detektor}}^2\right)}, \tag{5.8}$$

wobei P_P und P_R die Proben- und Referenzleistung, t_{exp} die Belichtungszeit der Zeilenkamera, ρ den Wirkungsgrad des Detektionsarmes, also Effizienz der Faserkopplung, Wirkungsgrad des Spektrometers etc., η die Quanteneffizienz des Detektors, h das Plancksche Wirkungsquantum, ν_0 die Zentralfrequenz der Lichtquelle, N die Anzahl der Detektorelemente und σ_{Shot}, σ_{RIN} und $\sigma_{Detektor}$ die möglichen Rauschprozesse Schrotrauschen (engl. shot noise), intensitätsabhängiges Rauschen (engl. relative intensity noise – RIN, auch als „excess noise" bezeichnet) sowie Detektorrauschen darstellen.

Für das Schrotrauschen, welches durch die Tatsache bedingt ist, dass aufgrund des Quantencharakters des Lichtes nur diskrete Energiemengen in den Detektor eingebracht werden können, und das intensitätsabhängige Rauschen, welches sich proportional zur Lichtleistung verhält, kann ferner nach [13] geschrieben werden

$${\sigma_{Shot}}^2 = \frac{1}{N} \cdot \frac{\rho \cdot \eta}{h \cdot \nu_0} \cdot t_{exp} \cdot (P_P + P_R), \tag{5.9}$$

$${\sigma_{RIN}}^2 \propto \frac{1}{N}\left(\frac{\rho \cdot \eta}{h \cdot \nu_0}\right)^2 \cdot t_{exp} \cdot (P_P + P_R)^2. \tag{5.10}$$

Für das Detektorrauschen, das sich aus dem Dunkelrauschen des Zeilendetektors sowie dem Elektronik- und Quantisierungsrauschen der nachgeschalteten Auslese- und Verstärkerschaltungen bzw. der Analog-Digital-Umsetzer zusammensetzt, soll hingegen gelten

$${\sigma_{Detektor}}^2 = \text{const}. \tag{5.11}$$

Aus diesen Betrachtungen lassen sich unter der Annahme von $P_R >> P_P$ drei wesentliche Schlussfolgerungen ableiten:

1.) Ist das Detektorrauschen der dominante Rauschprozess, kann das SNR durch Erhöhung der optischen Leistung der Lichtquelle verbessert werden. Das SNR steigt quadratisch mit der Lichtleistung an.
2.) Ist das Schrotrauschen der dominierende Prozess, so kann das SNR durch Erhöhung der optischen Leistung weiter verbessert werden. Das SNR steigt dann linear mit der Lichtleistung an.
3.) Ist schließlich das intensitätsabhängige Rauschen dominant, so kann das SNR durch Erhöhung der optischen Leistung nicht weiter verbessert werden, sondern bleibt konstant. Wird bei gleichbleibender Probenleistung nur die Referenzleistung erhöht, verringert sich das SNR wiederum. Folglich kann in dieser Situation das SNR praktisch nur durch längere Belichtungszeiten heraufgesetzt werden.

Des Weiteren weist die Position von N in Gl. (5.8) in Verbindung mit Gl. (5.9) und Gl. (5.10) darauf hin, dass das SNR für Schrot- und intensitätsabhängiges Rauschen unabhängig von der Anzahl der Detektorelemente ist [13]. Der Sensitivitätsvorteil von FD OCT (vgl. Abschnitt 2.2.2) ergibt sich daher aus der Tatsache, dass das Rauschen auch unabhängig von der Bandbreite der Lichtquelle ist, wohingegen bei TD OCT ein umgekehrt proportionaler Zusammenhang zwischen SNR und spektraler Breite der Lichtquelle besteht [119]. Dieser Zusammenhang ist durch das Tiefpassverhalten der Detektion im Zeitbereich bedingt. Wird bei gleichbleibender optischer Leistung die spektrale Breite vergrößert, so bleibt die Amplitude des OCT-Signals konstant. Dagegen verringert sich die Umlaufkohärenzlänge und die Einhüllende des Interferenzsignals im Zeitbereich wird schmaler; das axiale Auflösungsvermögen somit besser (vgl. Gl. (2.8)). Gleichzeitig muss zur fehlerfreien Erfassung der nun steiler verlaufenden Flanken der Einhüllenden die Bandbreite des Detektors erhöht werden, wodurch das Rauschen steigt und folglich das SNR sinkt.

Messung des SNR in Spektrometerkonfiguration A

Um das SNR bzw. die Sensitivität des entwickelten Dualband-OCT-Systems zu ermitteln, wurde eine Spiegeloberfläche in Luft als Probe verwendet und anschließend der Abstand zwischen dem Amplitudenspitzenwert und dem mittleren Rauschniveau der A-Scans bestimmt. Zur Nachbildung der Abschwächung der optischen Leistung durch biologisches Gewebe und zur Umgehung des limitierten Dynamikbereichs der Detektoren wurde eine Kombination von absorbierenden Graufiltern (engl. neutral density filter – ND filter) in den Probenarm des Interferometers eingebracht. Die Dämpfung der ND-Filter für Hin- und Rückweg des Probenlichtes betrug -31 dB und -29 dB für das 800 nm- bzw. 1250 nm-Band. Die reziproken Dämpfungswerte wurden bei der anschließenden Auswertung zu den gemessenen Sitzenwert-zu-Rauschabständen der A-Scans addiert, um so das SNR und dessen Kehrwert, die Sensitivität des OCT-Systems zu erhalten. Um den Einfluss des tiefenabhängigen Signalabfalls (vgl. Abschnitt 5.5.2) gering zu halten, wurde die Probe in einer Tiefe von ca. 10 % des maximalen Messbereichs positioniert.

Abb. 5.15 zeigt das gemessene SNR für die Spektrometerkonfiguration A mit einer festen Zeilenrate von 11,88 kHz und einer resultierenden größtmöglichen Belichtungszeit von 84 µs im 800 nm-Band und 80,2 µs im 1250 nm-Band. Um die Abhängigkeit des SNR von der Aufteilung des Lichtes im Interferometer zu untersuchen, wurde die Leistung im Referenzarm durch eine verstellbare mechanische Blende variiert, während die Leistung, die vom Probenarm zurück zum entsprechenden Spektrometer gelangte, auf einem konstanten Wert von 0,5 µW im 800 nm-Band und 2 µW im 1250 nm-Band gehalten wurde. Es ist zu erkennen, dass für kleine Leistungen das SNR mit anwachsender Leistung im Referenzarm steigt, da sich die größer werdende Signalamplitude zunehmend vom konstanten Rauschniveau des Detektors entfernt. Bei höheren Leistungen hingegen stagniert das SNR oder fällt wiederum ab, wenn das intensitätsabhängige Rauschen der Lichtquelle zum dominanten Rauschprozess wird. Bei optimaler Einstellung der optischen Leistung im Referenzarm konnte ein SNR von 94 dB im 800 nm-Band und 93 dB im 1250 nm-Band erreicht werden.

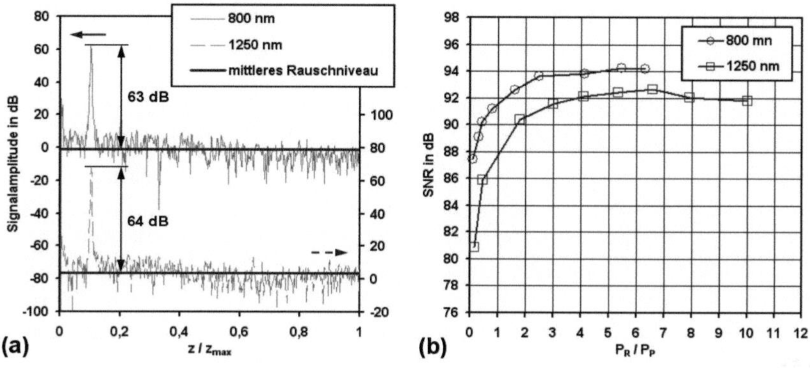

Abb. 5.15 Bestimmung des Signal-zu-Rauschverhältnisses (SNR) des Dualband-OCT-Systems in Spektrometerkonfiguration A mit einer festen A-Scan-Rate von 11,88 kHz. (a) A-Scans einer Spiegeloberfläche in Luft bei 800 nm (linke Skala, Belichtungszeit 84 µs) und 1250 nm (rechte Skala, Belichtungszeit 82,2 µs). Die optische Leistung im Probenarm wurde mittels absorbierender ND-Filter zusätzlich abgeschwächt. Die Dämpfung betrug jeweils -31 dB im 800 nm-Band und -29 dB im 1250 nm-Band. Die reziproken Dämpfungswerte wurden anschließend zu den gemessenen Spitzenwert-zu-Rauschabständen der A-Scans addiert, um so das SNR des Systems zu ermitteln. (b) Ermitteltes SNR für verschiedene optische Leistungen im Referenzarm (P_R) und einer festen, zu den Spektrometern zurückkehrenden Probenarmleistung (P_P) von 0,5 µW bei 800 nm und 2 µW bei 1250 nm (Leistungsstufe des SC-Lasers 100 %). Bei optimaler Leistungseinstellung konnte ein SNR von 94 dB im 800 nm-Band und 93 dB im 1250 nm-Band erreicht werden. Weitere Erläuterungen im Text.

Messung des SNR in Spektrometerkonfiguration B

Im Gegensatz zu Konfiguration A erlaubt Spektrometerkonfiguration B eine flexible Einstellung der A-Scan-Rate sowie der Belichtungszeiten der Zeilenkameras. Da die Abhängigkeit des SNR von der Verteilung der optischen Leistung zwischen Proben- und Referenzarm bereits im vorherigen Abschnitt betrachtet wurde, soll nun der Zusammenhang zwischen SNR, A-Scan-Rate bzw. Belichtungszeit und optischer Gesamtleistung der SC-Laserlichtquelle untersucht werden. Die Ermittlung des SNR erfolgte dabei analog zum obigen Abschnitt. Aufgrund eines etwas geringeren Dynamikbereichs der nun verwendeten Si-Kamera (Basler sprint spL2048-70km) wurde lediglich die Filterkombination variiert, sodass die Dämpfung der ND-Filter nun -45 dB und -37 dB im 800 nm-Band bzw. 1250 nm-Band beträgt.

Abb. 5.16 und Abb. 5.17 zeigen das ermittelte SNR in Abhängigkeit der Parameter SC-Leistungsstufe und Belichtungszeit bzw. A-Scan-Rate für das 800 nm-Band in Konfiguration B1 und das 1250 nm-Band. Es ist zu erkennen, dass das SNR erwartungsgemäß nach Gl. (5.8) bis (5.11) mit größer werdender Belichtungszeit annähernd linear zunimmt. Für das SNR in Abhängigkeit der Belichtungszeit kann daher unter der Bedingung $\sigma_{Shot} >> \sigma_{Detektor}$ und $\sigma_{RIN} >> \sigma_{Detektor}$ geschrieben werden

$$SNR/\mathrm{dB} = 10 \cdot \lg\left(t_{exp}\right) + SNR_{Offset}/\mathrm{dB}. \tag{5.12}$$

Dieses Modell wurde an die Messwerte in Abb. 5.16(a) und Abb. 5.17(a) angefittet, um den Verlauf des SNR außerhalb des Messbereiches zu prognostizieren, welcher durch den Dynamikbereich der Detektoren in Verbindung mit der fixen Dämpfung der ND-Filter gegrenzt ist. Es ist zu erkennen, dass die Messwerte gut mit dem Modell übereinstimmen. Geringe Abweichungen nach unten sind lediglich bei sehr langen Belichtungszeiten (siehe Datenpunkte „6 kHz" in Abb. 5.17(a)) sowie bei sehr kurzen Belichtungszeiten in Verbindung mit einer geringen optischen Leistung (siehe Datenpunkte „60 kHz" und „70 kHz" in Datenreihe „60 %" in Abb. 5.16(a)) zu beobachten. Ursachen hierfür sind, dass das gemessene SNR einerseits bei einer entsprechend hohen Signalamplitude (lange Belichtungszeit, große optische Leistung) durch den limitierten Dynamikbereich des Detektors begrenzt wird, und andererseits bei einer entsprechend kleinen Signalamplitude (kurze Belichtungszeit, niedrige optische Leistung) das Detektorrauschen zunehmend an Einfluss gewinnt. Schlussfolgernd aus dieser Messung lässt sich sagen, dass bei langen Belichtungszeiten von ca. 1 ms ein hohes SNR größer 100 dB in beiden Wellenlängenbändern zu erwarten ist, und so eine hochsensitive Bildgebung statischer oder zumindest sich langsam bewegender Proben ermöglicht werden kann.

Unterschiede sind hingegen im Verhalten des SNR in Abhängigkeit von der SC-Leistungsstufe und damit der optischen Gesamtleistung im Interferometer zu erkennen. Während im 1250 nm-Band das SNR nahezu unabhängig von der SC-Leistungsstufe ist, was auf eine klare Begrenzung der Sensitivität durch intensitätsabhängiges Rauschen (RIN) hindeutet, steigt das SNR im 800 nm-Band mit zunehmender optischer Leistung an. Der Verlauf des SNR ist dabei zunächst annähernd linear mit einem Anstieg von ca. 10 dB pro Dekade, flacht dann aber zu höheren Leistungen zunehmend ab. Folglich ist im 800 nm-Band bei kleinen Leistungen vorwiegend das Schrotrauschen für die Limitierung des SNR verantwortlich; der Einfluss des intensitätsabhängigen Rauschens kommt erst bei größeren Leistungen zur Geltung. Ein mögliche Ursache für den verschieden stark ausgeprägten Einfluss des RIN im 800 nm-Band und 1250 nm-Band könnte die unterschiedliche optische Leistung in beiden Bändern sein. Ferner könnte der unterschiedliche Einfluss des Rauschens auch auf die unterschiedlichen nichtlinearen Prozesse, die bei der Generierung des Superkontinuums unter- und oberhalb der Pumpwellenlänge von 1064 nm vorherrschend sind [109;110], zurückzuführen sein.

Zusammenfassend lässt sich feststellen, dass aufgrund des auftretenden intensitätsabhängigen Rauschens der Lichtquelle der Abfall des SNR zu kürzeren Belichtungszeiten im 1250 nm-Band nahezu gar nicht, und im 800 nm-Band nur eingeschränkt durch eine Erhöhung der Laserleistung kompensieren werden kann. Folglich ist der verwendete SC-Laser für die Hochgeschwindigkeitsbildgebung mit sehr hohen A-Scan-Raten, d. h. sehr kurzen Belichtungszeiten, nicht geeignet.

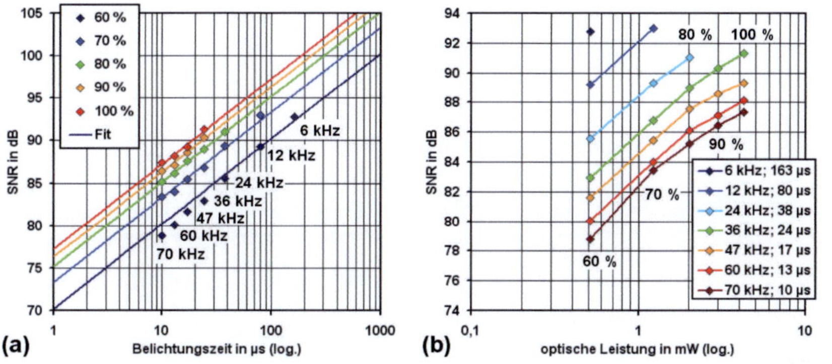

Abb. 5.16 Bestimmung des Signal-zu-Rauschverhältnisses (SNR) im 800 nm-Band in Spektrometerkonfiguration B1 mit variabler A-Scan-Rate und Belichtungszeit. (a) Ermitteltes SNR in Abhängigkeit der Belichtungszeit für verschiedene SC-Leistungsstufen (in %). Das SNR steigt näherungsweise linear mit der Belichtungszeit an und kann somit durch das Modell (Fit) gemäß Gl. (5.12) approximiert werden. (b) Ermitteltes SNR für verschiedene A-Scan-Raten und entsprechende Belichtungszeiten in Abhängigkeit der optischen Leistung, die je nach SC-Leistungsstufe aus der Lichtleitfaser vor dem Messkopf austritt. Für kleine Leistungen steigt das SNR ebenfalls näherungsweise linear an. Weitere Erläuterungen im Text.

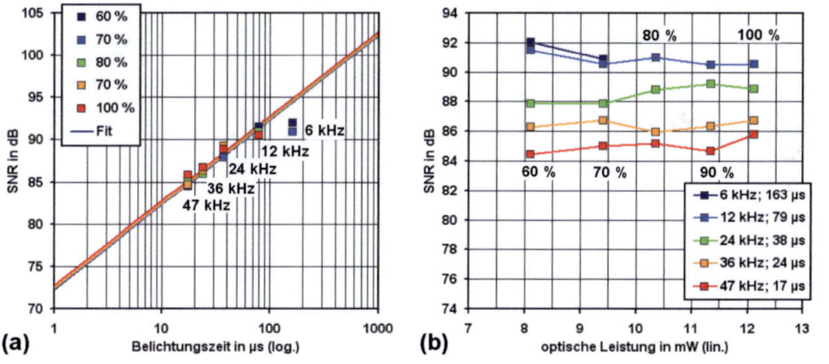

Abb. 5.17 Bestimmung des Signal-zu-Rauschverhältnisses (SNR) im 1250 nm-Band in Spektrometerkonfiguration B mit variabler A-Scan-Rate und Belichtungszeit. (a) Ermitteltes SNR in Abhängigkeit der Belichtungszeit für verschiedene SC-Leistungsstufen (in %). Der näherungsweise lineare Anstieg des SNR mit der Belichtungszeit wurde wiederum durch das Modell (Fit) gemäß Gl. (5.12) approximiert. (b) Ermitteltes SNR für verschiedene A-Scan-Raten und entsprechende Belichtungszeiten in Abhängigkeit der optischen Leistung, die je nach SC-Leistungsstufe aus der Lichtleitfaser vor dem Messkopf austritt. Das SNR bleibt trotz zunehmender Leistung annähernd konstant. Weitere Erläuterungen im Text.

Sensitivität und Messtiefe

Ferner ist zu beachten, dass das SNR bzw. die Sensitivität mit zunehmender Messtiefe gemäß dem tiefenabhängigen Signalabfall abnimmt. Eine weitere Reduzierung erfolgt in großen Messtiefen aufgrund des partiellen Aliasing-Effekts (vgl. Abschnitt 5.5.2). Folglich ist die Sensitivität eines spektrometerbasierten OCT-Systems nahe der Messtiefe Null (Referenzebene) am größten. Interessante, schwach streuende Strukturen in der Probe sollten daher möglichst nahe an der Referenzebene positioniert werden.

5.5.5 Zusammenfassung der Systemparameter

Die in den Abschnitten 5.5.1 bis 5.5.4 erfassten Leistungsmerkmale zur Charakterisierung des entwickelten Dualband-OCT-Systems sind in nachfolgender Tabelle 5.3 zusammengefasst.

Tabelle 5.3 Ermittelte Systemparameter des Dualband-OCT-Systems

Band	**800 nm**			**1250 nm**
Konfiguration	A	B1	B2	A und B
Detektor	DALSA IL-C6-2048C	Basler sprint spL2048-70km	Basler sprint spL2048-70km	Sensors Unlimited SU1024LDH-1.7RT-0500/LC
Detektorelemente	1024	2048	1024	1024
axiale Auflösung (über Tiefenmessbereich)*	3,8 µm bis 4,5 µm	4,6 µm bis 5,7 µm	4,2 µm bis 4,8 µm	5,7 µm bis 7 µm
laterale Auflösung (im Fokus)	7,0 µm			10,9 µm
Sensitivität (bei A-Scan-Rate)	-94 dB (11,88 kHz)	-93 dB (12 kHz) -89 dB (47 kHz)		-93 dB (11,88 kHz) -92 dB (12 kHz) -86 dB (47 kHz)
maximale Messtiefe*	0,8 mm	1,98 mm	0,99 mm	1,35 mm
Signalabfall über Tiefenmessbereich	-13,3 dB	-19,9 dB	-10,2 dB	-11,7 dB
axialer Skalierungsfaktor*	1,55 µm/Pixel	1,93 µm/Pixel		2,64 µm/Pixel

* in Luft ($n = 1$)

5.6 Bildgebung

Nach Abschluss der Untersuchung der Leistungsmerkmale des entwickelten Dualband-OCT-Systems soll im folgenden Abschnitt auf die Bildgebung mit diesem Aufbau eingegangen werden. Das Hauptaugenmerk liegt dabei auf der Betrachtung biologischer Proben, da das Anwendungsgebiet des entwickelten Systems hauptsächlich die biomedizinische Bildgebung sein soll. Dazu wird in einem ersten Teil zunächst auf die strukturelle Bildgebung zur Gewinnung morphologischer Informationen sowie auf die Verarbeitung der Bilddaten eingegangen, bevor im Anschluss die funktionelle Bildgebung mittels Doppler-OCT betrachtet wird.

5.6.1 Strukturelle Bildgebung und Bildverarbeitung

Für die strukturelle Bildgebung wird ausschließlich die Betragsinformation des Fourier-transformierten Interferenzsignals verwendet (vgl. Abb. 5.8), um auf die Intensität des aus der Probe zurückgestreuten Lichtes zu schließen. Da die Rückstreuung primär auf Größe, Form, Brechungsindex und Dichte der einzelnen Gewebebestandteile wie Zellen und deren Komponenten (Zellkern, Mitochondrien, etc.) beruht, kann so die Gewebestruktur entsprechend ihren optischen Eigenschaften abgebildet werden.
In einem ersten Beispiel ist in Abb. 5.18 die simultane Dualband-Bildgebung anhand von OCT-Schnittbildern (B-Scans) der oberen Hautschichten an der Fingerkuppe dargestellt. Darin sind die oberflächennahen Schichten der Epidermis wie das *Stratum corneum* (Hornhaut) mit den charakteristischen spiralförmigen Schweißdrüsenkanälen sowie das darunterliegende *Stratum granulosum* zu erkennen. Der Grauwert der einzelnen Bildpixel repräsentiert dabei das logarithmische Rückstreuvermögen der Probe. Aufgrund der höheren axialen Auflösung im 800 nm-Band (vgl. Tabelle 5.3) erscheinen die Bilddaten gegenüber dem 1250 nm-Band in der Tiefe gestreckt, wodurch ein objektiver Vergleich beider B-Scans erschwert wird. Folglich ist an dieser Stelle eine der Bildanalyse vorgelagerte Bild-verarbeitung der OCT-Daten sinnvoll.

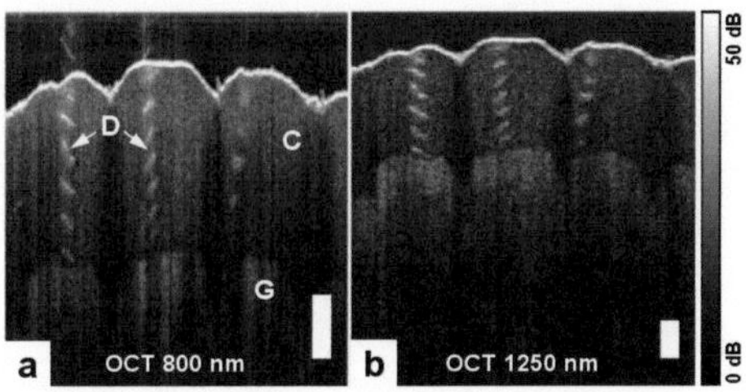

Abb. 5.18 Simultane *in vivo* Dualband-OCT-Bildgebung an der Kuppe des kleinen Fingers. (a) Schnittbild bei 800 nm (Konfiguration A) und (b) Schnittbild bei 1250 nm (A-Scan-Rate 11,88 kHz). Die Bilder zeigen die oberen Epidermis-Schichten *Stratum corneum* (C) und *Stratum granulosum* (G), sowie die darin enthaltenen spiralförmigen Schweißdrüsenkanäle (D) und wurden durch Mittelung von fünf aufeinander folgenden B-Scans eines Volumenstapels erhalten (Balken: 100 µm in lateraler und axialer Richtung).

Vorverarbeitung der OCT-Bilddaten

Um die Schnittbilder bei 800 nm und 1250 nm besser miteinander vergleichen zu können, muss der in Folge des unterschiedlichen Auflösungsvermögens ungleiche axiale Skalierungsfaktor beider Wellenlängenbänder (vgl. Abschnitt 5.5.1) sowie der unter-schiedliche Signalabfall über den Tiefenmessbereich (vgl. Abschnitt 5.5.2) berücksichtigt werden.
In einem ersten Schritt wird daher zunächst der tiefenabhängige Signalabfall, analog zu der bereits in Abschnitt 5.5.3 (Bestimmung der lateralen Auflösung) umgesetzten Methode, in beiden Bändern mit Hilfe von entsprechenden Umkehrfunktionen zu den in Abb. 5.12 gefundenen Parabelprofilen korrigiert. Da der Signalabfall ein Folge der endlichen spektralen Auflösung des Spektrometers ist, welche mit zunehmender Probentiefe zu einer verminderten

Messempfindlichkeit führt, wird er in der Literatur auch mit dem Begriff *sensitivity roll-off* umschrieben [16]. Die Korrektur dieses Effekts wird in der vorliegenden Arbeit daher fortan als *DeRoll-Off* bezeichnet, und stellt ergänzend zu den Signalverarbeitungsschritten Hochpassfilterung und *DeSinc*^{2} (vgl. Abschnitt 5.4) eine dritte Filteroperation im Ortsraum dar. Als Nebeneffekt dieser Operation wird jedoch auch das Bildrauschen speziell in den tiefer gelegenen Regionen des Schnittbildes verstärkt.
In einem zweiten Schritt werden die Schnittbilder so in der Tiefe reskaliert, dass sie bezüglich ihrer generellen Strukturinformation kongruent zueinander sind. Das Verhältnis zwischen der dargestellten Tiefe im 800 nm- und 1250 nm-Band kann unter Vernachlässigung der Dispersion in der Probe und für das Immersionsmedium Luft aus den bereits bestimmten axialen Skalierungsfaktoren (vgl. Tabelle 5.3) abgeschätzt werden. Es beträgt ca. 0,59 für die Spektrometerkonfiguration A und ca. 0,73 für die Konfiguration B. Da die Schnittbilder jedoch aus mindestens 512 Pixeln in die Tiefe bestehen, ist für eine ausreichend gute Überlagerung eine Extrapolation des Skalierungsverhältnisses bis auf die dritte Nachkommastelle notwendig. So wurde durch manuelle Maximierung der Bildkongruenz ein Wert von 0,582 für die Konfiguration A und 0.734 für die Konfiguration B ermittelt.

Bildanalyse und weitere Verarbeitung der Dualband-Bilddaten

Die Ergebnisse der Vorverarbeitungsschritte *DeRoll-Off* und Reskalierung sind in Abb. 5.19(a,b) dargestellt. Nun ist zu erkennen, dass der B-Scan bei 1250 nm eine größere Eindringtiefe mit einer besseren Visualisierung des *Stratum granulosum* zeigt, während der B-Scan bei 800 nm durch eine erhöhte Rückstreuung in den oberflächennahen Regionen sowie feiner aufgelöste Schweißdrüsenkanäle charakterisiert wird. Diese Beobachtung ist konform mit der erwarteten verminderten Gewebestreuung im langwelligen und der erhöhten Auflösung im kurzwelligen Spektralbereich.
Um die höhere Auflösung bei 800 nm und die größere Eindringtiefe bei 1250 nm miteinander zu kombinieren, wurde das Mittelwertbild aus beiden B-Scans berechnet, welches in Abb. 5.19(c) dargestellt ist. Diese Art der Mittelung entspricht einer inkohärenten Summation der Amplituden zweier unabhängiger Interferenzsignale mit unterschiedlicher Zentralwellenlänge, und wird daher auch als *frequency compounding* bezeichnet [73;120]. Da das der Strukturinformation überlagerte Speckle-Muster ebenfalls wellenlängenabhängig ist, kann durch diese Operation das Speckle-Rauchen reduziert, und somit die Bildqualität verbessert werden [73;78;80]. So erscheinen die streuenden Gewebestrukturen im Mittelwertbild nun mit einer erhöhten Homogenität als in den beiden Einzelbildern, wodurch eine Abgrenzung der Epidermis-Schichten gegeneinander erleichtert wird.
Um hingegen die spektralen Unterschiede zwischen den beiden Wellenlängenbändern hinsichtlich der Geweberückstreuung darzustellen, wurde ein farbkodiertes Differenzbild berechnet, welches in Abb. 5.19(d) dargestellt ist. Die Farbinformation wurde dabei aus der Grauwertdifferenz zwischen dem 800 nm-Band und dem 1250 nm-Band gewonnen, wobei die Farbskala so gewählt wurde, dass rote Farbtöne eine erhöhte Rückstreuung im Langwelligen, grüne Farbtöne eine erhöhte Rückstreuung im Kurzwelligen, und gelbe Farbtöne eine gleichartige Rückstreuung in beiden Spektralbereichen repräsentieren. Diese Art der Farbkodierung ist auch in der spektroskopischen OCT (vgl. Abschnitt 2.3.1) gebräuchlich

[36;82;93;94], sodass die Ergebnisse beider Verfahren miteinander verglichen werden können.

Zur parallelen Wiedergabe der spektralen und strukturellen Information erfolgt die Darstellung des farbkodierten Differenzbildes im HSL-Farbraum, welcher aus den Kanälen Hue (Farbton), Saturation (Farbsättigung) und Luma (Helligkeit) aufgebaut ist (LabVIEW, National Instruments, USA). Dem Hue-Kanal wird dazu das Differenzbild zugewiesen, welches die spektrale Information enthält. Zudem wird der Wertebereich auf 0 bis 0,33 begrenzt, sodass der Farbton nur zwischen Rot, Gelb und Grün variieren kann. Dem Saturation- und dem Luma-Kanal wird hingegen das Mittelwertbild aus beiden Bändern zugewiesen, um gleichzeitig die generelle Strukturinformation zu betonen [82]. Durch diese Art der Darstellung kann der Gewebekontrast zwischen den Hautschichten zusätzlich erhöht werden. Abschließend ist in Abb. 5.19(e,f) die Möglichkeit der dreidimensionalen Bildgebung mit dem entwickelten Dualband-OCT-System aufgezeigt.

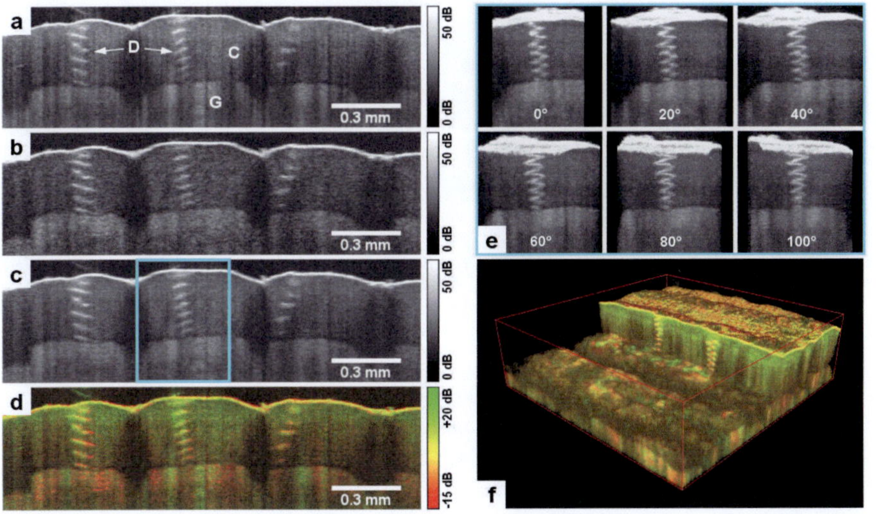

Abb. 5.19 Simultane *in vivo* Dualband-OCT-Bildgebung an der Kuppe des kleinen Fingers mit anschließender Bildverarbeitung. (a) Schnittbild bei 800 nm (Konfiguration A) mit Resklalierung und *DeRoll-Off* und (b) Schnittbild bei 1250 nm mit Resklalierung und *DeRoll-Off* (A-Scan-Rate 11,88 kHz). Die Bilder zeigen die oberen Epidermis-Schichten *Stratum corneum* (C) und *Stratum granulosum* (G), sowie die darin enthaltenen spiralförmigen Schweißdrüsenkanäle (D). Sie wurden durch Mittelung von fünf aufeinander folgenden B-Scans eines Volumenstapels erhalten, woraus sich eine Dicke der darstellten Schnittbilder von 20 µm ergibt. (c) Mittelwertbild von (a) und (b). (d) Farbkodiertes Differenzbild aus (a) und (b): Grün und Rot repräsentieren eine erhöhte Rückstreuung bei 800 nm bzw. 1250 nm. (e) Dreidimensionale Darstellung eines einzelnen Schweißdrüsenkanals aus dem Mittelwertbild (markiert durch türkisfarbenes Rechteck in (c)) aus verschiedenen Perspektiven (Rotation um die Hochachse gegen den Uhrzeigersinn). (f) Dreidimensionale Darstellung des gesamten Volumenstapels als farbkodiertes Differenzbild. Das *Stratum corneum* wurde teilweise ausgeblendet, um den Blick auf das darunterliegende *Stratum granulosum* und die Schweißdrüsenkanäle freizugeben. Weitere Erläuterungen im Text.

Vergleich der Bildgebung mit Spektrometerkonfiguration A und B

Die im Verlauf dieser Arbeit realisierten Spektrometer für das 800 nm-Band (Konfiguration A und B, vgl. Tabelle 5.1) unterscheiden sich hauptsächlich in der Art des Zeilendetektors. Während in Konfiguration A eine CCD-Kamera zum Einsatz kam, handelt es sich in Konfiguration B um einen CMOS-Detektor, welcher mit höheren Zeilenraten ausgelesen werden kann. Das Spektrometer für den langwelligen Spektralbereich um 1250 nm ist hingegen in beiden Konfigurationen identisch.

Die Ergebnisse der Bildgebung mit unterschiedlichen Detektoren im 800 nm-Band sind in Abb. 5.20 für eine identische biologische Probe dargestellt. Es ist zu erkennen, dass die Bildqualität für beide Konfigurationen bei vergleichbarer A-Scan-Rate und Sensitivität (vgl. Tabelle 5.3) nahezu identisch ist. Folglich ist für eine vergleichende Bildgebung mit dem 1250 nm-Band keine Unterscheidung in Konfiguration A und B notwendig.

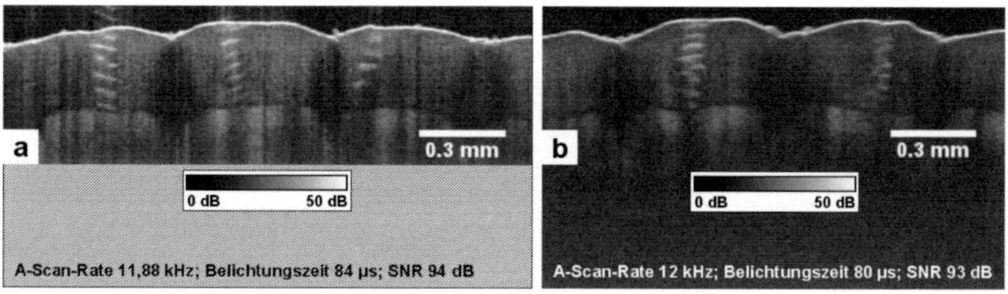

Abb. 5.20 Vergleich der OCT-Schnittbilder des 800 nm-Bandes in Konfiguration A (a) und Konfiguration B1 (b) für eine identische biologische Probe (Kuppe des kleinen Fingers). Die dargestellten Bilder wurden durch Mittelung von fünf aufeinander folgenden B-Scans eines Volumenstapels erhalten. Die Erfassung beider OCT-Datensätze erfolgte mit vergleichbaren Aufnahmeparametern. Zu beachten ist der vergrößerte Tiefenmessbereich in Konfiguration B1, der sich durch die höhere Anzahl an Detektorelementen ergibt.

Bildqualität und Bildgebungsgeschwindigkeit

Wie bereits oben erwähnt, kann in Konfiguration B die A-Scan-Rate und damit die Geschwindigkeit der Bildgebung variiert werden. Aus Abschnitt 5.5.4 ist bekannt, dass das SNR mit zunehmender A-Scan-Rate, d. h. kürzerer Belichtungszeit abnimmt. Die Auswirkung dieses Effekts auf die Bildgebung ist in Abb. 5.21 anhand von OCT-Schnittbildern der oberen Hautschichten am seitlichen Daumen dargestellt. Es ist deutlich zu erkennen, dass die Bildqualität bezüglich Kontrast und Eindringtiefe zu höheren A-Scan-Raten abnimmt. Folglich muss stets ein Kompromiss zwischen Bildqualität und Bildgebungsgeschwindigkeit gefunden werden.

Als Standardeinstellung für Konfiguration B wurde eine A-Scan-Rate von 12 kHz mit einer Belichtungszeit von ca. 80 µs für beide Bänder gewählt. Dies ermöglicht eine Schnittbilderfassung mit einer Videorate von 25 Bildern pro Sekunde mit je 480 A-Scans pro B-Scan, und erlaubt aufgrund ähnlicher Parameter zudem einen guten Vergleich zur Bildgebung in Konfiguration A.

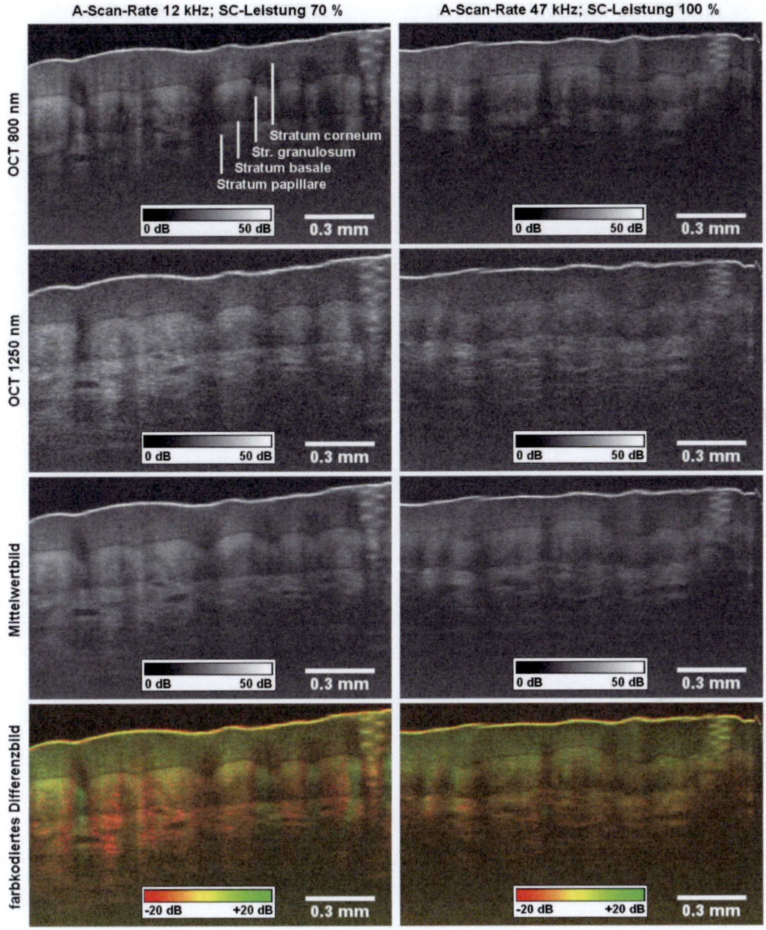

Abb. 5.21 Vergleich der simultanen Dualband-OCT-Bildgebung einer identischen biologischen Probe (obere Hautschichten des seitlichen Daumens) mit unterschiedlicher A-Scan-Rate (links: 12 kHz, rechts: 47 kHz) in Spektrometerkonfiguration B1. Die dargestellten Bilder wurden durch Mittelung von fünf aufeinander folgenden B-Scans eines Volumenstapels erhalten. Weitere Erläuterungen im Text.

Simultane Dualband-Bildgebung verschiedener biologischer Proben

In Abb. 5.22 bis 5.24 sind OCT-Schnittbilder dargestellt, die in verschiedenen biologischen Proben simultan bei 800 nm und 1250 nm aufgenommen wurden. Zum Probenumfang zählen die Nagelfalz des kleinen Fingers, ein entnommener menschlicher Backenzahn sowie eine isolierte Kaninchenlunge fixiert in 1,5 % Glutaraldehyd- und 1,5 % Formaldehyd-Lösung. Dargestellt sind jeweils das OCT-Bild des 800 nm- und des 1250 nm-Bandes, das Mittelwertbild beider Bänder, sowie das farbkodierte Differenzbild, welches das unterschiedliche Rückstreuvermögen der Probe in beiden Spektralbereichen wiedergibt, und

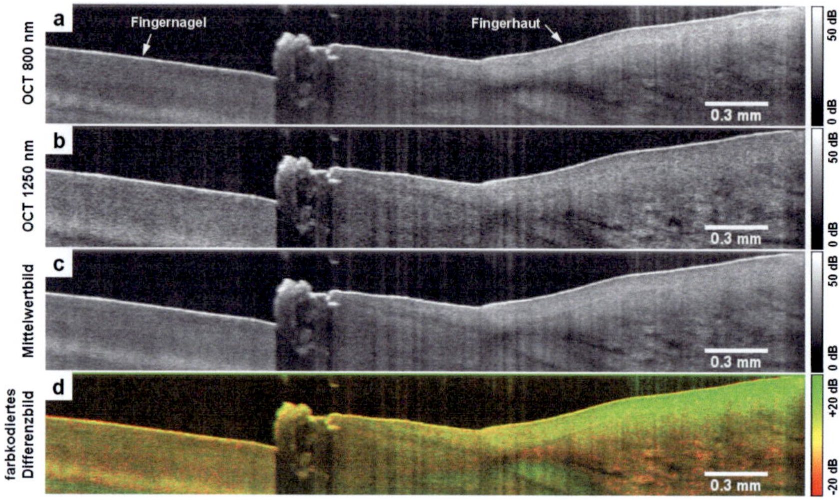

Abb. 5.22 Simultane Dualband-OCT-Bildgebung (Konfiguration A) an der Nagelfalz des kleinen Fingers. Dargestellt ist der Übergang von der Hautfalte, die den Fingernagel bedeckt, zur eigentlichen Nagelplatte. Die dargestellten Bilder wurden durch Mittelung von drei aufeinander folgenden B-Scans eines Volumenstapels erhalten. (a) B-Scan bei 800 nm. (b) B-Scan bei 1250 nm. (c) Mittelwertbild aus (a) und (b). (d) Farbkodiertes Differenzbild aus (a) und (b): Grün und Rot repräsentieren eine erhöhte Rückstreuung bei 800 nm bzw. 1250 nm.

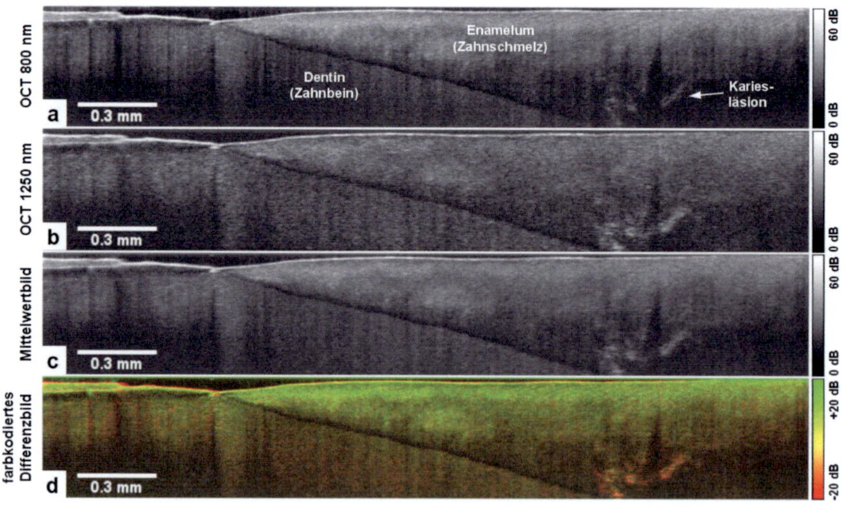

Abb. 5.23 Simultane Dualband-OCT-Bildgebung (Konfiguration A) an einem entnommenen menschlichen Backenzahn. Dargestellt ist die Region des Zahnhalses mit dem Übergang vom Zahnschmelz, welcher die Krone des Zahns bedeckt, zum darunterliegenden Zahnbein. Bei den stärker streuenden Strukturen im Zahnschmelz handelt es sich wahrscheinlich um Kariesläsionen. Die dargestellten Bilder wurden durch Mittelung von fünf aufeinander folgenden B-Scans eines Volumenstapels erhalten. Für die Skalierung der Bilder wurde ein effektiver Brechungsindex von $n = 1{,}65$ für den gesamten Zahn angenommen.

somit einen zusätzlichen Kontrastmechanismus bereitstellt. Dies wird insbesondere am ersten Beispiel, der Nagelfalz, deutlich, die von allen hier untersuchten biologischen Proben die größten spektralen Unterschiede zwischen dem kurzwelligen und langwelligen Spektralbereich aufweist.

Generell lassen sich die folgenden Beobachtungen an allen drei dargestellten Proben machen, die sich auch auf die oben dargestellten B-Scans der oberen Hautschichten (Abb. 5.19 und Abb. 5.21) übertragen lassen:

1.) Das 800 nm-Band zeigt stets eine feinere Darstellung der Gewebestrukturen.
2.) Das 1250 nm-Band weist stets eine erhöhte Eindringtiefe auf.
3.) Das Mittelwertbild aus beiden Bändern bildet streuende Strukturen mit höherer Homogenität ab und besitzt eine verbesserte Bildqualität.
4.) Das farbkodierte Differenzbild gibt stets eine spektrale Rotverschiebung tiefer gelegener Gewebeschichten gegenüber oberflächennahen Strukturen wieder.

Folglich weisen die optischen Eigenschaften der betrachteten Gewebeproben ein sehr ähnliches Verhalten auf, auch wenn sie sich in optischer Dichte, Streuquerschnitt und Eindringtiefe im Einzelnen unterscheiden.

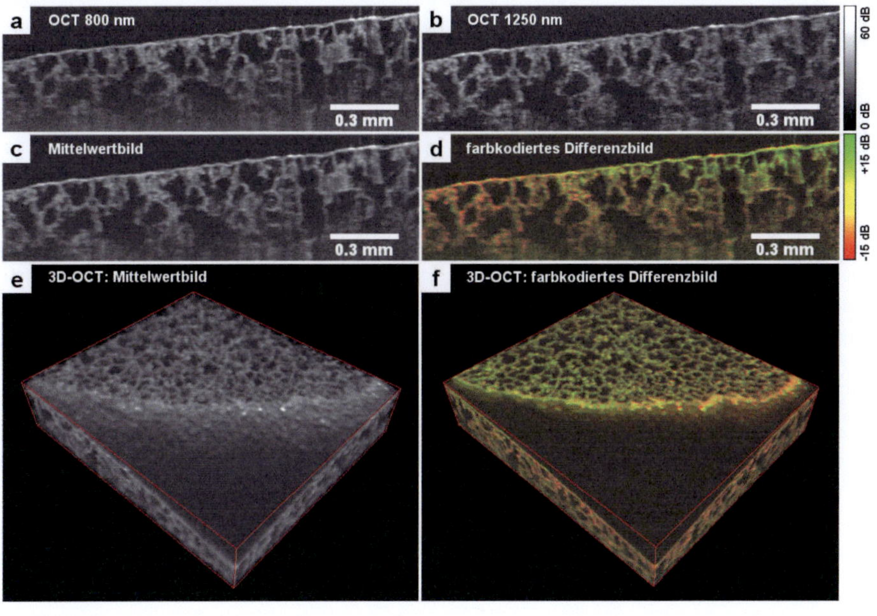

Abb. 5.24 Simultane Dualband-OCT-Bildgebung (Konfiguration A) an einer fixierten Kaninchenlunge. Die dargestellten Schnittbilder (a-d) wurden durch Mittelung von fünf aufeinander folgenden B-Scans eines Volumenstapels erhalten. Darin sind die flüssigkeitsgefüllten, subpleuralen Lungenbläschen zu erkennen. Die dreidimensionale Darstellung des erfassten Volumenstapels in (e) und (f) zeigen die Mittelwert- und Differenzbilddaten beider Bänder. Die Pleura wurde teilweise ausgeblendet, um den Blick auf die darunterliegenden Lungenbläschen freizugeben. Weitere Erläuterungen im Text.

5.6.2 Strukturelle und funktionelle Bildgebung mittels Doppler-OCT

Neben der rein morphologischen Bildgebung kann unter Verwendung des Phasenterms des Fourier-transformierten OCT-Signals zusätzlich die Bewegung einzelner Streuzentren in der Probe mittels phasenaufgelöster Doppler-OCT (vgl. Abschnitt 2.3.3) sichtbar gemacht werden. Dieses Verfahren eignet sich zur Abbildung des Blutflusses in biologischen Proben, wobei die zellulären Bestandteile des Blutes, vornehmlich Erythrozyten, die bewegten Streuzentren darstellen. Im folgenden Abschnitt wurde daher in Kooperation mit dem Bereich Gefäßendothel und Mikrozirkulation am Universitätsklinikum Dresden unter Leitung von Prof. Henning Morawietz die Eignung des entwickelten Dualband-OCT-Systems zur parallelen Bildgebung der Gefäßstruktur und -funktion in einem *in vivo* Mausmodell untersucht werden. Dieses Modell wird in der biomedizinischen Forschung zur Untersuchung der Entstehungsprozesse von Arteriosklerose verwendet. In diesem Zusammenhang wird eine beeinträchtigte Vasodynamik, also die Fähigkeit der Gefäße ihren Strömungsquerschnitt gemäß den Durchblutungsanforderungen des Gewebes zu regulieren, bereits als Symptom einer frühzeitigen arteriosklerotischen Gefäßwandveränderung eingestuft, noch ehe eine Plaque-Formation auftritt. Die Erfassung der Vasodynamik unter *in vivo* Bedingungen ist daher ein hilfreiches diagnostisches Werkzeug, welches zu einem besseren Verständnis der Pathogenese der Arteriosklerose beitragen kann. In diesem Zusammenhang konnte bereits gezeigt werden, dass die berührungsfreie und hochauflösenden Bildgebung mittels OCT ein geeignetes Verfahren zur Erfassung der Vasodynamik kleiner Leitungsgefäße mit einem Durchmesser von ca. 100 µm im *in vivo* Mausmodell ist [121;122].

***In vivo* Mausmodell**

Alle hier beschriebenen Experimente wurden in Übereinstimmung mit dem *Guide for the Care and Use of Laboratory Animals* (Institute of Laboratory Animal Resources, 7th Edition, National Academy Press, Washington, D.C., 1996) [123] durch die AG Gefäßendothel und Mikrozirkulation durchgeführt. Die unternommenen Studien wurden durch die zuständigen staatlichen Behörden genehmigt. Die OCT-Bildgebung erfolgte an der Unterschenkelarterie und -vene (*Arteria* und *Vena saphena*) von LDLR- (low density lipid receptor) knockout-Mäusen im Alter von 20 Wochen. Diese Gefäße wurden aufgrund ihrer vorteilhaften anatomischen Lage und ihres definierten Ansprechverhaltens auf vasoaktive Stimuli ausgewählt. Zu Versuchsbeginn wurde die Tiere durch intraperitoneale Injektion von Ketamin (100 mg/kg Körpergewicht) und Xylazin (10 mg/kg Körpergewicht) narkotisiert. Vor der Bildgebung wurde das stark streuende Fell und die oberen Hautschichten, welche das Bindegewebe oberhalb der Blutgefäße bedecken, vorsichtig eingeschnitten und auf einer Fläche von 5 mm × 5 mm entfernt. Um die Vasodynamik der *Arteria saphena* zu untersuchen, wurde sowohl eine Vasokonstriktion als auch eine Vasodilatation durch extravasale Applikation von Krebs-Henseleit-Bufferlösung mit 80 mmol/l Kalium (K^+) bzw. 1 mmol/l Natrium-Nitroprussid (engl. sodium nitroprusside – SNP) induziert. Während der ca. zehnminütigen Untersuchung wurde die Maus auf einem temperaturkontrollierten Operationstisch für Kleintiere fixiert, und anschließend zum Aufwachen unter ständiger visueller Kontrolle wieder zurück in ihren Käfig gesetzt.

Simultane Dualband-Bildgebung der Gefäßstruktur und -funktion

Die strukturelle Bildgebung der *Arteria saphena* und *Vena saphena* im *in vivo* Mausmodell ist in Abb. 5.25 für den Ausgangszustand, die induzierte Vasokonstriktion durch Gabe von Kalium sowie die induzierte Vasodilatation durch Gabe von SNP dargestellt. Dazu wurde das Untersuchungsareal in der Unterschenkelregion der Maus zunächst durch OCT-Volumenscans dreidimensional erfasst. Beide Gefäße verlaufen parallel mit dem benachbarten *Nervus vastus medialis* in einer mit perivaskulärem Fettgewebe ausgefüllten Bindegewebstasche. Deutlich ist in den B-Scans die signifikante Änderung des Arteriendurchmessers bei Applikation der entsprechenden vasoaktiven Stimuli zu erkennen.

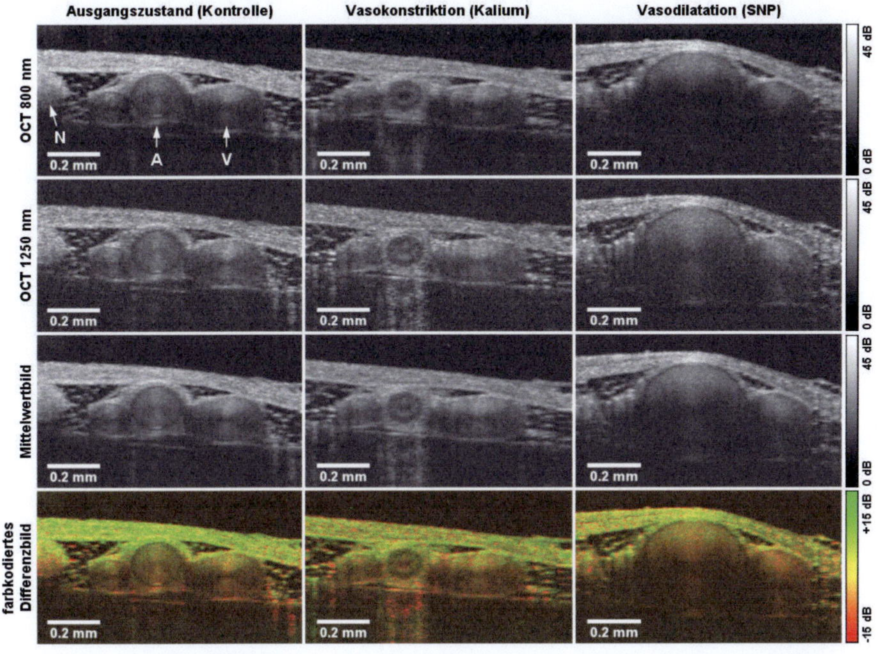

Abb. 5.25 Simultane Dualband-OCT-Bildgebung (Konfiguration B1, A-Scan-Rate 36 kHz) an den Beingefäßen eines *in vivo* Mausmodells. Dargestellt ist die Unterschenkelregion mit *Arteria saphena* (A), *Vena saphena* (V) und *Nervus vastus medialis* (N) während des Ausgangszustandes, sowie nach induzierten Vasokonstriktion und -dilatation durch Applikation von Kalium bzw. SNP. Die dargestellten Bilder wurden durch Mittelung von fünf aufeinander folgenden B-Scans der aufgenommenen Volumenstapel erhalten.

Beim Vergleich der Schnittbilder fällt auf, dass die B-Scans bei 1250 nm wiederum eine erhöhte Eindringtiefe aufweisen, insbesondere in und unter den Blutgefäßen. Diese Beobachtung ist konform zu der erwarteten reduzierten Gewebestreuung und der geringeren Absorption durch den Blutfarbstoff Hämoglobin in diesem Spektralbereich. Gleichzeitig zeigen die B-Scans bei 800 nm aufgrund der kleineren Wellenlänge eine höhere Auflösung. So ist insbesondere die signalarme Ringstruktur in der Arterienwand, welche die glatte Muskelschicht der *Tunica media* darstellt [124], besser vom umgebenden Gewebe zu unterscheiden. Das Mittelwertbild aus beiden Bändern zeigt erneut ein reduziertes Speckle-Rauschen. So erscheinen streuende Strukturen wie der äußere Teil der Bindegewebstasche, der die Blutgefäße bedeckt, nun mit einer erhöhten Homogenität, was eine bessere Abgrenzung zum darunterliegenden Fettgewebe erlaubt. Schließlich weist das farbkodierte Differenzbild gemäß der erhöhten Streuung im Kurzwelligen und der gesteigerten Eindringtiefe im Langwelligen eine spektrale Blauverschiebung oberflächlicher Rückstreuzentren sowie eine spektrale Rotverschiebung tiefer gelegener Regionen auf.

Anschließend wurde der Blutfluss in der Arterie für den Ausgangszustand, die Vasokonstriktion und die Vasodilatation mittels phasenaufgelöster Doppler-OCT [49] genauer untersucht. Dazu wurde zusätzlich zu den bereits erfassten Volumenscans zeitaufgelöste B-Scan-Stapel in einer Schnittebene aufgenommen, um die zeitliche Änderung des Blutflusses über die Herzphasen Systole und Diastole erfassen zu können. Die Ergebnisse dieser Messung sind in Abb. 5.26 dargestellt. Die aus der axialen Bewegungskomponente der Erythrozyten resultierende Phasenverschiebung zwischen benachbarten A-Scans wurde farbkodiert mit den entsprechenden Strukturbildern überlagert, sodass blau und rot dargestellte Pixel diejenigen Streuzentren darstellen, die sich zur Referenzebene hinbewegen (positive Phasenverschiebung) bzw. sich von der Referenzebene entfernen (negative Phasenverschiebung).

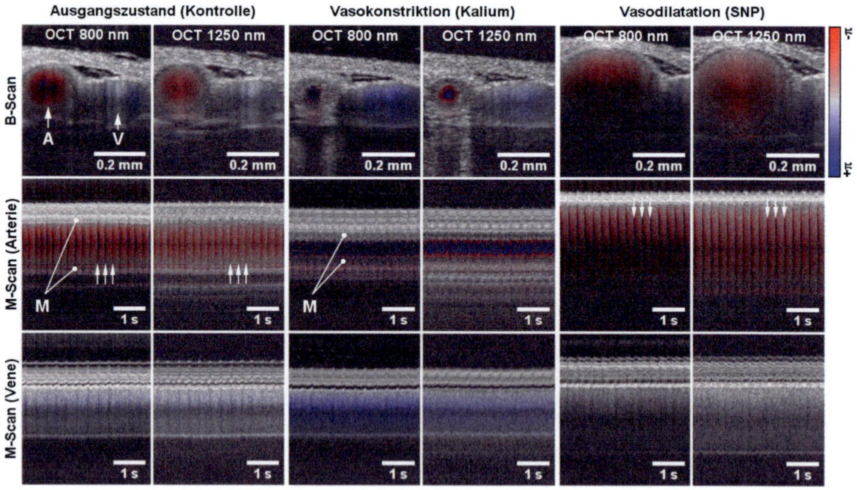

Abb. 5.26 Funktionelle Doppler-OCT-Bildgebung bei 800 nm und 1250 nm (Konfiguration B1, A-Scan-Rate 36 kHz) an der *Arteria saphena* (A) und *Vena saphena* (V) im *in vivo* Mausmodell. Dargestellt sind jeweils der Gefäßquerschnitt (obere Reihe) für den Ausgangszustand, die Vasokonstriktion und die Vasodilatation, sowie die dazugehörigen M-Scans durch die Gefäßmitte der Arterie (mittlere Reihe) und der Vene (untere Reihe), die aus den aufgezeichneten, zeitaufgelösten B-Scan-Stapeln generiert wurden. Die dargestellten Bilder wurden jeweils durch Mittelung von fünf aufeinander folgenden B-Scans erhalten. In der Arterie sind die glatte Muskelschicht (M) in der Gefäßwand und der durch den Herzschlag verursachte periodische Blutfluss (Pfeile) gut zu erkennen. Weitere Erläuterungen im Text.

Während des Ausgangszustandes und der Vasokonstriktion kann das Doppler-Signal in beiden Wellenlängenbändern über die gesamte Tiefe des Gefäßlumens ausgewertet werden. Während der Vasodilatation erleichtert die größere Eindringtiefe bei 1250 nm die Erfassung des Doppler-Signals über den vergrößerten Gefäßdurchmesser. Der Messbereich der Phasenverschiebung, und damit der Flussgeschwindigkeit, ist proportional zur Zentralwellenlänge des verwendeten Spektralbereichs, und wird ferner limitiert durch die maximal erfassbare Phasendifferenz von 2π (vgl. Abschnitt 2.3.3). Dieser Bereich wird während der Systole nach Vasokonstriktion und -dilatation in beiden Bändern überschritten, was zu einem Umklappen der ermittelten Phasendifferenz führt. Im Ausgangszustand tritt hingegen kein Umklappen der Phasendifferenz bei 1250 nm im Vergleich zu 800 nm auf, was auf den erweiterten Messbereich im Langwelligen hinweist.
Bei der Untersuchung des Blutflusses in der Vene fällt auf, dass das 800 nm-Band für den Ausgangszustand und die Vasokonstriktion ein höheres Doppler-Signal im Vergleich zum 1250 nm-Band liefert. Dies kennzeichnet die höhere Phasenempfindlichkeit des kurzwelligen Spektralbereichs gegenüber kleinen Probenbewegungen. Dagegen deutet das kaum detektierbare Doppler-Signal in der Vene nach Vasodilatation auf einen sehr kleinen Neigungswinkel des Gefäßes während dieser Messung hin.

Bestimmung der Flussgeschwindigkeit aus den OCT-Daten

Um aus der ermittelten Phasenverschiebung die Flussgeschwindigkeit zu bestimmen, muss der Doppler-Winkel ϑ zwischen der Strömungsrichtung des Blutes und dem einfallenden Licht bekannt sein (vgl. Abschnitt 2.3.3). Der Doppler-Winkel wird dabei durch Lichtbrechung des OCT-Strahls beim Übergang zwischen verschiedenen Probenschichten oberhalb des Blutgefäßes, sowie beim Übergang zwischen Gefäßwand und Gefäßlumen beeinflusst. Für kleine Winkel, für die die Beziehung $\sin\alpha = \tan\alpha = \alpha$ in guter Näherung gilt, kann der Doppler-Winkel ϑ aus dem optischen Neigungswinkels δ des Blutgefäßes und dem Brechungsindex n_{Medium} der Flussmediums, d. h. des Blutes bestimmt werden zu

$$\vartheta = \frac{\delta}{n_{Medium}}. \tag{5.13}$$

Der optische Neigungswinkel, welcher die Lage des Blutgefäßes in optischen Weglängen wiedergibt, lässt sich dabei aus dem zuvor aufgenommenen dreidimensionalen OCT-Datensatz extrahieren.
Für Blutgefäße, die zumeist einen kreisförmigen Querschnitt besitzen, ist dieser Ansatz nur in der Gefäßmitte anwendbar, wo die Lichtbrechung in transversaler Richtung aufgrund der sphärischen Gefäßoberflächen vernachlässigt werden kann. Mit Hilfe von Gl. (2.31) und Gl. (5.13) ergibt sich dann für die Flussgeschwindigkeit v über die Tiefe z der Ausdruck

$$-v(z) \approx \frac{\Delta\varphi(z)\cdot\lambda_0}{4\pi\cdot T_{A-Scan}\cdot\delta}. \tag{5.14}$$

Für die Bestimmung der Flussgeschwindigkeit bei kleinen Neigungswinkeln muss folglich weder der Brechungsindex des Flussmediums, d. h. des Blutes, noch der Brechungsindex der vorgelagerten Gewebeschichten bekannt sein. Unter der Annahme, dass eine laminare Strömung vorherrscht, kann die Geschwindigkeitsverteilung in kreisrunden Blutgefäßen durch ein parabolisches Flussgeschwindigkeitsprofil v über den Radius r nach der Form

$$v(r) = v_{\max}\left[1 - \left(\frac{r}{R}\right)^2\right], \tag{5.15}$$

angegeben werden. Dabei stellen v_{max} die maximale Flussgeschwindigkeit im Gefäßzentrum ($r = 0$) und R den Gesamtradius des Blutgefäßes dar. Durch Anfitten von Gl. (5.15) an die mittels Doppler-OCT ermittelte Geschwindigkeitsverteilung $v(z)$ kann somit die Genauigkeit der Blutflussmessung erhöht werden. Der hierfür benötigte Gefäßradius R lässt sich dabei mit Hilfe der strukturellen OCT-Bildgebung erfassen.

Die Bestimmung der Blutflussgeschwindigkeit ist in den nachfolgenden Abbildungen für den Ausgangszustand ohne Applikation vasoaktiver Stimuli demonstriert. Abb. 5.27 zeigt die Bestimmung des optischen Neigungswinkels δ der Blutgefäße aus den dreidimensionalen OCT-Daten, welcher für die Ermittlung der Blutflussgeschwindigkeit nach Gl. (5.14) benötigt wird. Er beträgt 11,0° für die Arterie und 10,3° für die Vene.

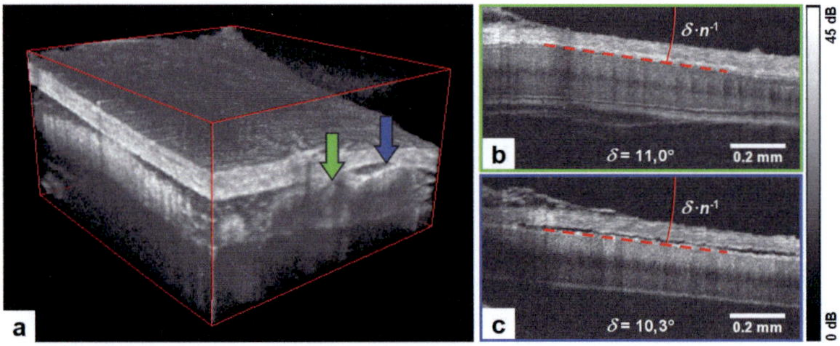

Abb. 5.27 Bestimmung des optischen Neigungswinkels der *Arteria* und *Vena saphena* im *in vivo* Mausmodell zur Quantifizierung der Blutflussgeschwindigkeit mittels Doppler-OCT. Dargestellt sind die aus 800 nm und 1250 nm gemittelten 3D-OCT-Bilddaten der Unterschenkelregion für den Ausgangszustand (a). Aus diesen Daten wurde Schnittbilder entlang der Arterie (b) und der Vene (c) gewonnen, und deren optischer Neigungswinkel δ aus der Lage der Gefäßwand bestimmt. Da die Schnittbilder zuvor mit einem abgeschätzten Brechungsindex der Probe von $n = 1{,}33$ skaliert wurden, muss dieser bei der Ermittlung von δ berücksichtigt werden. Weitere Erläuterungen im Text.

Anschließend sind in Abb. 5.28 die Ergebnisse der Flussgeschwindigkeitsbestimmung mittels phasenaufgelöster Doppler-OCT für das 800 nm- und das 1250 nm-Band dargestellt. Mit dem entsprechend bestimmten Neigungswinkel ergibt sich in der Arterie bei einer A-Scan-Rate von 36 kHz ein eindeutiger Geschwindigkeitsmessbereich von ±38 mm/s im 800 nm-Band und ±59 mm/s im 1250 nm-Band. Dieser Messbereich wird im 800 nm-Band während der

Systole überschritten, was ein einmaliges Umklappen der Phasendifferenz in Abb. 5.28(a) zur Folge hat. Der Effekt konnte mit Hilfe eines einfachen Unwrap-Algorithmus in Abb. 5.28(b) korrigiert werden. Dazu wurde eine Phasendifferenz von 2π zu einer negativen Doppler-Phasenverschiebung bei positivem Fluss (zur Referenzebene hin) addiert bzw. von einer positiven Doppler-Phasenverschiebung bei negativem Fluss (von der Referenzebene weg) subtrahiert. Die korrekte Flussrichtung ist *a priori* durch die nicht umgeklappte Phaseninformation des langsamer fließenden Blutes an den Gefäßrändern bekannt. Die so ermittelte Flussgeschwindigkeit bei 800 nm stimmt im Rahmen der Messgenauigkeit mit den in Abb. 5.28(c) dargestellten Werten des 1250 nm-Bandes überein.

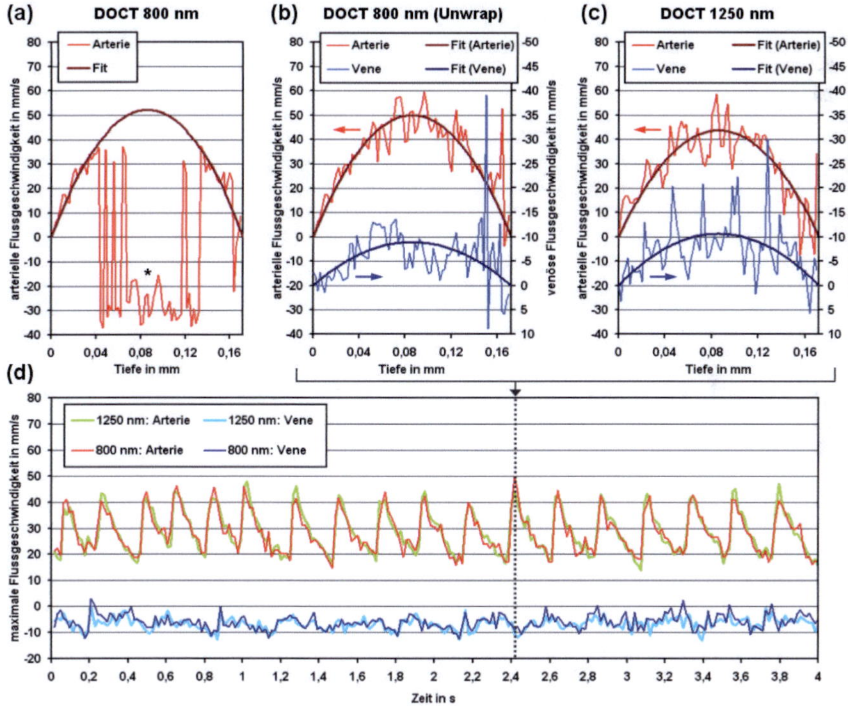

Abb. 5.28 Bestimmung der Blutflussgeschwindigkeit mittels phasenaufgelöster Doppler-OCT (DOCT) in den Beingefäßen des *in vivo* Mausmodells während des Ausgangszustandes. (a) Ermittelte Flussgeschwindigkeit in der *Arteria saphena* und angefittete parabolische Geschwindigkeitsverteilung nach Gl. (5.15) für das 800 nm-Band während der Systole. Im Bereich des Gefäßzentrums kommt es aufgrund des limitierten eindeutigen Doppler-Messbereichs zum Umklappen der Geschwindigkeitsinformation (*), sodass für den Fit nur die Randbereiche genutzt wurden. (b) Ermittelte Geschwindigkeit in der *Arteria saphena* mit Korrektur des Phasenumklappens (Unwrap) und der *Vena saphena* für das 800 nm-Band während der Systole. (c) Ermittelte Geschwindigkeit in der *Arteria* und *Vena saphena* für das 1250 nm-Band während der Systole. (d) Ermittelter zeitlicher Verlauf der Flussgeschwindigkeit in Arterie und Vene für das 800 nm-Band und das 1250 nm-Band. Die aufgetragenen Werte stellen jeweils den Scheitelpunktwert der angefitteten Parabelprofile nach Gl. (5.15), und damit die maximale Flussgeschwindigkeit im Gefäßzentrum dar. Die gepunktete Linie markiert die in (b) und (c) dargestellten Zeitpunkte. Die mittlere Herzfrequenz über den Beobachtungszeitraum beträgt 275 min^{-1}.

Des Weiteren ist zu erkennen, dass sich das Doppler-Signal über den Gefäßdurchmesser durch parabolische Geschwindigkeitsprofile nach Gl. (5.15) beschreiben lässt. Folglich liegt in der untersuchten Arterie und Vene ein laminarer Fluss vor.
Der zeitliche Verlauf der Flussgeschwindigkeit in beiden Blutgefäßen ist abschließend in Abb. 5.28(d) dargestellt. Die aufgetragenen Werte wurden dabei aus den jeweiligen Scheitelpunktwerten der angefitteten Parabelprofile gewonnen, und geben die maximale Flussgeschwindigkeit im Gefäßzentrum wieder. Auch hier ist eine gute Übereinstimmung zwischen den beiden Wellenlängenbändern zu erkennen. Erwartungsgemäß liegt in der Arterie ein pulsatiler Blutfluss vor, der einen Geschwindigkeitsbereich von ca. 45 mm/s während der Systole und 20 mm/s während der Diastole überstreicht. Dem gegenüber ist in der Vene ein annähernd stationärer Fluss in entgegengesetzter Richtung mit einer Geschwindigkeit von ca. 5 mm/s vorhanden. Die mittlere Herzfrequenz der untersuchten Maus beträgt 275 Schläge pro Minute, was einer Herzperiodendauer von 218 ms entspricht. Dieser Wert stimmt sehr gut mit den Literaturangaben für narkotisierte Mäuse nach intraperitonealer Injektion von Ketamin überein [125].

5.6.3 Diskussion

Aus den dargestellten Ergebnissen geht hervor, dass das entwickelte spektrometerbasierte Dualband-OCT-System eine Echtzeitbildgebung bewegter Proben unter *in vivo* Bedingungen in Verbindung mit einer hohen Auflösung bei 800 nm und einer gesteigerten Eindringtiefe bei 1250 nm erlaubt. Die wesentlichen Vorteile des hier vorgestellten Systems gegenüber vorhergehenden Arbeiten sind dabei die um den Faktor 10 bis 40 erhöhte Bildgebungsgeschwindigkeit [78-80], die dreidimensionale Bildgebung mit hoher Auflösung [71], sowie die Verwendung einer einzelnen Singlemode-Faser zur Übertragung des gesamten Spektralbereichs von 700 nm bis 1400 nm zwischen Grundgerät und Messkopf [80].
Das System ist somit zur Beobachtung schneller physiologischer Vorgänge, wie etwa dem Herzschlag im *in vivo* Mausmodell, geeignet. Dabei begünstigen die erhöhte Eindringtiefe und der erweiterte Doppler-Messbereich bei 1250 nm dieses Wellenlängenband für die Darstellung des Blutflusses. Anderseits erlaubt die höhere Auflösung bei 800 nm beispielsweise eine genauere Untersuchung der glatten Muskelschicht in der Arterienwand, welche für die Untersuchung der Auswirkungen von Bluthochdruck von Interesse ist. Gleichzeitig weist das 800 nm-Band aufgrund der kürzeren Wellenlänge eine höhere Phasensensitivität gegenüber kleinen Bewegungen auf, sodass geringe Blutflussgeschwindigkeiten in der Vene oder der Arterie während der Diastole mit größerer Empfindlichkeit detektiert werden können.
Die Mittelung der Bilddaten beider Bänder (*frequency compounding*) erlaubt darüber hinaus eine Verbesserung der Bildqualität durch Reduzierung des Speckle-Rauschens, und kann somit die Unterscheidung unterschiedlich streuender Gewebetypen erleichtern. Gleichzeitig kombiniert das Mittelwertbild das höhere Auflösungsvermögen des kurzwelligen Spektralbereichs mit der gesteigerten Eindringtiefe des langwelligen Bandes, obgleich die hohe Auslösung bei 800 nm durch die Mittelung etwas vermindert wird.

Das farbkodierte Differenzbild offenbart schließlich die zusätzlichen spektralen Merkmale der untersuchten Probe im kurz- und langwelligen Nahinfrarotbereich. So haben die tiefer gelegenen Regionen aufgrund der erhöhten Eindringtiefe bei 1250 nm einen überwiegend roten Farbton. Die oberflächlich gelegenen Schichten weisen hingegen einen vorwiegend grünen Farbton auf, was möglicherweise eine Folge der erhöhten Gewebestreuung bei kürzeren Wellenlängen ist. Eine scharfe Abgrenzung von verschiedenen Gewebetypen durch eine übereinstimmende Struktur- und Farbinformation konnte in den bisher untersuchten biologischen Proben nicht beobachtet werden. Dies führt zu dem Schluss, dass sich die Absorptions- und Streueigenschaften des Gewebes im Nahinfrarotbereich nur langsam mit der Wellenlänge ändern. Zwar kann das farbkodierte Differenzbild einen zusätzlichen Gewebekontrast liefern, beispielsweise zwischen dem *Stratum corneum* und dem *Stratum granulosum* in Abb. 5.19 und Abb. 5.21, allerdings ist auch dies eher eine Folge der erhöhten Eindringtiefe bei 1250 nm als ein spezifisches spektroskopisches Merkmal der Probe.
Jedoch ist bei einem Bildgebungsbeispiel, der Nagelfalz in Abb. 5.22, stellenweise ein axialer Farbverlauf von Grün nach Rot und wieder zu Grün zu erkennen, welcher sich nicht mit der unterschiedlichen Eindringtiefe der beiden Spektralbereiche erklären lässt. Da sich die Interpretation des farbkodierten Differenzbildes somit als nicht trivial erweist, sollen im Anschluss mögliche Kontrastmechanismen der Dualband-OCT genauer untersucht werden.

5.7 Kontrastmechanismen für die Dualband-OCT

Im folgenden Abschnitt sollen mögliche Kontrastmechanismen der Dualband-OCT untersucht werden, welche zum Erscheinungsbild des farbkodierten Differenzbildes aus beiden Wellenlängenbändern beitragen, und die somit eine zusätzliche spektrale Gewebeinformation bereitstellen können. Die zentrale Frage dieses Abschnitts lautet daher: Welche Merkmale des OCT-Signals sind wellenlängenabhängig?
Grundsätzlich setzt sich das komplexe OCT-Signal aus der Amplituden- und der Phasenkomponente zusammen, welche über eine dritte Komponente, der optischen Weglängendifferenz zwischen Proben- und Referenzarm, aufgetragen sind. Alle drei Komponenten sind wellenlängenabhängig und werden durch verschiedene physikalische Phänomene beeinflusst. So wirken sich die spektralen Absorptions-, Streu- und Polarisationseigenschaften der Probe direkt auf die Amplitude des OCT-Signals aus. Indirekt wird die detektierte Amplitude zudem durch die wellenlängenabhängige Phasenverschiebung des OCT-Signals an bewegten Proben und dem daraus resultierenden geschwindigkeitsabhängigen Signalabfall (*Fringe washout*, vgl. Abschnitt 2.3.3) beeinträchtigt. Die räumliche Änderung der Amplitude zeigt aufgrund lokaler Interferenzerscheinungen zwischen benachbarten Streuzentren (Speckle) ebenfalls ein wellenlängenabhängiges Verhalten. Die Phase des OCT-Signals ist dagegen über die Wellenlänge direkt mit der optischen Weglängendifferenz verknüpft. Eine spezifische spektrale Abhängigkeit dieser beiden Komponenten ist somit nur infolge der Dispersion in der Probe zu erwarten.
Schlussfolgernd aus den oben angestellten Betrachtungen sollen in den folgenden Abschnitten die physikalischen Phänomene Absorption und Streuung, Doppelbrechung, geschwindigkeits-

abhängiger Signalabfall (*Fringe washout*), Speckle und Dispersion als mögliche spektrale Kontrastmechanismen für die Dualband-OCT genauer betrachtet werden.

5.7.1 Absorption und Streuung

Die Lichtabsorption und -streuung in biologischem Gewebe lässt sich über das Beer-Lambert'sche Gesetz mit dem Absorptions- und Streukoeffizienten μ_a bzw. μ_s beschreiben [126]. Für die Lichtintensität $I(z)$, die ein optisch homogenes Medium bis zu einer Tiefe z durchdrungen hat, kann im Bereich der Einfachstreuung geschrieben werden [127]

$$I(z) = I_0 \cdot e^{-(\mu_a + \mu_s)z}, \tag{5.16}$$

wobei I_0 die ursprünglich eingestrahlte Lichtintensität darstellt. Die Absorptionseigenschaften des Gewebes werden dabei durch die chemische Zusammensetzung der darin enthaltenen Moleküle bestimmt. Maßgeblich tragen zur Absorption im sichtbaren und nahinfraroten Spektralbereich die endogenen Chromophore wie Hämoglobin oder Melanin bei, aber auch das in jedem Weichgewebe enthaltene Wasser. Die Streuung ist hingegen von der Größe und Form der einzelnen Streuzentren abhängig, und weist im Allgemeinen einen umgekehrt proportionalen Zusammenhang zur Wellenlänge auf. In optisch trübem Gewebe stellt das erfasste OCT-Signal eine Überlagerung beider Prozesse dar, die ohne Vorkenntnisse über die Beschaffenheit der Probe nicht ohne Weiteres voneinander zu trennen sind.

In einem ersten Beispiel wird daher die Bildgebung an einem Phantom mit definierten wellenlängenabhängigen Absorptionseigenschaften untersucht, um die spektrale Empfindlichkeit des entwickelten Dualband-OCT-Systems zu demonstrieren. Bei dem Phantom handelt es sich um eine Anordnung zweier Farbglasfilter (Thorlabs FGL850 und FGB25) mit einer Dicke von 2 mm, die ein erhöhtes Absorptionsvermögen im kurzwelligen bzw. langwelligen Spektralbereich des Dualband-OCT-Systems aufweisen. Abb. 5.29 zeigt die Transmissionskurven der Filter, welche aus den Herstellerangaben der verwendeten Farbgläser RG850 und BG3 (Schott, Deutschland) berechnet wurden, sowie die erfassten Dualband-OCT-Bilder der Filterrückseiten. Deutlich ist die spektrale Blau- bzw. Rotverschiebung des Dualband-OCT-Signals im farbkodierten Differenzbild zu erkennen, welche eine eindeutige Unterscheidung beider Filter aufgrund ihrer spektralen Eigenschaften erlaubt.

In einem nächsten Schritt soll die spektrale Empfindlichkeit des Systems gegenüber einer spezifischen Substanz mit definiertem Absorptionsspektrum in streuender Umgebung untersucht werden. Dazu wurde der Fluoreszenzfarbstoff Indocyaningrün (ICG), welcher ein Absorptionsmaximum um 800 nm besitzt [105], mit verschiedenen Konzentrationen in handelsüblicher Milch als streuendem Trägermedium gelöst. Bei ICG handelt es sich um ein für die intravenöse Anwendung am Menschen zugelassenes Kontrastmittel, welches für die Fluoreszenzangiografie zum Einsatz kommt. Unmittelbar nach der Injektion in den Blutkreislauf bindet sich ICG an die darin enthaltenen Plasmaproteine, wodurch sich das

Maximum des Absorptionsspektrums um ca. 25 nm von 780 nm auf 805 nm verschiebt [128]. Durch die Verwendung des Trägermediums Milch mit den darin enthaltenen Proteinen wurde versucht diesen Umstand im Versuchsaufbau zu berücksichtigen.

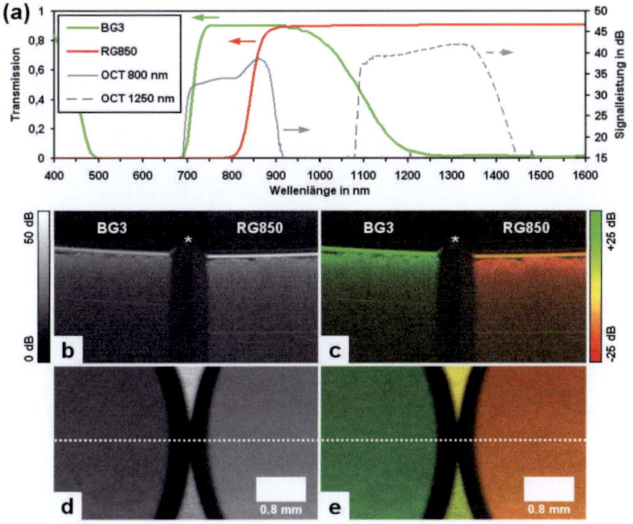

Abb. 5.29 Simultane Dualband-OCT-Bildgebung (Konfiguration B1, A-Scan-Rate 12 kHz) an einem Absorptionsphantom bestehend aus zwei runden Farbglasfilter auf einem weißen Blatt Papier. (a) Transmissionskurven der verwendeten Farbgläser BG3 und RG850, sowie Spektralbereiche des Dualband-OCT-Systems. (b) OCT-Schnittbild (Mittelwertbild aus 800 nm und 1250 nm) und (c) farbkodiertes Differenzbild der Filterrückseiten sowie dem darunterliegenden Papier. An der Übergangstelle der Filter (*) wird der Probenstrahl an den gefasten Filterkanten totalreflektiert, sodass das Papier nicht zu sehen ist. (d) En-face-Projektion der Mittelwertbilddaten beider Bänder und (e) En-face-Projektion der farbkodierten Differenzbilddaten des aufgenommenen Volumenstapels. Die gepunktete Linie markiert die Position der OCT-Schnittbilder in (b) und (c). Der Skalierungsbalken gibt die Abmessung für beide transversale Raumrichtungen an. Weitere Erläuterungen im Text.

Abb. 5.30 zeigt die erfassten OCT-Schnittbilder einer Glaskapillare mit einem Innendurchmesser von 300 µm, welche über eine Infusionsspritzenpumpe (Injectomat MC Agilia D, Fresenius Vial, Frankreich) mit Milch und ICG in verschiedenen Konzentrationen bei einem konstanten Volumenstrom von 5 ml/h perfundiert wurde. Die Aufnahmen am ICG-Phantom weisen zunächst eine unspezifische spektrale Rotverschiebung zu tieferen Schichten auf, die mit steigender Konzentration zunehmend durch die spezifische Absorption des Farbstoffes im 800 nm-Band verstärkt wird. Somit tragen sowohl Streuung als auch Absorption zum Erscheinungsbild bei.

Um die spezifische Absorption von ICG gezielt für die Bildgebung, beispielsweise für die Absorptionsangiografie [129], zu nutzen, muss sie gegenüber der Streuung der dominante Extinktionsprozess sein. Dies ist beim ICG-Phantom erst ab einer Konzentration von 100 µmol/l der Fall. Im Vergleich dazu ergibt sich bei einer klinisch üblichen Injektionsmenge von 21 mg ICG (entspricht 25 mg ICG-Natriumiodit zur Herstellung einer gebrauchsfertigen Injektionslösung, ICG-Pulsion, Pulsion Medical Systems, Deutschland) im menschlichen Körper mit einem Blutvolumen von ca. 5 l eine mittlere Konzentration von lediglich 5,5 µmol/l (4.2 mg/l). Da ICG in der Regel aber als Bolus appliziert wird, kann die lokale Konzentration um ein Vielfaches höher sein. Die medizinische Verwendung von ICG als OCT-Kontrastmittel erscheint daher zumindest in größeren Leitungsgefäßen, deren Durchmesser mit dem des Flussphantoms vergleichbar ist, möglich. Da Blut allerdings auch ein verändertes Streuvermögen aufweisen kann, müssen für eine abschließende Beurteilung zukünftig weitere Untersuchungen mit Blut als Flussmedium durchgeführt werden.

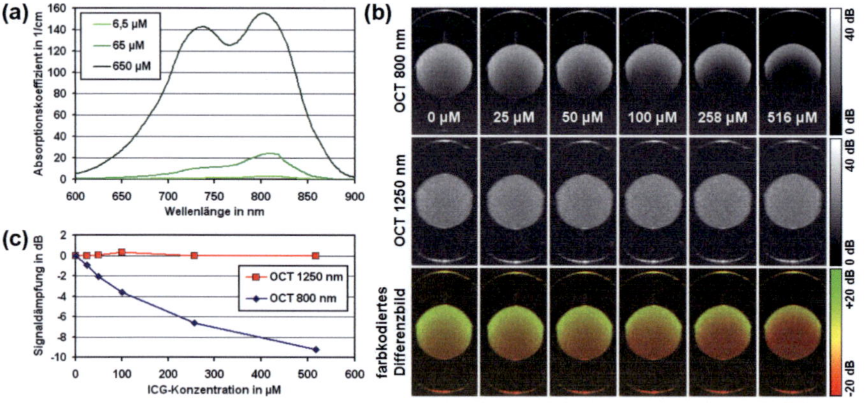

Abb. 5.30 Simultane Dualband-OCT-Bildgebung (Konfiguration B1, A-Scan-Rate 12 kHz) an einem Absorptionsphantom bestehend aus einer mit Milch und ICG durchströmten Glaskapillare. (a) Absorptionsspektren des Farbstoffes ICG für verschiedene Konzentrationen in Blutplasma nach [105]. (b) Dualband-OCT-Schnittbilder der perfundierten Glaskapillare (Innendurchmesser 300 µm) bei verschiedenen ICG-Konzentrationen. Die dargestellten Bilder wurden jeweils durch Mittelung von fünf aufeinander folgenden B-Scans erhalten. Mit steigender ICG-Konzentration ist ein zunehmender Signalverlust im 800 nm-Band (obere Zeile) und eine resultierende spektrale Rotverschiebung im farbkodierten Differenzbild (untere Zeile) zu erkennen. Eine Beeinträchtigung des 1250 nm-Bandes (mittlere Zeile) durch den Farbstoff tritt nicht auf. Dies wird auch anhand der Dämpfung der Dualband-OCT-Signale in (c) deutlich. Die dargestellten mittleren Dämpfungswerte wurden jeweils im Zentrum der Kapillare über einen Bereich von 20 × 20 × 5 Pixel bestimmt. Weitere Erläuterungen im Text.

In einem dritten Schritt soll der Einfluss der Streuung auf das OCT-Signal untersucht werden. Hierzu wurde Intralipid (Baxter Deutschland) in verschiedenen Konzentrationen als optisch trübes Medium verwendet. Die Streueigenschaften von 2 %-Intralipid-Emulsion entsprechen dabei näherungsweise denen von Haut im Nahinfrarotbereich [130]. Die Ergebnisse der Bildgebung an diesem Streuphantom sind in Abb. 5.31(a) dargestellt. Darin ist zu erkennen, dass mit steigender Intralipid-Konzentration eine zunehmende spektrale Rotverschiebung tiefer gelegener Schichten sowie eine spektrale Blauverschiebung oberflächennaher Streuzentren auftreten. Eine erhöhte Streuung scheint somit einen gesteigerten Kontrast zwischen oberflächlichen und tieferen Probenstrukturen im farbkodierten Differenzbild zu begünstigen.

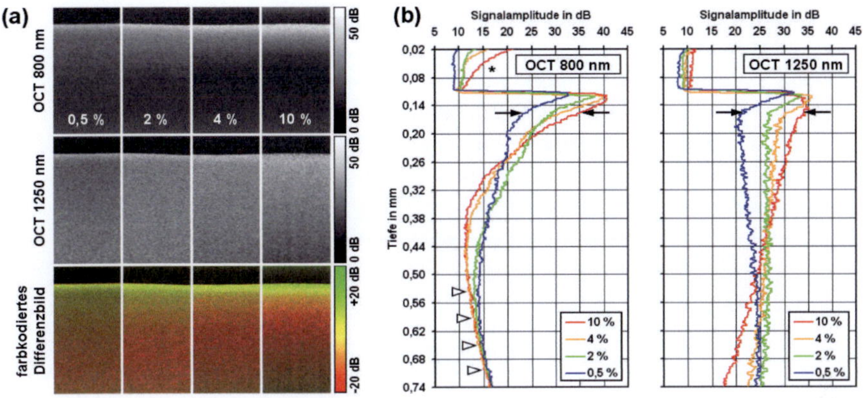

Abb. 5.31 Simultane Dualband-OCT-Bildgebung (Konfiguration B2, A-Scan-Rate 12,8 kHz) an einem Gewebephantom mit Intralipid als streuendem Medium. (a) Dualband-OCT-Schnittbilder der Intralipid-Emulsion mit verschiedenen Konzentrationen. Die dargestellten Bilder wurden jeweils durch Mittelung von fünf aufeinander folgenden B-Scans erhalten. Mit steigender Intralipid-Konzentration ist eine zunehmende spektrale Rotverschiebung der tiefer gelegenen Regionen sowie eine gehäufte spektralen Blauverschiebung der oberflächennahen Schichten zu erkennen. (b) Erfasste Tiefenprofile (A-Scans) des Intralipid-Phantoms für das 800 nm-Band (links) und das 1250 nm-Band (rechts). Die dargestellten Profile wurden jeweils über 1000 A-Scans gemittelt. In beiden Bändern ist infolge der erhöhten Streuung bei höheren Konzentrationen ein Anstieg des Signals an der Oberfläche (Pfeile) sowie eine gesteigerte Signaldämpfung über die Tiefe zu erkennen. Zu beachten ist ebenfalls der zunehmend ausgeprägte Autokorrelationsanteil im 800 nm-Band (*) im Vergleich zum 1250 nm-Band. Die Pfeilspitzen im 800 nm-Band markieren das erhöhte Rauschniveau in tieferen Schichten infolge der Korrektur des tiefenabhängigen Signalabfalls (*DeRoll-Off*). Weitere Erläuterungen im Text.

Die Tiefenprofile, die diesem spektralen Kontrast zugrunde liegen, sind in Abb. 5.31(b) dargestellt. Erwartungsgemäß steigt in beiden Bändern die Signaldämpfung über die Tiefe mit der Konzentration der Streuzentren an. Weiterhin ist mit steigender Konzentration ein Anstieg des OCT-Signals nahe der Probenoberfläche zu beobachten. Dieser Signalanstieg tritt am ICG-Phantom (vgl. Abb. 5.30) nicht auf, und stellt somit ein Unterscheidungsmerkmal zur Absorption dar. Folglich könnte das Verhältnis zwischen Signalhöhe und Signalabfall als mögliches Kriterium zur Trennung zwischen Absorption und Streuung dienen. Bezüglich der Signaldämpfung ist jedoch auffällig, dass diese im 800 nm-Band wesentlich stärker ausgeprägt ist als im 1250 nm-Band, in dem es bei niedrigen Konzentrationen zunächst sogar zu einem Anstieg der Signalamplitude über die Tiefe kommt. Eine mögliche Erklärung für diesen Effekt ist vermutlich die unterschiedliche Fokussierung des Probenstrahls in beiden Wellenlängenbändern.

Zusammenfassend lässt sich sagen, dass das OCT-Signal sowohl durch Absorption als auch Streuung beeinflusst wird. Im Falle von biologischen Proben ist die Streuung dabei als dominanter Prozess anzusehen, da die Absorption von Gewebe im Bereich des optischen Fensters (600 nm bis 1300 nm) gering ist [126]. So beträgt der Absorptionskoeffizient von roten Blutzellen (Hämatokrit 33,2 %) am isosbestischen Punkt bei 800 nm ca. 4 cm^{-1}, wohingegen der Streukoeffizient an dieser Stelle einen Wert von ca. 780 cm^{-1} annimmt [131]. Die Abnahme der Lichtstreuung mit steigender Wellenlänge erklärt daher die spektrale Rotverschiebung tiefer gelegener Regionen, welche in Abhängigkeit vom Streuvermögen der

Probe stärker oder schwächer ausfällt. Sie erklärt jedoch nicht eine über die Tiefe abwechselnd erhöhte Rückstreuung bei 800 nm und 1250 nm, wie sie in einigen Regionen der Nagelfalz in Abb. 5.22 zu erkennen ist. Dieses Phänomen muss daher weiter untersucht werden. Darüber hinaus gilt es zu klären, inwieweit die unspezifische Rotverschiebung tiefer gelegener Regionen bzw. Blauverschiebung oberflächennaher Strukturen durch die Fokussierung des Probenstrahls im Hinblick auf den Farblängsfehler der Messkopfoptik beeinflusst wird.

5.7.2 Doppelbrechung

Eine sich über die Tiefe abwechselnd erhöhende und vermindernde Rückstreuung in den OCT-Bildern erinnert intuitiv an die Art von Streifenmustern, wie sie auch aus der Spannungsoptik [3] bekannt sind. Somit ist es naheliegend, ebenfalls die Doppelbrechung als mögliche Ursache für dieses Phänomen genauer zu untersuchen. Zu diesem Zweck sind in Abb. 5.32 die simultan erfassten Dualband-OCT-Bilder eines Fingernagels dargestellt.

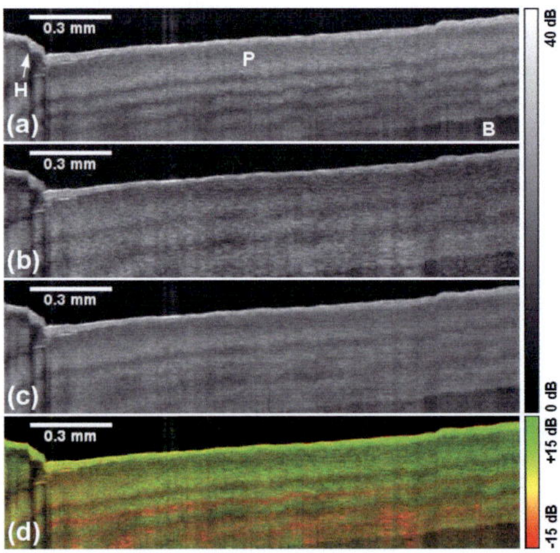

Abb. 5.32 Simultane Dualband-OCT-Bildgebung (Konfiguration A) am menschlichen Fingernagel *in vivo*. Dargestellt ist die Nagelhaut (H), die den proximalen Fingernagel bedeckt, die Nagelplatte (P) sowie das darunter befindliche Nagelbett (B). Die Bilder wurden durch Mittelung von zehn aufeinander folgenden B-Scans eines Volumenstapels erhalten, und stellen eine Schnittdicke von 40 µm dar. (a) B-Scan bei 800 nm. (b) B-Scan bei 1250 nm. (c) Mittelwertbild aus (a) und (b). (d) Farbkodiertes Differenzbild aus (a) und (b).

Von dieser Art der Probe ist bekannt, dass sie doppelbrechende Eigenschaften besitzt (vgl. Abschnitt 2.3.2). Die Schnittbilder zeigen die Nagelplatte, welche als geschichtete Struktur mit horizontalen, homogenen Bändern unterschiedlicher Intensität erscheint [45]. Die Anzahl und Dicke dieser Bänder ist im 800 nm-Band und im 1250 nm-Band verschieden, was zu einem starken Kontrast im farbkodierten Differenzbild führt. Dies konnte ebenfalls von

Kray et al. [80] beobachtet werden, die spektroskopische Merkmale der Probe, d. h. wellenlängenabhängige Absorption und Streuung als Ursache vermuteten. Jedoch liegt im vorliegenden Fall die Vermutung nahe, dass Doppelbrechung und eventuell optische Aktivität für diesen Effekt verantwortlich sind. So konnte bereits durch Park et al. [132] gezeigt werden, dass die Nagelplatte auch in der polarisationssensitiven (PS) OCT als geschichtete Struktur erscheint. Obwohl die in der vorliegenden Arbeit verwendete Superkontinuumquelle depolarisiertes Licht emittiert, ist das hier vorgestellte OCT-System polarisationsempfindlich (vgl. Abschnitt 2.3.2). Ändert sich der Polarisationszustand des Probenlichtes im Vergleich zum Referenzlicht aufgrund von Doppelbrechung in der Probe, so wird der Interferenzkontrast reduziert, und die OCT-Signalamplitude nimmt ab. Nach der Passage eines homogenen, doppelbrechenden Mediums beträgt die Phasenverzögerung $\Delta\phi$ zwischen dem Licht, das sich entlang der schnellen Achse und entlang der langsamen Achse ausbreitet hat [3]

$$\Delta\phi = 2\pi \frac{\Delta n \cdot d}{\lambda}, \tag{5.17}$$

wobei Δn die Differenz des Brechungsindex zwischen schneller und langsamer Achse, d die Dicke des Mediums und λ die Wellenlänge des Lichtes darstellen. Da sich der Polarisationszustand des von der Probe zurückgestreuten Lichtes periodisch als Funktion der Tiefe ändert, existieren diskrete Tiefenebenen, in denen die Übereinstimmung zwischen den Polarisationszuständen des Referenz- und Probenarms ein Minimum erreicht. Als Folge erscheinen diese Ebenen als signalarme Schichten in der Nagelplatte. Da der Polarisationszustand des zurückkehrenden Probenlichtes für jede signalarme Schicht identisch ist, beträgt die Phasenverzögerung für den Hin- und Rückweg zwischen zwei benachbarten Schichten 2π. Mit Gl. (5.17) kann somit der Abstand d_0 zwischen den benachbarten signalarmen Schichten berechnet werden zu

$$2\pi = 2\pi \frac{\Delta n \cdot 2d_0}{\lambda}, \tag{5.18}$$

$$d_0 = \frac{\lambda}{2 \cdot \Delta n}. \tag{5.19}$$

Folglich sollte der Abstand zwischen zwei signalarmen Schichten proportional zur Wellenlänge des verwendeten Lichtes sein, wenn die Bildgebung maßgeblich durch die Doppelbrechung der Probe beeinflusst wird. Um diese Hypothese zu überprüfen, wurde d_0 in sechs verschiedenen Spektralbereichen bei 750 nm, 800 nm, 850 nm, 1175 nm, 1250 nm und 1325 nm ermittelt (Abb. 5.33). Dazu wurden nur die entsprechenden Teilbereiche der durch die Zeilenkameras erfassten Interferenzspektren mit einer Breite von jeweils 512 Pixeln ausgewertet, und die nicht benötigten Kanäle mit Nullen aufgefüllt (*Zero Padding*). Der Brechungsindex der Nagelplatte von $n = 1{,}47$ [45] wurde als näherungsweise konstant über den gesamten betrachteten Spektralbereich angenommen.

Wie in Abb. 5.33(h) zu erkennen ist, nimmt der Abstand d_0 mit der Wellenlänge zu. Unter der Annahme, dass auch die Doppelbrechung näherungsweise konstant über den Spektralbereich ist, wurde ein Modell nach Gl. (5.19) mit dem freien Parameter Δn an die Datenpunkte angefittet. So konnte eine Differenz des Brechungsindex von $\Delta n = 0{,}0057$ für die untersuchte Nagelplatte ermittelt werden. Der gegenüber dem Fit leicht erhöhte Anstieg der Datenpunkte ist in Übereinstimmung mit der zu erwartenden Abnahme der Doppelbrechung (kleineres Δn) zu größeren Wellenlängen infolge der Dispersion.

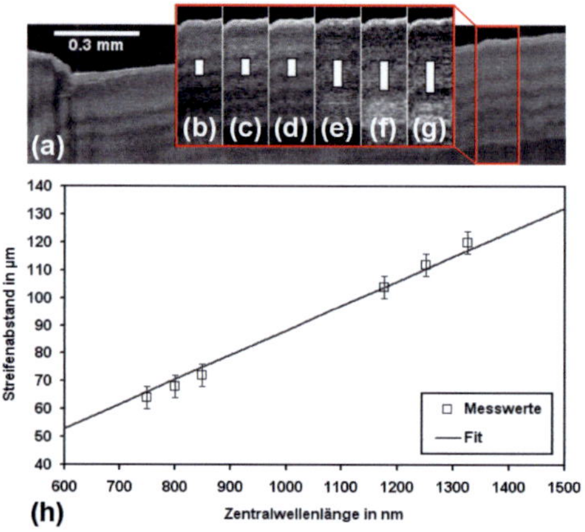

Abb. 5.33 Wellenlängenabhängiges Erscheinungsbild der geschichteten Strukturen in der Nagelplatte. (a) OCT-Schnittbild der Nagelplatte bei 800 nm, identisch zu Abb. 5.32(a), bei der eine ausgewählte Region (rotes Rechteck) in sechs verschiedenen Subbändern analysiert wurde: (b) 700 nm bis 800 nm, (c) 750 nm bis 850 nm, (d) 800 nm bis 900 nm, (e) 1100 nm bis 1250 nm, (f) 1175 nm bis 1325 nm und (g) 1250 nm bis 1400 nm. Die weißen Balken markieren den Abstand zwischen den signalarmen Schichten innerhalb der Nagelplatte. (h) Ermittelter Abstand zwischen den signalarmen Schichten für die sechs Spektralbereiche zentriert um 750 nm, 800 nm, 850 nm, 1175 nm, 1250 nm und 1325 nm. Die Fehlerbalken geben den Quantisierungsfehler zur Bestimmung des Abstandes von ±1 Pixel in den OCT-Bildern an, welche zuvor auf ein Aspektverhältnis von 1:1 mit einer Pixelkantenlänge von 4 µm (Schrittweite der Galvanometerscanner) skaliert wurden. Der dargestellte Messfehler beträgt somit ±4 µm. Durch Anfitten einer Funktion nach Gl. (5.19) an die Messwerte wurde eine Differenz des Brechungsindex von $\Delta n = 0{,}0057$ für die Nagelplatte bestimmt.

Eine durch chirale Moleküle, wie beispielsweise Glukose, verursachte optische Aktivität der Probe dreht ebenfalls die Polarisationsrichtung des eingestrahlten Lichts. Allerdings ist dieser Effekt nicht in der PS OCT zu sehen, da das Licht denselben Weg in der Probe vorwärts und rückwärts durchläuft, und somit die Drehung nach außen neutralisiert wird. Dennoch kann die optische Aktivität einen Einfluss auf die OCT-Bildgebung haben, da sich der Polarisationszustand entlang des Lichtweges ändert, und so doppelbrechende Strukturen tiefenabhängig je nach Lage ihrer Vorzugsachse unterschiedlich wiedergegeben werden können.

5.7.3 Weitere spektrale Einflussgrößen

Bewegungsinduzierte Signaldämpfung

Bewegte Streuzentren innerhalb der Probe führen zu einer Phasenverschiebung des OCT-Signals, was integriert über die Belichtungszeit der Detektorzeile ein Verwaschen des Interferenzsignals und somit eine Dämpfung der registrierten Signalamplitude (vgl. Abschnitt 2.3.3) nach sich zieht. Die Höhe dieses *Fringe washout* ergibt sich für rein axiale Bewegungen nach Gl. (2.33) und Gl. (5.20)

$$z_2 = z_1 + v_z \cdot t_{exp}, \tag{5.20}$$

zu

$$\Gamma = \frac{\sin^2\left[\frac{2\pi}{\lambda_0} \cdot n \cdot v_z \cdot t_{exp}\right]}{\left[\frac{2\pi}{\lambda_0} \cdot n \cdot v_z \cdot t_{exp}\right]^2}, \tag{5.21}$$

und ist somit abhängig von der Geschwindigkeit der Streuzentren, der Belichtungszeit sowie der Wellenlänge. Folglich kann es zu Unterschieden zwischen dem 800 nm- und dem 1250 nm-Band bezüglich der erfassten OCT-Signalamplitude kommen. Dies ist in Abb. 5.34 anhand einer Flussphantommessung mit strömendem Intralipid dargestellt. Dazu wurde wiederum eine Glaskapillare mit einem Innendurchmesser von 300 µm als Strömungskanal verwendet. Der Neigungswinkel der Kapillare wurde mit 15° so gewählt, dass eine hohe axiale Geschwindigkeitskomponente und somit ein signifikanter Signalabfall gewährleistet werden konnte. Mittels einer Infusionsspritzenpumpe (injectomat cp-PS, MTS-Schweinfurt, Deutschland) wurde die Kapillare mit 1 % Intralipid-Emulsion bei verschiedenen Volumenströmen von 1 ml/h bis 10 ml/h perfundiert, was einer mittleren Flussgeschwindigkeit von 4 mm/s bis 39 mm/s entspricht. Während einer typischen Belichtungszeit von 80 µs legen die Streuzentren bei einer maximalen Geschwindigkeit von 80 mm/s im Zentrum der Kapillare demnach einen Weg von 6,4 µm zurück. Diese Distanz ist kleiner als der Spot-Durchmesser des Probenstrahls, sodass der Signalabfall, der durch die transversale Geschwindigkeitskomponente zustande kommt [56], in dieser Konfiguration vernachlässigt werden kann.

Die in Abb. 5.34(a) dargestellten Experimente wurden mit einer nahezu identischen Belichtungszeit von 80 µs im 800 nm-Band und 79,4 µs im 1250 nm-Band bei einer A-Scan-Rate von 12 kHz durchgeführt. Es ist zu erkennen, dass es mit zunehmender Flussgeschwindigkeit zu einem erhöhten Signalabfall und schließlich zur Ausprägung eines Ringmusters gemäß der zugrunde liegenden Sinc^2-Funktion kommt. Dieser Effekt ist erwartungsgemäß im 800 nm-Band aufgrund der kürzeren Wellenlänge stärker ausgeprägt als im 1250 nm-Band, sodass im ebenfalls dargestellten, farbkodierten Differenzbild zunächst eine zusätzliche Rotverschiebung im Gefäßzentrum, und anschließend ein farbiges

Ringmuster beobachtet werden kann. Folglich entstehen durch den bewegungsinduzierten Signalabfall zusätzliche spektrale Artefakte, die die eigentliche spektroskopische Information im farbkodierten Differenzbild verfälschen.

Aus Gl. (5.21) ist aber auch ersichtlich, dass ein stärker ausgeprägter Effekt im kurzwelligen Spektralbereich durch eine entsprechend kürzere Belichtungszeit gegenüber dem langwelligen Band ausgeglichen kann. Dies ist in Abb. 5.34(b) dargestellt, bei der die Belichtungszeit im 800 nm-Band von 80 µs auf 51 µs reduziert wurde. Die Belichtungszeit von 79,4 µs im 1250 nm-Band wurde dagegen beibehalten. Es ist zu erkennen, dass der Signalabfall in beiden Bändern nun trotz unterschiedlicher Zentralwellenlänge näherungsweise übereinstimmt, und somit keine zusätzlichen spektralen Artefakte im farbkodierten Differenzbild mehr auftreten. Durch die Anpassung der Belichtungszeit kann folglich eine Verfälschung der spektroskopischen Information durch Bewegung vermieden werden. Im Gegenzug wird jedoch aufgrund der kürzeren Belichtungszeit das SNR im 800 nm-Band um ca. -2 dB reduziert.

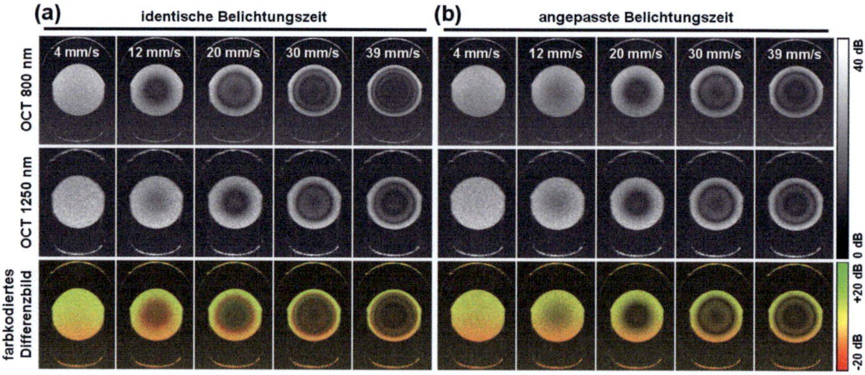

Abb. 5.34 Einfluss der bewegungsinduzierten Signaldämpfung (*Fringe washout*) auf die Dualband-OCT. (a) Dualband-OCT-Schnittbilder (Konfiguration B1, A-Scan-Rate 12 kHz) einer um 15° geneigten Glaskapillare (Innendurchmesser 300 µm), die von 1 % Intralipid-Emulsion mit verschiedenen Flussgeschwindigkeiten (Mittelwerte über Gefäßquerschnitt) durchströmt wird. Die Belichtungszeiten sind mit 80 µs und 79,4 µs im 800 nm- bzw. 1250 nm-Band nahezu identisch. Mit zunehmender Flussgeschwindigkeit sind ein erhöhter Signalabfall und die Ausbildung eines Ringmusters zu beobachten, die im 800 nm-Band stärker ausgeprägt sind als im 1250 nm-Band. Im farbkodierten Differenzbild entstehen dadurch zusätzliche spektrale Artefakte. (b) Wiederholung des Experiments mit einer angepassten Belichtungszeit von 51 µs im 800 nm-Band. Der Signalabfall in beiden Bändern stimmt nun nahezu überein, sodass keine zusätzlichen spektralen Artefakte im farbkodierten Differenzbild zu beobachten sind. Die dargestellten Bilder wurden jeweils durch Mittelung von fünf aufeinander folgenden B-Scans erhalten. Weitere Erläuterungen im Text.

Bezüglich biologischer Proben wirkt sich der bewegungsinduzierte Signalabfall vor allem bei der Darstellung von Blutgefäßen aus. So kann eine spektrale Rotverschiebung von strömendem Blut nicht nur auf eine verminderte Absorption und Streuung im langwelligen Spektralbereich, sondern auch auf eine erhöhte, geschwindigkeitsabhängige Signaldämpfung im kurzwelligen Band zurückzuführen sein. Für Absorptionsmessungen in strömendem Blut sollten die Belichtungszeiten daher unbedingt angepasst werden, um diesen Effekt zu minimieren. Im Gegenzug kann der Effekt durch entsprechende Wahl der Belichtungszeiten zusätzlich verstärkt werden, sodass auch eine gezielte Hervorhebung der Blutgefäße im Sinne einer optischen Angiografie denkbar ist.

Speckle

Das OCT-inhärente Speckle-Muster mit dem die Bilder biologischer Proben überlagert sind, kommt durch lokale Interferenzerscheinungen zwischen benachbarten Streuzentren zustande, und ist zufällig verteilt. Dabei zeigt es je nach Wellenlänge und Streuzentrenabstand eine unterschiedliche Ausprägung und kann somit indirekt auch als spektroskopisches Maß [81] oder zur Detektion von Partikelbewegungen innerhalb der Probe verwendet werden [133-135]. Bezüglich der Dualband-OCT kann das Speckle zum einen durch die bereits erwähnte inkohärente Überlagerung der Wellenlängenbänder (*frequency compounding*) reduziert werden, zum anderen wirkt es sich aber aufgrund der Wellenlängenabhängigkeit auch störend auf das spektrale Differenzsignal aus. Diese Störung kann lediglich durch eine zusätzliche räumliche Mittelung – bzw. zeitliche Mittelung bei bewegten Proben – der OCT-Signalamplituden verringert werden.

Dispersion

Infolge der Dispersion in der Probe sind im Wesentlichen zwei Auswirkungen auf das Dualband-OCT-Signal zu erwarten. Zum einen führt die Dispersion erster Ordnung mit zunehmender Probentiefe zu einer axialen Verschiebung der Streuzentren zwischen beiden Spektralbereichen, da der Brechungsindex – und damit die erfasste optische Weglänge – zwischen dem 800 nm- und dem 1250 nm-Band verschieden ist. Zum anderen bewirkt die Dispersion höherer Ordnung eine Verschlechterung der axialen Auflösung mit zunehmender Probentiefe. Dies kommt durch den nichtlinearen Zusammenhang zwischen optischer Weglängendifferenz und der Phase des OCT-Signals innerhalb eines Wellenlängenbandes zustande. Als Resultat werden einzelne Reflexe nicht durch eine, sondern mehrere ineinander übergehende Oszillationsfrequenzen auf dem Zeilendetektor abgebildet, und erscheinen nach der FFT entsprechend verbreitert.

Bezüglich des ersten Effekts – der axialen Verschiebung der Probenstruktur – muss der Gruppenbrechungsindex n_g berücksichtigt werden, der die Ausbreitungsgeschwindigkeit v_g einer Wellengruppe (Gruppengeschwindigkeit) in einem Medium beschreibt. Der Zusammenhang zum Brechungsindex n der Phasengeschwindigkeit ist gegeben durch den Ausdruck [136]

$$\frac{c}{v_g} = n_g(\lambda) = n(\lambda) - \lambda \cdot \frac{\mathrm{d}n(\lambda)}{\mathrm{d}\lambda}, \tag{5.22}$$

wobei c die Lichtgeschwindigkeit im Vakuum und λ die Wellenlänge im Vakuum darstellen. Für Wasser, den Hauptbestandteil biologischen Weichgewebes, beträgt der Brechungsindex bei 800 nm $n_{800\,\mathrm{nm}} = 1{,}3287$ und bei 1250 nm $n_{1250\,\mathrm{nm}} = 1{,}3218$ [137]. Wie erwartet nimmt der Brechungsindex mit der Wellenlänge ab. Die Gruppenbrechungsindizes liegen mit

$n_{g,800\,\mathrm{nm}} = 1{,}3426$ und $n_{g,1250\,\mathrm{nm}} = 1{,}3422$ wesentlich näher aneinander. In Abb. 5.35 sind der Verlauf des Brechungsindexes für Wasser nach Daimon et al. [137] und der daraus über Gl. (5.22) berechnete Gruppenbrechungsindex dargestellt.

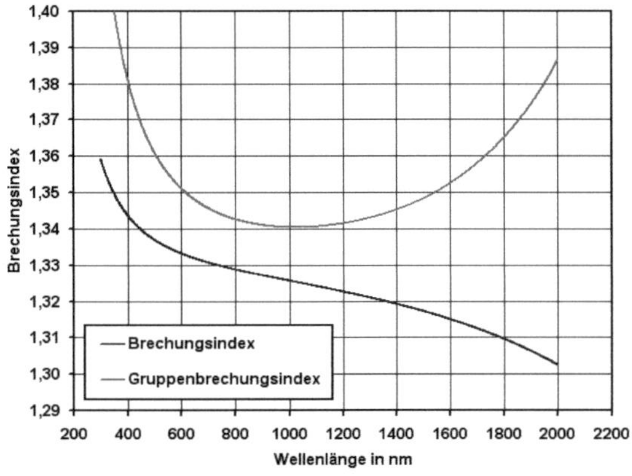

Abb. 5.35 Brechungsindex von destilliertem Wasser (schwarze Kurve) bei einer Temperatur von 19 °C nach Daimon et al. [137] und daraus berechneter Gruppenbrechungsindex (graue Kurve).

Darin ist zu erkennen, dass der Gruppenbrechungsindex für Wasser bei ca. 1000 nm ein Minimum besitzt, und bei 800 nm bzw. 1250 nm nahezu identisch ist. Mit den oben aufgeführten Werten für den Gruppenbrechungsindex ergibt sich bei einer Wasserschichtdicke von 1 mm daher nur eine geringe axiale Verschiebung von 0,4 µm zwischen 800 nm und 1250 nm. Folglich liegt selbst bei einer Wasserschicht von 5 mm die axiale Verschiebung mit 2 µm noch unterhalb der Auflösungsgrenze des OCT-Systems.

Analog kann auch die axiale Verschiebung innerhalb eines Bandes, d. h. die Verbreiterung einzelner Reflexe im A-Scan abgeschätzt werden. Mit den Gruppenbrechungsindizes $n_{g,750\,\mathrm{nm}} = 1{,}3439$ und $n_{g,850\,\mathrm{nm}} = 1{,}3417$ bzw. $n_{g,1175\,\mathrm{nm}} = 1{,}3412$ und $n_{g,1325\,\mathrm{nm}} = 1{,}3436$, bezogen auf die jeweiligen spektralen Halbwertsbreiten der Bänder, ergibt sich bei einer Wasserschicht von 1 mm eine Reflexverbreiterung von 2,2 µm im 800 nm-Band und 2,4 µm im 1250 nm-Band. Diese Werte liegen ebenfalls unter der Auflösungsgrenze.

Die Dispersion in biologischem Weichgewebe hat somit trotz der großen spektralen Breite des Dualband-OCT-Systems nur einen sehr geringen Einfluss innerhalb der auf ca. 1 mm begrenzten Eindringtiefe. Sie kann bei der Interpretation der spektralen Information daher vernachlässigt werden.

Optischer Farbfehler

Die Ergebnisse der Messung des lateralen Auflösungsvermögens in Abschnitt 5.5.3 legen nahe, das die verwendete Messkopfoptik einen nicht zu vernachlässigenden Farblängsfehler zwischen dem kurzwelligen und dem langwelligen Spektralbereich besitzt. Der Einfluss dieses Fehlers auf die spektrale Information des farbkodierten Differenzbildes soll daher im

Folgenden untersucht werden. Ziel ist es, eine Abschätzung darüber treffen zu können, wie groß ein spektrales Signal der Probe sein muss, damit es sich eindeutig vom chromatischen Hintergrund der Optik abhebt.

Zu diesem Zweck wurde eine Glasplatte in verschiedenen Tiefen z unter dem Messkopf positioniert und das entsprechende Dualband-OCT-Signal aufgezeichnet. Die Ergebnisse zu diesem Experiment sind in Abb. 5.36(a) dargestellt. Darin ist zu erkennen, dass im farbkodierten Differenzbild mit zunehmender Messtiefe ein deutlicher Farbverlauf von Grün (erhöhtes Signal bei 800 nm) nach Rot (erhöhtes Signal bei 1250 nm) auftritt. Um diesen Effekt zu quantifizieren, wurde der Signalabfall bezogen auf die höchste Intensität im Fokus des jeweiligen Bandes über die Tiefe aufgetragen. Der Verlauf dieses Signalabfalls entspricht der axialen Punktspreizfunktion $h(z)$ des konfokalen optischen Aufbaus. Sie kann für Singlemode-faseroptische OCT-Systeme und eine spiegelnde Probenoberfläche mit dem Ausdruck

$$h(z) = \frac{1}{1 + \left(\frac{z - z_{Fokus}}{z_R} \right)^2}, \qquad (5.23)$$

beschrieben werden [138;139], und gibt den axialen Verlauf der Lichtintensität des fokussierten Probenstrahls wieder. Bei z_{Fokus} und z_R handelt es sich um den Abstand des Strahlbrennpunktes zur Referenzebene ($z = 0$) bzw. um die Rayleigh-Länge des Strahls. Mit diesen beiden freien Parametern wurde die Funktion nach Gl. (5.23) an die ermittelten OCT-Signalwerte angefittet, wodurch ein Brennpunktabstand von 0,37 mm und eine maximale Signaldifferenz von 8 dB zwischen dem kurz- und langwelligen Spektralbereich ermittelt werden konnte. Demzufolge muss der Signalunterschied zwischen dem 800 nm- und dem 1250 nm-Band mindestens 8 dB betragen, damit das differenzielle Dualband-Signal tatsächlich ein spektrales Merkmal der Probe wiedergibt. Der axiale Abstand zwischen den Brennpunkten des 800 nm- und 1250 nm-Bandes von 0,37 mm entspricht wiederum dem Wert, der bereits bei der Bestimmung des lateralen Auflösungsvermögens in Abschnitt 5.5.3 ermittelt werden konnte. Auch die konfokalen Parameter (doppelte Rayleigh-Länge), innerhalb der die Intensität auf die Hälfte (-3 dB) abgefallen ist, sind mit 0,35 mm für das 800 nm-Band und 0,46 mm für das 1250 nm-Band mit den in Abschnitt 5.5.3 ermittelten Werten von 0,28 mm und 0,43 mm (vgl. Tabelle 5.2) vergleichbar.

Ebenfalls ist zu erkennen, dass sich die Signalverläufe beider Bänder bei ca. -3 dB treffen. Folglich weist das mittlere OCT-Signal einen sehr glatten Verlauf zwischen den Brennpunkten dieses multifokalen Systems auf. Ein positiver Nebeneffekt des chromatischen Fehlers ist somit ein erweiterter Schärfentiefebereich für das aus beiden Spektralbereichen erzeugte Mittelwertbild.

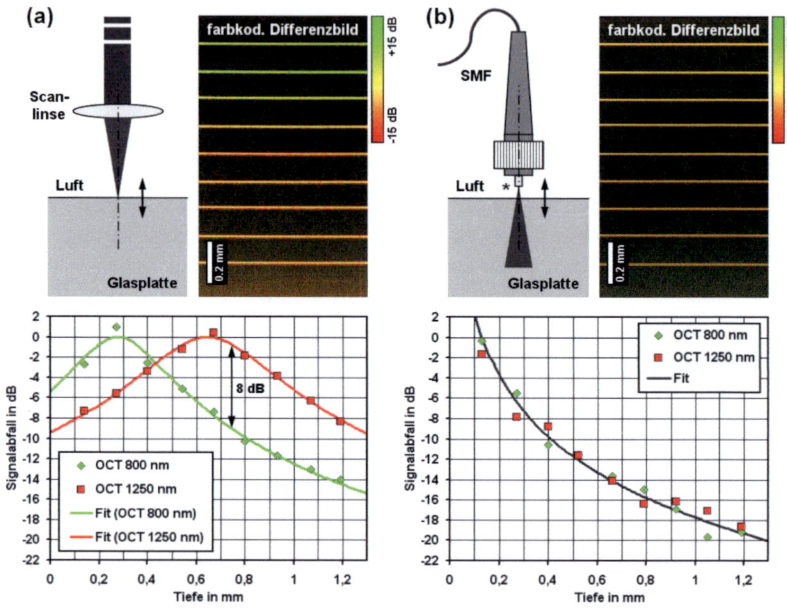

Abb. 5.36 Einfluss des Farblängsfehlers auf die Dualband-OCT-Bildgebung. (a) Standardmäßig verwendete Messkopfoptik, bei der der Probenstrahl mittels der Scanlinse auf die Probe fokussiert wird. Das farbkodierte Differenzbild (Konfiguration B1, A-Scan-Rate 12 kHz), welches die Oberfläche einer Glasplatte in unterschiedlichen Tiefen mit Hilfe einer *Maximum Intensity Projection* darstellt, zeigt mit größer werdendem Abstand einen deutlichen Farbverlauf von Grün (erhöhtes Signal bei 800 nm) zu Rot (erhöhtes Signal bei 1250 nm). Der ermittelte Signalabfall über die Tiefe (unten) zeigt eine axiale Verschiebung der Fokusposition von 0,37 mm zwischen dem 800 nm- und dem 1250 nm-Band. Der maximale Abstand zwischen den normierten OCT-Signalen beträgt ca. 8 dB. (b) Verwendung einer faseroptischen Sonde ohne optische Fokussierung, bei der das nicht abgeschrägte Ende (*) der Singlemode-Faser (SMF) als Referenzspiegel dient. Der Signalabfall über die Tiefe ist aufgrund der fehlenden Sammeloptik wesentlich stärker ausgeprägt. Gleichzeitig sind die Signalunterschiede zwischen den Wellenlängenbändern jedoch bedeutend geringer. Weitere Erläuterungen im Text.

Dass der ermittelte Farblängsfehler tatsächlich durch die Messkopfoptik verursacht wird, zeigte ein zweites Experiment mit einer rein faseroptischen Sonde. Dabei handelt es sich um eine Singlemode-Faser mit nicht abgeschrägter Endfläche (Thorlabs P5-780A-PCAPC-2), welche aufgrund der an dieser Stellen auftretenden Rückreflexion als Referenzebene für ein Common-Path-Interferometer dient. Da in diesem Aufbau keine Scanner zur Strahlablenkung vorhanden sind, handelt es sich bei den so erzeugten OCT-Bildern um reine M-Scans. Der für das Prozessieren der Daten notwendige Weißabgleich (vgl. Abschnitt 5.4) wurde in diesem Zusammenhang durch eine Leeraufnahme unmittelbar nach Abschluss der eigentlichen Messung realisiert.

Aus den Ergebnissen dieser Messung in Abb. 5.36(b) ist zu erkennen, dass die Signalunterschiede im farbkodierten Differenzbild nun wesentlich geringer sind. Dies ist auch anhand des Signalabfalls ersichtlich, dessen Werte für beide Spektralbereiche nun um maximal 2 dB um eine gemeinsame Fit-Funktion streuen. Diese Funktion ergibt sich wiederum aus dem axialen Intensitätsverlauf des Probenstrahls, welcher nun einem Lichtkegel entspricht. Demzufolge kann für das OCT-Signal S_{AC} im Fernfeld der Faser ($z >> $ *mode field diameter* der Faser) geschrieben werden

$$S_{AC}{}^2(z) \propto \frac{1}{A(z)}, \tag{5.24}$$

mit $$A(z) = \pi \cdot (z \cdot \tan\theta)^2 \approx \pi \cdot (z \cdot NA_{Faser})^2, \tag{5.25}$$

wobei $A(z)$ die Grundfläche des Kegels in Abhängigkeit der Messtiefe und θ den halbseitigen Öffnungswinkel der Faser darstellen. Für die NA der Faser wurde gemäß der Betrachtungen in Abschnitt 5.5.3 ein Wert von 0,11 angenommen, sodass der Fit von Gl. (5.24) an die OCT-Messwerte bei 800 nm und 1250 nm nur über einen Proportionalitätsfaktor als freien Parameter erfolgte. Für die Darstellung der beiden Messreihen im Diagramm in Abb. 5.36(b) wurde jeweils der Wert des entsprechenden Fits an der ersten erfassten Tiefenposition bei $z = 0{,}13$ mm als Bezug (0 dB) verwendet.

Aufgrund des sehr viel geringeren Farbfehlers wäre eine rein faseroptische Messsonde ohne fokussierende Linsen für spektroskopische Messungen folglich klar zu bevorzugen. Da infolge der fehlenden Sammeloptik jedoch ein deutlich größerer Signalabfall über die Tiefe auftritt und das laterale Auflösungsvermögen durch die Kegelform des Probenstrahls stark eingeschränkt ist, erscheint diese Art der Bildgebung nur für spezielle Anwendungen als geeignet.

Aus diesen Messungen folgt, dass der standardmäßig verwendete Messkopf das generelle Erscheinungsbild des farbkodierten Differenzbildes begünstigt. Der Einfluss des Farblängsfehlers auf die unspezifische Blau- und Rotverschiebung in oberflächennahen und tieferen Schichten liegt im Bereich von 6 dB bzw. 8 dB, und kann daher insbesondere bei Einzelmessungen ohne Referenzaufnahmen nicht vernachlässigt werden.

5.7.4 Diskussion

Alle hier vorgestellten Kontrastmechanismen können in realen biologischen Proben vorkommen und müssen daher bei der Interpretation der farbkodierten Differenzbilder berücksichtigt werden. So ist der spektroskopische Kontrast von Gewebe im Nahinfrarotbereich zwar vergleichsweise gering; dennoch kann die Bildgebung in dieser spektralen Region durch die spezifische Absorption endogener Chromophore wie Melanin beeinflusst werden. Dies geht aus mehreren Messungen anderer Arbeitsgruppen hervor, bei denen ein scharfer spektroskopischer Kontrast an Melanozyten beobachtet werden konnte [36;82]. Im Allgemeinen ist aber die Streuung der dominante Extinktionsprozess, welcher in vielen Proben zu einer unspezifischen Rotverschiebung in tieferen Schichten führt. Dieses Phänomen wird durch den nicht zu vernachlässigenden Farblängsfehler der Messkopfoptik zusätzlich begünstigt.

Andere spektrale Unterschiede, wie der schichtweise spektrale Kontrast im Fingernagel, sind durch die Doppelbrechung und nicht durch die wellenlängenabhängige Absorption und Streuung zu erklären. Dies wird durch die gute Übereinstimmung zwischen den gemessenen Daten und dem an dieser Stelle gefundenen Modell bestätigt. Obwohl es sich um ein einfaches Modell handelt, in dem keine Dispersion berücksichtigt wird, genügt es doch, um den grundlegenden Zusammenhang zwischen der Wellenlänge und dem Abstand zwischen den signalarmen Schichten der doppelbrechenden Nagelplatte in Verbindung mit der Polarisationsabhängigkeit der OCT-Bildgebung zu erklären.
Weitere spektroskopische Artefakte können durch den wellenlängenabhängigen *Fringe washout* in bewegten Proben, wie fließendem Blut, sowie durch das OCT-inhärente Speckle-Rauschen hervorgerufen werden. Mit Hilfe geeigneter Maßnahmen, wie Anpassung der Belichtungszeit bzw. inkohärente Mittelung der Bilddaten, lässt sich deren Ausprägung jedoch unterdrücken.

5.8 Zusammenfassung

Ziel des ersten Teils der vorliegenden Arbeit war die Entwicklung eines neuartigen spektrometerbasierten Dualband-OCT-Systems für die hochauflösende optische Bildgebung biologischer Proben. Zu diesem Zweck kam ein neuartiger, kommerzieller Superkontinuum-Laser zum Einsatz, dessen Anwendung als gemeinsame Lichtquelle für die parallele Bildgebung im kurz- und langwelligen Nahinfrarotbereich erfolgreich demonstriert werden konnte. Das benötigte Doppelbandspektrum konnte mittels räumlicher und optischer Filterung aus dem Emissionsspektrum des SC-Lasers extrahiert werden. Durch diese Maßnahme wird gleichzeitig der Nahinfrarotstrahlungseintrag in biologisches Gewebe gering gehalten, da die nicht benötigten Spektralbereiche des SC-Lasers geblockt bzw. unterdrückt werden.
Das entstandene SD OCT-System erlaubt eine simultane Bildgebung in den Spektralbereichen um 800 nm und 1250 nm mit einer hohen axialen Auflösung von ≤ 5 µm bzw. ≤ 7 µm in Luft. Bei einer typischen A-Scan-Rate von 12 kHz und einer Belichtungszeit von ca. 80 µs liegt das SNR für beide Wellenlängenbänder oberhalb von 90 dB. Dadurch wird eine echtzeitaufgelöste Bildgebung schneller physiologischer Prozesse, wie beispielsweise dem Herzschlag im *in vivo* Mausmodell, ermöglicht. Zu höheren A-Scan-Raten, d. h. kürzeren Belichtungszeiten, nimmt das SNR erwartungsgemäß mit annähernd 10 dB/Dekade ab, und sinkt bei der gegenwärtig höchstmöglichen simultanen Zeilenrate von 47 kHz auf einen Wert unterhalb von 90 dB. In diesem Zusammenhang zeigte sich, dass aufgrund des intensitätsabhängigen Rauschens der Lichtquelle ein vermindertes SNR bei kürzeren Belichtungszeiten im 1250 nm-Band wenig, und im 800 nm-Band nur eingeschränkt durch die Erhöhung der optischen Ausgangsleistung kompensieren werden kann. Der verwendete SC-Laser ist folglich für eine Hochgeschwindigkeitsbildgebung mit sehr kurzen Belichtungszeiten nicht geeignet.
Die Bildgebung im mittleren Geschwindigkeitsbereich mit 12.000 bis 36.000 A-Scans pro Sekunde liefert hingegen ausreichend gute Ergebnisse. Der modulare Aufbau des Systems mit einer einzelnen Singlemode-Glasfaserverbindung zwischen Grundgerät und Messkopf

erleichtert dabei den einfachen und flexiblen Zugang zum Messareal, sowie den Einsatz verschiedener Sonden für unterschiedliche Anwendungen. In diesem Zusammenhang konnte gezeigt werden, dass mit Hilfe der Dualband-OCT die Vorteile der hohen Auflösung im 800 nm-Bereich und der erhöhten Eindringtiefe in Gewebe im 1250 nm-Bereich miteinander kombiniert werden können. Gleiches gilt auch für die phasenaufgelöste Doppler-OCT, bei der sich der erweiterte Geschwindigkeitsmessbereich im langwelligen Band mit einer erhöhten Sensitivität im kurzwelligen Spektralbereich verbinden lässt. Ebenfalls ermöglicht die Dualband-OCT durch Mittelung der simultan erfassten Bilddaten eine Reduzierung des Speckle-Rauschens und somit eine Verbesserung der Bildqualität. Ferner können durch eine differentielle Auswertung der beiden Wellenlängenbänder spektrale Informationen über die Probe gewonnen werden.

Die spektrale Empfindlichkeit des entwickelten Dualband-OCT-Systems konnte dabei anhand von optischen Farbglasfiltern und den spezifischen Absorptionseigenschaften des Nahinfrarotfarbstoffes ICG nachgewiesen werden. Generell ist bei den erhaltenen Dualband-OCT-Daten jedoch eine sorgsame Interpretation bezüglich ihres spektroskopischen Informationsgehalts notwendig. Dies gilt insbesondere bei doppelbrechenden Proben, die eine wellenlängenabhängige Auslöschung des OCT-Signals infolge eines veränderten Polarisationszustandes des zurückgestreuten Lichts aufweisen können. Weitere spektrale Artefakte werden zudem durch den Farbfehler der Optik und den unterschiedlich ausgeprägten *Fringe washout* an bewegten Streuzentren verursacht. Daher sollten die OCT-Daten zur Erfassung spektroskopischer Signale stets mit einer Referenzaufnahme unter möglichst ähnlichen Bedingungen verglichen werden, so wie es auch in der konventionellen Spektroskopie üblich ist.

In den bisher untersuchten biologischen Proben konnte nur eine geringe spektrale Abhängigkeit im nahinfraroten Spektralbereich festgestellt werden, die sich größtenteils durch eine verminderte Streuung im langwelligen 1250 nm-Band gegenüber dem kurzwelligen 800 nm-Band erklären lässt. Die Identifikation spezifischer Gewebetypen anhand ihrer spektralen Eigenschaften gelang bisher nicht. Allerdings war der Probenumfang begrenzt und soll daher im anschließenden zweiten Teil dieser Arbeit für eine abschließende Bewertung erweitert werden.

Die Ergebnisse des nun abgeschlossenen ersten Teils dieser Arbeit konnten in essentiellen Teilen bereits veröffentlicht werden [140-142].

6 Anwendung für die biomedizinische Bildgebung

Nach erfolgreichem Aufbau und Inbetriebnahme konnte das entwickelte Dualband-OCT-System in Kooperation mit anderen Arbeitsgruppen der biomedizinischen Forschung an der TU Dresden sowie des Universitätsklinikums Dresden für eine Vielzahl von Anwendungen eingesetzt werden. So wurden die optischen Eigenschaften von strömendem Blut, die Vasodynamik- und Blutflussmessung im *in vivo* Mausmodell und die Netzhautbildgebung im Kleintiermodell untersucht. Dabei waren vor allem das hohe Auflösungsvermögen für eine detailreiche Abbildung der biologischen Proben, sowie der flexible und anpassbare Aufbau des Systems von Interesse. Gleichzeitig konnte durch die Durchführung von Verlaufsstudien mit dem Dualband-OCT-System der Probenumfang im Hinblick auf die spektrale Interpretation der Bilddaten (vgl. Anschnitt 5.8) stark vergrößert werden. Im nachfolgenden Kapitel sollen daher zwei der oben genannten Anwendungen – die Bildgebung der Netzhaut und die Untersuchung der optischen Eigenschaften von Blut – näher dargestellt werden. Die Vasodynamik- und Blutflussmessung im Mausmodell wurde bereits im Abschnitt 5.6.2 kurz vorgestellt und wird an dieser Stelle nicht noch einmal gesondert berücksichtigt.

6.1 Nichtinvasive Bildgebung der Retina im Kleintiermodell

Die nichtinvasive Bildgebung des Augenhintergrundes ist eines der Hauptanwendungsgebiete der OCT. So erlauben moderne OCT-Geräte eine hoch aufgelöste Schnittbilddarstellung der Netzhaut in Echtzeit und stellen damit ein wichtiges klinisches Diagnosewerkzeug für die Erkennung, Einstufung und Nachverfolgung von Augenerkrankungen dar. Bei der Erforschung der Mechanismen, die den Augenerkrankungen zugrunde liegen, spielen Kleintiermodelle wie Mäuse und Ratten eine wichtige Rolle. Hier ermöglicht eine schonende, nichtinvasive Bildgebung mittels OCT zeitliche Verlaufsstudien unter *in vivo* Bedingungen, um die Entwicklung der Netzhaut bezüglich Krankheitsverlauf und Behandlungserfolg zu untersuchen und zu dokumentieren. Die Arbeitsgruppe Klinisches Sensoring und Monitoring entwickelt daher in Kooperation mit anderen Forschungsabteilungen, wie dem Institut für Anatomie der Medizinischen Fakultät der TU Dresden und dem Center for Regenerative Therapies Dresden (CRTD), die sich mit der Entwicklung, Erkrankung und Regeneration der Netzhaut beschäftigen, anwendungsspezifische OCT-Bildgebungsmethoden zur Untersuchung des hinteren Augenabschnitts im Kleintiermodell. In diesem Zusammenhang wurde das entwickelte Dualband-OCT-System an die Messbedingungen am Auge angepasst, und für Verlaufsstudien im *in vivo* Ratten-, Maus- und Zebrafischmodell eingesetzt.

6.1.1 Einleitung und Motivation

Neurodegenerative Erkrankungen der Netzhaut stellen in industrialisierten Ländern eine der häufigsten Ursachen für eine Behinderung dar. Sie sind gekennzeichnet durch den Verlust der lichtempfindlichen Zellen in der Retina, den Fotorezeptoren, und können zu einer Beeinträchtigung des Sehvermögens bis hin zur vollständigen Erblindung führen. Ursache für diese Erkrankungen sind genetische Mutationen (z. B. *Retinitis pigmentosa*) oder altersbedingte Veränderungen der Netzhaut (z. B. altersbedingte Makuladegeneration – AMD), die entweder mit einer direkten Schädigung der Fotorezeptoren oder einer indirekten Beeinträchtigung durch Schädigung des umgebenden Versorgungsgewebes, wie dem retinalen Pigmentepithel (RPE), einhergehen.

Für die Untersuchung der zugrunde liegenden Krankheitsmechanismen und der Erprobung neuer Behandlungsstrategien wie gen- und zellbasierter Therapieansätze sind Nagetiermodelle wie Ratten und Mäuse von sehr großer Bedeutung. Jedoch ist über den zeitlichen Verlauf der Netzhautdegeneration und eines möglichen Behandlungserfolges in individuellen Tieren wenig bekannt, da diese für eine histologische Gewebeuntersuchung getötet werden müssen. Für ein besseres Verständnis der Degenerationsvorgänge und die Optimierung bzw. Weiterentwicklung der Therapieansätze ist daher eine *in vivo* Kontrolle der Retina wünschenswert. Dies kann mit Hilfe der hochauflösenden OCT realisiert werden. Aufgrund des nichtinvasiven und schonenden Charakters dieser Bildgebung ist eine Langzeitbeobachtung an identischen Tieren möglich, wodurch die Anzahl der benötigten Versuchstiere reduziert werden kann. Des Weiteren erlaubt die direkte Untersuchung von Veränderungsprozessen der Netzhaut am selben Tier über eine lange Zeit einen Einblick in die individuellen Unterschiede zwischen den einzelnen Versuchstieren.

Die Retina als Teil des zentralen Nervensystems bietet den einzigartigen Vorteil, dass sie durch das transparente Auge von außen optisch gut zugänglich ist. Die menschliche Retina war daher auch eine der ersten Proben, die mittels OCT untersucht wurde [1]. Dabei ermöglicht die Bildgebung mittels OCT eine *in vivo* Schnittbilddarstellung der retinalen Mikrostruktur, wie sie gegenwärtig durch kein anderes nichtinvasives Verfahren erreicht werden kann. Folglich ist die klinische Anwendung der OCT auch in der Augenheilkunde am weitesten entwickelt, wo sie zur Diagnose von Erkrankungen wie Makuladegeneration, diabetischer Retinopathie und Glaukom eingesetzt wird [143]. Heute stehen mehrere kommerzielle ophthalmologische OCT-Geräte zur Verfügung, die nach dem Prinzip der schnellen Detektion im Frequenzbereich (frequency / spectral domain OCT, vgl. Abschnitt 2.2.2) arbeiten. Alle diese Instrumente besitzen eine vergleichbare Leistungsfähigkeit mit einem axialen Auflösungsvermögen von ca. 4 µm bis 6 µm im Spektralbereich um 800 nm und einer Bildgebungsgeschwindigkeit von 25.000 bis 40.000 A-Scans pro Sekunde, wodurch sich eine zweidimensionale Schnittbilddarstellung in Echtzeit erreichen lässt [144]. Ebenfalls wurde bereits über die Verwendung von OCT zur Bildgebung der Retina und Nachverfolgung retinaler Degenerationsprozesse in kleinen Versuchstieren wie Mäusen und Ratten [145-151] berichtet. In diesem Zusammenhang konnte auch gezeigt werden, dass eine gute Übereinstimmung zwischen den gewonnenen optischen und histologischen Schnittbildern besteht, sodass die OCT ein geeignetes Werkzeug zur nichtinvasiven Untersuchung struktureller Veränderungen in der Retina ist [152].

Obwohl für die Darstellung der Netzhaut im Nagetiermodell, wie auch am Menschen, der Spektralbereich um 800 nm bevorzugt wird [145;147-152], konnten ebenfalls alternative Wellenlängenbänder um 1060 nm in Ratten [153;154] und 1300 nm in Mäusen [146] für die

Bildgebung des hinteren Augenabschnitts verwendet werden. Mit dem entwickelten Dualband-OCT-System soll nun erstmals eine simultane Bildgebung der Retina im 800 nm- und 1250 nm-Band mit hoher Auflösung möglich sein, um einerseits die optischen Eigenschaften dieser sehr häufig verwendeten Probe in den beiden Spektralbereichen zu untersuchen und anderseits um in Zusammenarbeit mit den oben genannten Kooperationspartnern der Fachgebiete Biologie und Medizin Verlaufsstudien mit einer detailreichen Wiedergabe der Netzhaut im Kleintiermodell durchzuführen.

6.1.2 Material und Methoden

Anpassung des Dualband-OCT-Systems für die Bildgebung am Auge

Vorversuche an entnommenen Netzhäuten von Ratten zeigten, dass die hohe Lichtleistung des SC-Lasers trotz der Filterung durch die Prismen-Linsensequenz ausreicht, um bei langer Beleuchtung strukturelle Veränderungen an der Retina hervorzurufen. Dies kommt hauptsächlich durch das Ungleichgewicht der emittierten optischen Leistungen zwischen dem kurz- und dem langwelligen Spektralbereich zustande, welche sich nicht unabhängig voneinander steuern lassen. So ist die Leistung im 1250 nm-Band stets um ein Vielfaches höher als im 800 nm-Band (vgl. Abb. 5.5(b) in Abschnitt 5.2.3). Folglich kann es trotz minimaler Beleuchtung der empfindlichen Netzhaut im Kurzwelligen bereits zu einer schädigenden Einstrahlung im Langwelligen kommen.

Zur selektiven Abschwächung des 1250 nm-Bandes wurde daher ein zusätzlicher Graufilter (Thorlabs NE20B) unmittelbar vor der mechanischen Schlitzblende der Prismen-Linsensequenz eingefügt, so wie in Abb. 6.1(a) schematisch dargestellt. Anhand der Messwerte in Abb. 6.1(b) ist zu erkennen, dass durch diese Maßnahme die Leistung im 1250 nm-Band um den Faktor 10 reduziert werden kann, ohne die Leistung im 800 nm-Band nennenswert zu beeinflussen. Bei einer SC-Leistungsstufe von 60 % beträgt die optische Leistung am Ausgang der Singlemode-Faser nun 0,7 mW und 0,9 mW im kurz- bzw. langwelligen Spektralbereich, wodurch eine sichere Bildgebung der Netzhaut in beiden Wellenlängenbändern ermöglicht wird. Eine Verminderung der Sensitivität infolge der selektiven Abschwächung des 1250 nm-Bandes ist aufgrund des nahezu konstanten Verlaufs des SNR über der optischen Leistung in diesem Spektralbereich (vgl. Abb. 5.17(b)) nicht zu erwarten.

Für die Netzhautbildgebung kam ausschließlich das Dualband-OCT-System mit der Spektrometerkonfiguration B (vgl. Abschnitt 5.2.2) zum Einsatz. Da zur Erfassung der Retina nur ein vergleichsweise kleiner Tiefenmessbereich notwendig ist, wurde dabei bevorzugt die Konfiguration B2 (vgl. Tabelle 5.1) verwendet, da das horizontale Binning der Detektorpixel im 800 nm-Band eine Reduzierung des Speicherplatzbedarfs der OCT-Rohdaten erlaubt.

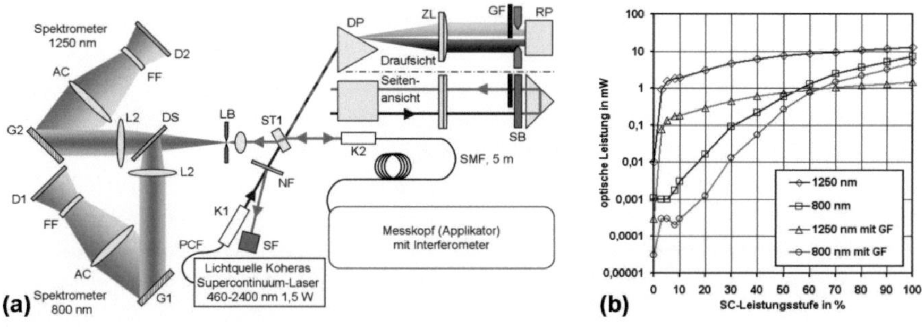

Abb. 6.1 (a) Optischer Aufbau des entwickelten Dualband-OCT-Systems gemäß Abb. 5.1 und Abb. 5.2 mit einem zusätzlich eingebrachten Graufilter (GF) vor der mechanischen Schlitzblende (SB) der Prismen-Linsensequenz zur selektiven Abschwächung des 1250 nm-Bandes. (b) Gemessene optische Leistung im 800 nm- und 1300 nm-Bereich am Ausgang der Singlemode-Faser (SMF) ohne und mit Verwendung des Graufilters (GF) in der Prismen-Linsensequenz. Weitere Erläuterungen im Text.

Augenmodell

Um einen optischen Zugang zum Augenhintergrund (Fundus) zu erhalten, müssen die optischen Eigenschaften der vorgelagerten Augenabschnitte Hornhaut (Cornea), Vorderkammer (Aqueous), Linse (Lens) und Glaskörper (Vitreous) berücksichtigt werden. Für das Rattenauge sind diese Eigenschaften gut bekannt und anhand des *Schematic rat eye* allgemein beschrieben [155;156]. Dabei werden die optischen Eigenschaften des Auges durch die Krümmung, Öffnung (Apertur), Dicke und Brechzahl der einzelnen Augenbestandteile definiert, sodass diese mittels Raytracing-Software einfach implementiert und analysiert werden können. Für das *Schematic rat eye* gibt es zwei gebräuchliche Darstellungsweisen, das Kernlinsenmodell (*core lens model*) und das Äquivalentlinsenmodell (*equivalent lens model*). Im Kernlinsenmodell wird die Augenlinse in einen Linsenkortex und eine höherbrechende Kernlinse unterteilt, um die radiale Gradientenindexlinse eines echten Auges anzunähern.

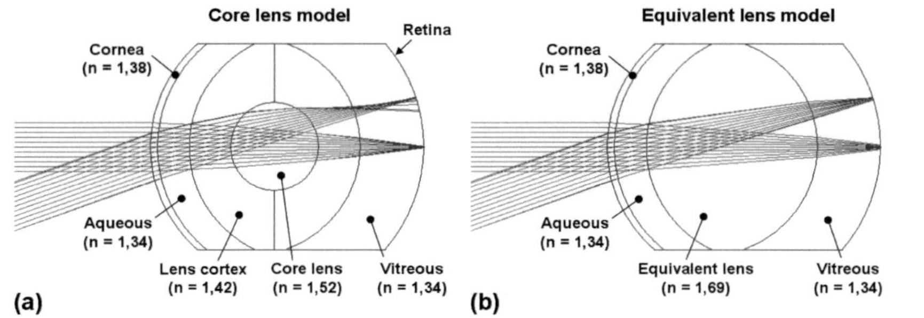

Abb. 6.2 Darstellung des *Schematic rat eye* als Kernlinsenmodell (a) und Äquivalentlinsenmodell (b) nach [156]. Die Augenlänge einer erwachsenen Ratte beträgt ca. 6 mm. Die Brechungsindizes n der einzelnen Bestandteile des Augenmodells sind exemplarisch für $\lambda = 550$ nm gezeigt. Weitere Erläuterungen im Text.

Das Äquivalentlinsenmodell ist dagegen eine einfachere Darstellung, bei der Linsenkortex und -kern durch eine Einzellinse mit identischer Brechkraft ersetzt werden. Eine Implementierung beider Varianten mittels Raytracing-Software (WinLens 4.4, Linos Photonics, Deutschland) ist in Abb. 6.2 dargestellt. Die verfügbaren Daten für die Brechungsindizes der Augenbestandteile beschränken sich auf den Bereich des sichtbaren Lichts [156]. Da das Dualband-OCT-System jedoch im nahinfraroten Wellenlängenbereich von 700 nm bis 1400 nm arbeitet, müssen die Brechungsindizes in diesem Spektralbereich extrapoliert werden. Aufgrund des hohen Wassergehalts in biologischem Weichgewebe wird in einem ersten Schritt reines Wasser verwendet, um die allgemeine Kurvenform des wellenlängenabhängigen Brechungsindexes für die einzelnen Augenbestandteile abzuschätzen. Der Verlauf des Brechungsindexes n über der Wellenlänge λ lässt sich in optischen Materialen wie Glas oder Wasser anhand der Sellmeier-Gleichung unter Verwendung der materialspezifischen Koeffizienten B_1 bis B_4 und C_1 bis C_4 beschreiben zu

$$n(\lambda)=\sqrt{1+\frac{B_1\cdot\lambda^2}{\lambda^2-C_1}+\frac{B_2\cdot\lambda^2}{\lambda^2-C_2}+\frac{B_3\cdot\lambda^2}{\lambda^2-C_3}+\frac{B_4\cdot\lambda^2}{\lambda^2-C_4}}\ . \tag{6.1}$$

Für die Extrapolation der Brechungsindizes in den Nahinfrarotbereich wurde die Sellmeier-Gleichung an die verfügbaren Datenpunkte im Sichtbaren angefittet, wobei die Koeffizienten für destilliertes Wasser [137] als Startwerte dienten. Die Ergebnisse dieser Rechnung sind in Abb. 6.3 dargestellt.

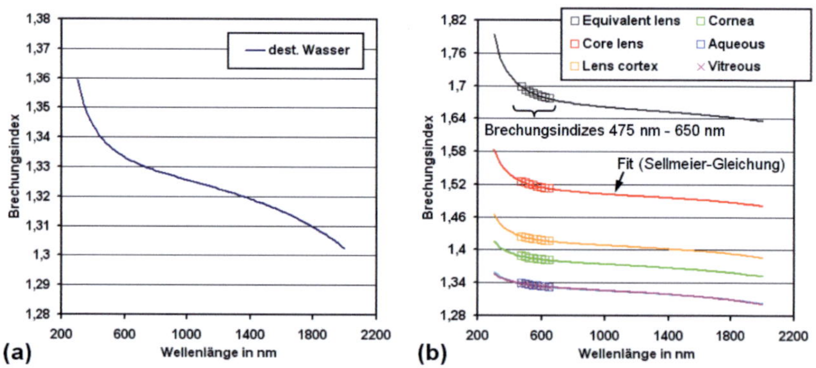

Abb. 6.3 Extrapolation der Brechungsindizes des Augenmodells in den nahinfraroten Spektralbereich. (a) Wellenlängenabhängiger Verlauf des Brechungsindexes für destilliertes Wasser bei einer Temperatur von 19 °C nach [137], welcher durch die Sellmeier-Gleichung Gl. (6.1) beschrieben werden kann. (b) Brechungsindizes des Augenmodells im Sichtbaren bei einer Temperatur von 37 °C nach [156] und Extrapolation mittels Fit der Sellmeier-Gleichung an die gegebenen Datenpunkte. Als Ausgangspunkt für den Fit wurde jeweils destilliertes Wasser (a) verwendet. Weitere Erläuterungen im Text.

Abbildungsoptik und Dispersionskompensation

Basierend auf dem *Schematic rat eye* und den extrapolierten Daten der Brechungsindizes wurde mittels Raytracing-Software (WinLens 4.4, Linos Photonics, Deutschland, und OSLO Light Edition 6.4, Lambda Research, USA) eine Vorsatzoptik entwickelt, die zur Bildgebung des hinteren Augenabschnitts an den Standardmesskopf (vgl. Abschnitt 5.2.2) angebracht wird. Dazu wurde vorrangig das Äquivalentlinsenmodell verwendet, da es aufgrund der großen Öffnung eine Analyse mittels sequenziellen Raytracings erleichtert. Für die Bildgebung der Netzhaut wird zudem eine Kontaktlinse bestehend aus einem Mikroskopie-Deckgläschen und einer Kontaktglasflüssigkeit aus Hydroxypropyl-Methylcellulose-Lösung (Methocel 2 %, OmniVision, Deutschland) auf das Auge aufgebracht, wodurch sich die Brechkraft der Cornea weitgehend unterdrücken lässt. Dadurch werden die cornealen Abbildungsfehler reduziert und gleichzeitig das Auge vor Austrocknung geschützt [147;150]. Die so verminderte Brechkraft des Auges – der Effekt lässt sich mit dem Sehen Unterwasser ohne Taucherbrille vergleichen – erlaubt zudem die Verwendung eines konvergent verlaufenden Probenstrahls, dessen Fokus durch Variation des Arbeitsabstandes zwischen Messkopf und Auge in verschiedene Tiefen gelegt werden kann. Folglich ist ein solcher Aufbau zur Bildgebung des hinteren wie auch des vorderen Augenabschnittes geeignet, ohne das optische Komponenten ausgetauscht oder gegeneinander verschoben werden müssen.

Um ein genügend großes Messareal auf der Retina abdecken zu können, muss ein fächerförmiges Scan-Muster mit dem Pivot-Punkt nahe der Augenpupille zur Anwendung kommen. Das wird erreicht, indem der kollimierte Probenstrahl mittels eines Teleskops von den Galvanometerscannern auf das Auge abgebildet wird. Dieses Teleskop besteht zum einen aus der Scanlinse des Standardmesskopfes mit einer Brennweite von 25,4 mm und zum anderen aus einer Objektivlinsenkonfiguration mit einer Brennweite von 11 mm in der Vorsatzoptik. Die Konvergenz des Probenstrahls zwischen Messoptik und Auge wird durch einen Versatz der Brennpunkte innerhalb des Teleskopaufbaus um ca. 21 mm erreicht, wodurch sich ein Arbeitsabstand von 13 mm und eine objektseitige NA des Probenstrahls von 0,08 in Luft ergeben. In Verbindung mit der Kontaktlinse und dem oben beschriebenen *Schematic rat eye* erhöht sich die NA auf ca. 0,19. Daraus ergibt sich ein erhöhtes laterales Auflösungsvermögen mit einem beugungsbegrenzten Spot-Durchmesser von 5 µm auf der Rattennetzhaut.

Der optische Aufbau des entstandenen Augenmesskopfes ist in Abb. 6.4 schematisch dargestellt. Neben der Vorsatzoptik im Probenarm wurde der zugrunde liegende Standardmesskopf um eine entsprechende Verlängerung des Referenzarmes sowie eine Vorrichtung zur Dispersionskompensation erweitert. Eine detaillierte Beschreibung der Konstruktion ist im Anhang A.5 zu finden.

Da die OCT eine phasensensitive Methode ist, würde ein Ungleichgewicht der Dispersion zwischen Referenz- und Probenarm zu einer erheblichen Verminderung der axialen Auflösung führen. Folglich muss die durch die Vorsatzoptik und das Auge zusätzlich in den Probenarm eingebrachte Dispersion durch ein entsprechendes optisches Element im Referenzarm kompensiert werden.

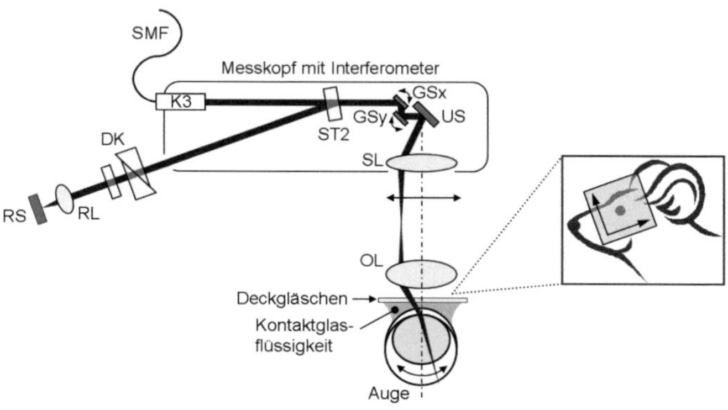

Abb. 6.4 Schematische Darstellung des Augenapplikators als Erweiterung des Standardmesskopfes (vgl. Abb. 5.2) mit internem Kollimator (K3), Strahlteiler (ST2), Prismenpaar und Glasplatte aus N-BK7 zur Dispersionskompensation (DK), Referenzlinse (RL) und -spiegel (RS) sowie den Galvanometerscannern (GSx, GSy). Das durch die Scanlinse (SL) erzeugte telezentrische Scan-Muster des Standardapplikators wird durch die Objektivlinse (OL) in ein fächerförmiges Scan-Muster auf der Retina umgewandelt. Das eingesetzte Bild veranschaulicht das Deckgläschen, welches auf dem Rattenauge platziert wird. Für die Bildgebung wird stets eine der senkrecht zueinander stehenden Scan-Achsen der Galvanometerscanner (Pfeile) parallel zur Ohr-Nasen-Linie der Ratte ausgerichtet, um die Navigation in den dreidimensionalen OCT-Datensätzen zu erleichtern. Weitere Erläuterungen im Text.

Eine optimale Kompensation liegt dann vor, wenn das Produkt aus der Gruppendispersion *GD* (Änderung des Gruppenbrechungsindexes n_g mit der Wellenlänge) und der geometrischen Pfadlänge l in beiden Interferometerarmen identisch ist [157], so wie in Gl. (6.2) dargestellt

$$GD_R \cdot l_R = GD_P \cdot l_P \,. \tag{6.2}$$

Die Indizes R und P beziehen sich dabei auf den Referenz- und den Probenarm des Michelson-Interferometers. Für die Gruppendispersion in einem homogenen Medium kann unter Verwendung von Gl. (5.22) wiederum geschrieben werden [157]

$$GD = \frac{\mathrm{d}n_g}{\mathrm{d}\lambda} = -\lambda \cdot \frac{\mathrm{d}^2 n}{\mathrm{d}\lambda^2}, \tag{6.3}$$

wobei λ die Wellenlänge im Vakuum und n der Brechungsindex ist. Aus Gl. (6.2) und Gl. (6.3) folgt schließlich

$$\frac{\mathrm{d}^2 n_R}{\mathrm{d}\lambda^2} \cdot l_R - \frac{\mathrm{d}^2 n_P}{\mathrm{d}\lambda^2} \cdot l_P = \frac{\mathrm{d}^2 OPD}{\mathrm{d}\lambda^2} = 0\,, \tag{6.4}$$

mit *OPD* als der optischen Pfaddifferenz (Gangunterschied) zwischen Referenz- und Probenarm. Als Konsequenz muss für eine ideale Dispersionskompensation die zweite Ableitung der optischen Pfaddifferenz nach der Wellenlänge gleich Null sein. Daher wurde zunächst die optische Pfaddifferenz für den Augenapplikator mit dem *Schematic rat eye* im Probenarm anhand der Brechungsindizes und der zentralen Dicken der enthaltenen optischen Komponenten ermittelt. In diesem Zusammenhang wurde ausschließlich das Kernlinsenmodell verwendet, da dieses eine bessere Abschätzung des Brechungsindexes einer echten Augenlinse liefert. Für den Dispersionsausgleich wurde anschließend die Menge an Glas, die in den Referenzarm eingebracht werden muss, so optimiert, dass die zweite Ableitung der optischen Pfaddifferenz über den interessanten Spektralbereich von 700 nm bis 1400 nm vorzugsweise nahe Null ist. Die Optimierung erfolgte anhand der Methode der kleinsten Fehlerquadrate.

Die ermittelte optische Pfaddifferenz und ihre zweiten Ableitung sind in Abb. 6.5 für den nicht ausgeglichenen Fall und den dispersionskompensierten Fall im Vergleich zum Standardmesskopf dargestellt. Als Ergebnis müssen für die Bildgebung der Rattennetzhaut 22,7 mm N-BK7 in den Referenzarm eingefügt werden, um die Dispersion der Vorsatzoptik und des Auges zu kompensieren.

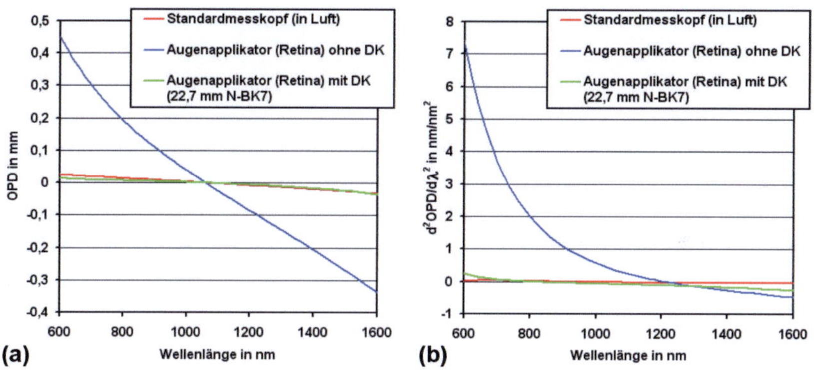

Abb. 6.5 (a) Berechnete optische Pfaddifferenz (OPD) zwischen Proben- und Referenzarm und (b) deren zweite Ableitung für den Augenapplikator mit Augenmodell im Vergleich zum Standardmesskopf. Als Probe für den Augenapplikator wurde die Retinaoberfläche des *Schematic rat eye* (Kernlinsenmodell) verwendet. Die Berechnung für den Standardmesskopf als Referenz erfolgte im Probenmedium Luft. Dargestellt sind für den Augenapplikator der nicht ausgeglichene Fall ohne Dispersionskompensation (DK) durch zusätzlich eingebrachte optische Elemente, sowie der dispersionskompensierte Fall mit 22,7 mm N-BK7 im Referenzarm. Mit Dispersionskompensation liegen die ermittelten Werte des Augenapplikators nahe an denen des Standardmesskopfes. Weitere Erläuterungen im Text.

In vivo Rattenmodell

Die Eignung des entwickelten Dualband-OCT-Systems zur nichtinvasiven, hochauflösenden Bildgebung der Netzhaut im Nagetiermodell wurde zuerst in Zusammenarbeit mit der AG *Mesentech* (Projektleiter Dr. D. Wittig) am Institut für Anatomie unter Leitung von Prof. R. Funk in einer *in vivo* Studie zu den protektiven Eigenschaften von Stammzellen als mögliche Therapiegrundlage zur Behandlung retinaler degenerativer Erkrankungen untersucht. Dazu wurde als *in vivo* Modell die RCS-Ratte (Royal College of Surgeons) verwendet, welche primär eine Mutation im MERTK-Gen aufweist. Durch diese Mutation ist das retinale Pigmentepithel (RPE) des Auges nur noch eingeschränkt in der Lage die Außensegmente der

Fotorezeptoren zu phagozytieren. Diese eingeschränkte Funktionsfähigkeit des RPE führt sekundär zu einem Verlust der Fotorezeptoren, und dient somit als Modell für *Retinitis pigmentosa* sowie altersbedingte Makuladegeneration (AMD). Die linken Augen der Tiere wurden jeweils mit einer Injektion von mesenchymalen Stammzellen (MSC) in den Glaskörper behandelt, während die rechten Augen die unbehandelte Kontrollgruppe bildete. Die OCT-Bildgebung der Augen erfolgte wöchentlich über eine Dauer von 4 Wochen, um den schnellen Verlauf der Fotorezeptordegeneration in diesem speziellen Tiermodell erfassen und dokumentieren zu können.

Nach erfolgter Narkose (Ketamin und Dormitor®) und induzierter Weitstellung der Pupillen durch Auftropfen von Tropicamid (Mydrum®) auf das Auge wurden die Tiere auf einem beheizten Operationstisch mit einer Temperatur von ca. 33 °C [150] positioniert. Vor der Bildgebung wurde das Auge mit einem Tropfen Hydroxypropyl-Methylcellulose-Lösung (Methocel 2 %, OmniVision, Deutschland) bedeckt und ein Mikroskop-Deckgläschen behutsam auf der Cornea platziert. Anschließend erfolgte die Ausrichtung des OCT-Messkopfes zum Auge mit Hilfe einer 6-achsigen Rotations- und Translationseinheit. Um die Navigation in den 3D-OCT-Datensätzen zu erleichtern, wurde dabei stets eine der senkrecht zueinander stehenden Scan-Achsen der Galvanometerscanner parallel zur Ohr-Nasen-Linie der Ratte ausgerichtet. Die Ausrichtung des Messkopfes wurde anhand von OCT-Schnittbildern, welche das Gesichtsfeld kreuzförmig aufspannen und online auf dem Steuerungs-PC angezeigt werden, visuell kontrolliert. Während der Ausrichtung wurde versucht, die Eintrittsstelle des optischen Nervs, welche als reproduzierbare Landmarke auf dem Augenhintergrund dient, möglichst ins Zentrum des OCT-Gesichtsfeldes zu rücken, bevor schließlich die Aufnahme eines Volumendatensatz des hinteren Augenabschnittes erfolgte. Die gesamte Ausrichtungs- und Bildgebungsprozedur dauerte ca. 5 bis 10 Minuten für beide Augen. Die optische Gesamtleistung des Dualband-OCT-Probenstrahls, die während der Messung auf die Cornea eingestrahlt wird, wurde am distalen Ende des Augenapplikators mit 780 µW bei einer Leistungsstufe des SC-Lasers von 60 % gemessen. Diese Leistung ist geringfügig niedriger als bei vergleichbaren *in vivo* Studien [150;151;154;158], und ausreichend klein, um während der Messzeit keinen Lichtschaden oder phototoxische Effekte in der Retina hervorzurufen. Nach Abschluss der Untersuchung wurde die Narkose durch subkutane Gabe von Atipamezole-Hydrochlorid (Antisedan®) teilantagonisiert, und die Tiere zum Aufwachen unter ständiger visueller Kontrolle wieder zurück in ihren Käfig gesetzt. Die Tierversuche, die durch das Labor von Dr. D. Wittig (AG *Mesentech*, Institut für Anatomie) durchgeführt wurden, wurden der Landesdirektion Dresden ordnungsgemäß angezeigt und unter dem Az.: 24-9168.11-1/2010-7 genehmigt.

6.1.3 Bildgebung und Monitoring der Retina im *in vivo* Rattenmodell

Simultane Dualband-Bildgebung der retinalen Mikrostruktur

Ein typisches Ergebnis für die *in vivo* Bildgebung der Retina einer RCS-Ratte ist in Abb. 6.6 dargestellt. Für die Aufnahme wurde ein Volumenscan des Augenhintergrundes bestehend aus 480 B-Scans mit jeweils 512 A-Scans pro B-Scan durchgeführt. Die A-Scan-Frequenz wurde mit 12,8 kHz so gewählt, dass sich eine B-Scan-Rate von 25 fps ergibt. Unter Berücksichtigung der Reservierung der ersten 32 A-Scans eines jeden B-Scans für den Weißabgleich (vgl. Abschnitt 5.4) sowie das Auslassen des jeweils letzten A-Scans eines Schnittbildes aus Gründen der Zeitsteuerung (vgl. Abschnitt 5.3), ergibt sich ein OCT-Fundusbild mit einer Auflösung von 479 × 480 Pixel entlang der schnellen und langsamen Scan-Achse. Bezogen auf den Standardmesskopf mit telezentrischer Abbildung wurde eine Schrittweite von 22 µm für beide Scan-Achsen gewählt. In Verbindung mit dem *Schematic rat eye* und der Vorsatzoptik, deren gemeinsame Vergrößerung mittels Raytracing-Software (OSLO Light Edition 6.4, Lambda Research, USA) auf 4,0 bestimmt werden konnte, ergibt sich dann eine transversale Schrittweite von 5,5 µm auf dem Augenhintergrund. Das erfasste Messareal auf der Retina hat somit einen Durchmesser von ca. 2,6 mm, was mit anderen Arbeiten vergleichbar ist [147]. Für die Erfassung eines 3D-Scans mit den oben genannten Parametern wird eine Zeitspanne von 19,2 s benötigt. Zur Unterdrückung der Augenbewegung, die während dieser Messzeit durch Atmung und Herzschlag auftritt, wurden die einzelnen B-Scans des Volumenstapels nachträglich mit Hilfe der Bildverarbeitungssoftware ImageJ (National Institutes of Health, USA) und dem Plugin *StackReg* aufeinander registriert [159], wobei Deformationen innerhalb eines B-Scans als vernachlässigbar klein (*rigid body*) angenommen wurden. Der in *StackReg* verwendete Registrierungsalgorithmus entspricht dem Algorithmus von Thevenaz et al. [160], welcher ursprünglich für MRT- und PET-Daten entwickelt wurde.

Die OCT-Schnittbilder in Abb. 6.6(a,b) für das 800 nm- und das 1250 nm-Band weisen eine gute Bildschärfe in die Tiefe auf, sodass geschlussfolgert werden kann, dass die Dispersion in beiden Spektralbereichen genügend gut kompensiert ist. Um die Bilder beider Wellenlängenbänder objektiv miteinander vergleichen zu können, wurde der unterschiedliche tiefenabhängige Signalabfall wiederum korrigiert (vgl. Abschnitt 5.6.1). Als Nebeneffekt tritt in den tieferen Regionen der Schnittbilder, insbesondere im 800 nm-Band, ein erhöhtes Rauschniveau auf. Die Bildqualität ist dennoch ausreichend gut um die Mikrostruktur des hinteren Augenabschnittes wiederzugeben, und daran die Dicke individueller retinaler Schichten vermessen zu können. Eine erhöhte Eindringtiefe im 1250 nm-Band aufgrund der verminderten Gewebestreuung ist wiederum deutlich anhand der abgebildeten extraokulären Strukturen wie den äußeren Augenmuskeln und dem orbitalen Fettgewebe zu erkennen, welche im 800 nm-Band nicht sichtbar sind. Dagegen weisen die Schnittbilder des 800 nm-Bandes erwartungsgemäß eine höhere Auflösung infolge der kürzeren Wellenlänge auf. So erscheint besonders die dünne RPE-Schicht zwischen Retina und Aderhaut (Choroidea) schärfer in diesem Spektralbereich. Das Mittelwertbild beider Bänder in Abb. 6.6(c) gibt gleichförmig streuende Strukturen wie die Lederhaut (Sclera) infolge des reduzierten Speckle-Rauschens mit einer höheren Homogenität wieder und lieferte eine bessere Bildqualität. Das farbkodierte Differenzbild in Abb. 6.6(d) stellt schließlich die wellenlängenabhängigen Rückstreueigenschaften der Retina dar. Es ist zu erkennen, dass die tiefer gelegenen Regionen vorwiegend in Rot wiedergegeben werden, was eine erhöhte Rückstreuung bei 1250 nm repräsentiert, und hauptsächlich auf den Mangel an Intensität im 800 nm-Band zurückzuführen ist. Im Gegensatz dazu erscheinen oberflächliche Regionen vornehmlich in Grün, was ein erhöhtes OCT-Signal bei 800 nm widerspiegelt, und möglicherweise durch die höhere Gewebestreuung bei kürzeren Wellenlängen verursacht wird. Des Weiteren muss für diese Farbverteilung auch der Farblängsfehler der Abbildungsoptik und des Auges als Einflussfaktor in Betracht gezogen werden. Ein scharfer Farbkontrast zwischen verschiedenen retinalen Schichten konnte ähnlich wie bei den zuvor im Abschnitt 5 untersuchten Proben bisher nicht beobachtet werden. Dies führt zu der Schlussfolgerung, dass die spektralen Unterschiede für retinales Gewebe der RSC-Ratte im Nahinfrarotbereich ebenfalls klein sind, und die strukturelle Information, die durch die OCT-Bildgebung im 800 nm- und 1250 nm-Band gewonnen wird, nahezu identisch ist.

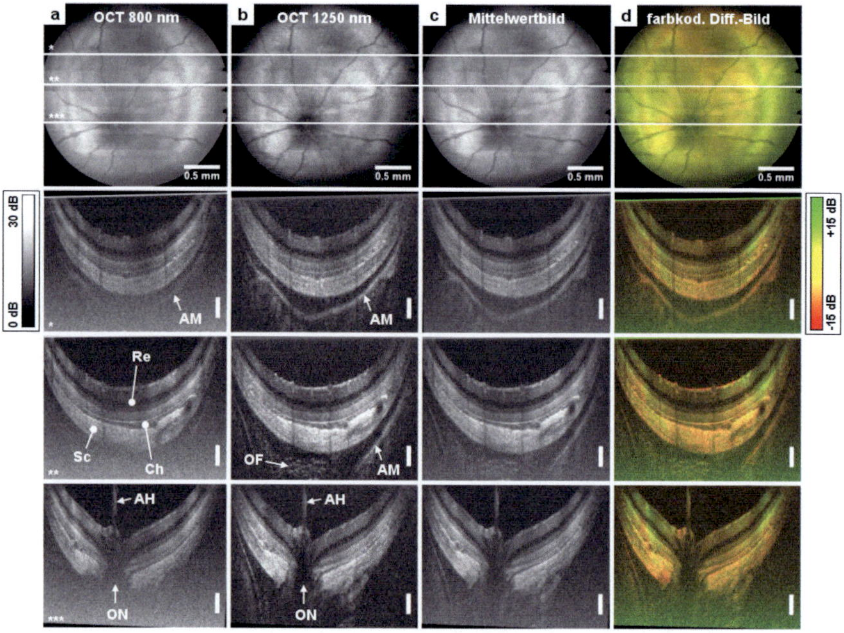

Abb. 6.6 Simultane Dualband-OCT-Bildgebung des hinteren Augenabschnittes im *in vivo* RCS-Rattenmodell mit degenerierter RPE- und Fotorezeptorschicht. OCT-Fundusbilder (obere Reihe) und repräsentative OCT-Schnittbilder in der Peripherie (*,**) und am optischen Nerv (***) für 800 nm (a) und 1250 nm (b), sowie für das Mittelwertbild (c) und das farbkodierte Differenzbild (d) beider Wellenlängenbänder (vertikale Balken: 100 µm). Die Fundusbilder wurden durch Mittelung der dreidimensionalen OCT-Daten über die Tiefe erhalten. Die Schnittbilder wurden durch Mittelung von fünf aufeinander folgenden B-Scans des Volumenstapels erhalten, und stellen eine Schnittdicke von 28 µm dar. In allen Schnittbildern ist die Struktur des hinteren Augenabschnitts bestehend aus Retina (Re), Choroidea (Ch) und Sclera (Sc) deutlich zu erkennen. Im 1250 nm-Band erscheinen zusätzlich extraokuläre Strukturen wie äußere Augenmuskeln (AM) und orbitales Fettgewebe (OF). An der Eintrittsstelle des optischen Nervs (ON) ist zudem die zurückgebildete *Arteria hyaloidea* (AH) zu erkennen, die während der Embryonalphase quer durch den Glaskörper verläuft, und die sich entwickelnde Augenlinse mit Nährstoffen versorgt. Weitere Erläuterungen im Text.

Nichtinvasives Monitoring retinaler Degenerationsprozesse

Zur Erfassung retinaler Degenerationsprozesse wurde im Rahmen einer laufenden Studie des Instituts für Anatomie die Netzhautveränderung im RCS-Rattenmodell untersucht. Die nichtinvasive Bildgebung der Retina erfolgte wie oben beschrieben mittels hochaufgelöster Dualband-OCT. Die Messungen wurden wöchentlich beginnend am postnatalen Tag (PN) 21 bis PN 50 durchgeführt. In der dritten Woche nach Geburt (PN 21) öffnen die Versuchstiere die Augen. Zu diesem Zeitpunkt ist die Netzhaut durch die noch nicht abgelaufene Lichtsignalverarbeitung noch vollständig erhalten. Durch den kontinuierlichen Lichteinfall kommt es dann innerhalb der nächsten 4 Wochen (PN 50) zu einer signifikanten Degeneration der Retina bis auf wenige Fotorezeptorreihen.

Die Ergebnisse der Untersuchung sind in Abb. 6.7 exemplarisch für eine individuelle Ratte dargestellt. Um die Vorteile beider Wellenlängenbänder zu nutzen und eine bestmögliche Bildqualität zu gewährleisten, wurden für die Darstellung nur die Mittelwertbilder verwendet. Die angezeigten OCT-Schnittbilder verlaufen in temporal-nasaler Richtung durch die Eintrittsstelle des optischen Nervs. In den Aufnahmen zeigen, dass sich sowohl die Dicke als auch die Struktur der Retina über die Zeit infolge des Degenerationsprozesses ändern.

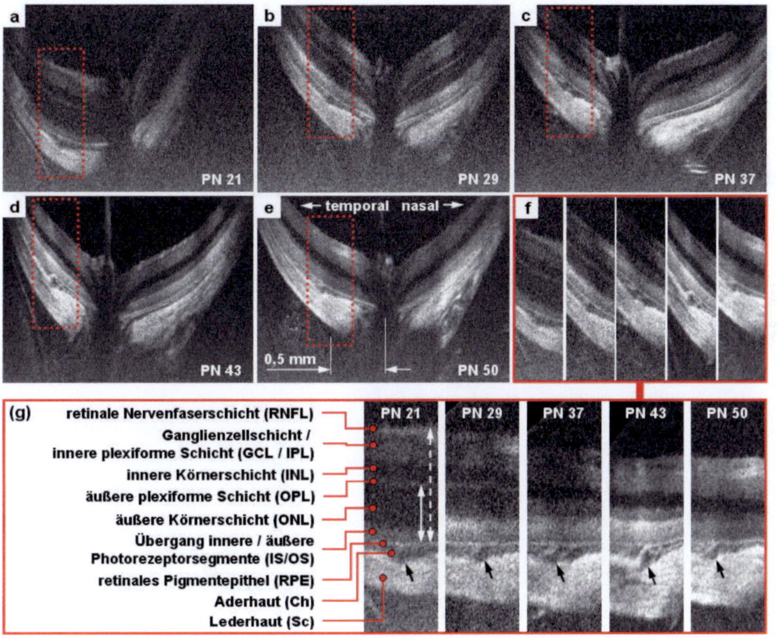

Abb. 6.7 *In vivo* Bildgebung der retinalen Degeneration in einer RCS-Ratte mittels hochauflösender OCT. Die OCT-Schnittbilder sind parallel zur Temporal-Nasal-Achse des Auges ausgerichtet und verlaufen durch die Papille des optischen Nervs. Die OCT-Scans wurden am Tag 21 (a), 29 (b), 37 (c), 43 (d) und 50 (e) nach Geburt der Tiere aufgenommen. Die Veränderung der Dicke und der Mikrostruktur der Retina über die Zeit ist klar zu erkennen. Die roten gepunkteten Vierecke repräsentieren die Areale, die genauer untersucht wurden. Die entsprechenden Schnittbilder in (f) wurden bezüglich ihrer Oberfläche nivelliert (g), was eine bessere Sichtbarkeit der Veränderung der geschichteten retinalen Mikrostruktur erlaubt. Darüber hinaus können identische Strukturen wie das choroidale Blutgefäß (Pfeil) in allen Bildern wieder gefunden werden, was auf eine gute Reproduzierbarkeit der Messung hinweist. Der durchgezogene und der gestrichelte Doppelpfeil geben die Dicke der äußeren bzw. der gesamten Retina an. Weitere Erläuterungen im Text.

Für eine detaillierte Betrachtung wurde ein Gebiet 0,5 mm entfernt vom optischen Nerv genauer untersucht. Darin ist zu erkennen, dass die signalarme äußere Körnerschicht der Retina, welche die Zellkerne der Fotorezeptoren repräsentiert, zunehmend dünner wird, und schließlich fast vollständig verschwindet. Gleichzeitig kommt es zu einer Verbreiterung des signalreicheren Übergangs zwischen inneren und äußeren Fotorezeptorsegmenten, was vermutlich auf einen zunehmenden Verlust der Gewebeordnung zurückzuführen ist. Diese beiden Prozesse stellen somit die Degeneration der Fotorezeptoren im OCT-Bild dar.

Retinales Monitoring nach intravitrealer Zelltransplantation

Im Rahmen der Studie des Instituts für Anatomie am RCS-Rattenmodell kamen mesenchymale Stammzellen (MSC) als Zelltherapeutikum zum Einsatz, um deren möglichen protektiven Einfluss auf die degenerierenden Fotorezeptoren zu untersuchen. Die Applikation der MSC-Suspension erfolgte in den Glaskörper des Auges (intravitreal), wo sie mittels OCT gut sichtbar gemacht werden konnte. Die Bildgebung der Retina sowie der im Glaskörper befindlichen, transplantierten Zellsuspension erfolgte dabei wöchentlich über einen Zeitraum von einem Monat, um sowohl den Degenerationsprozess und die Behandlungsreaktion als auch das Verhalten der transplantierten Zellen zu verfolgen und zu dokumentieren. Für die anschließende Auswertung wurde zur Darstellung der transplantierten Zellen nur das 1250 nm-Band verwendet, da die im Bereich des Glaskörpers noch nicht vollständig kompensierte Dispersion des Interferometers im langwelligen Spektralbereich weniger stark ins Gewicht fällt. Zur Darstellung der Retina und des Augenhintergrundes wurde hingegen wieder das Mittelwertbild aus beiden Bänden genutzt.

Abb. 6.8 zeigt exemplarisch die Ergebnisse der Bildgebung an einer individuellen Ratte. Darin ist zu erkennen, dass es in den Wochen nach der Zelltransplantation, die am PN 22 durchgeführt wurde, zu einer lokalen Schwellung der Retina kommt. Die in den Glaskörper eingebrachten Stammzellen lagern sich am rückwärtigen Pol der Augenlinse an, und beeinträchtigen damit zunehmend den Blick auf die darunterliegende Retina.

Mit Hilfe der erfassten, dreidimensionalen OCT-Daten konnten darüber hinaus quantitative Parameter wie die Dicke der Retina als Maß für die Netzhautdegeneration und das Volumen des transplantierten Zellclusters bestimmt werden. Um die Dicke der Retina an reproduzierbaren Positionen zu messen, wurde die Eintrittsstelle des optischen Nervs als Landmarke benutzt. Um diese Landmarke wurde eine Zylindermantelfläche mit einem Radius von 0,6 mm aus den 3D-Daten extrahiert, welche abgerollt ein 360°-Schnittbild der Retina in einem definierten Abstand zum optischen Nerv zeigt.

Aufgrund der vorgenommenen Ausrichtung des Messkopfes zum Auge (vgl. Abschnitt 6.1.2) können dem 360°-Schnittbild zudem die Sektorenbezeichnungen der Retina (*nasal, superior, temporal und inferior*) zugeordnet werden. In den so entstandenen Bildern wurde sowohl die Dicke der gesamten Retina als auch die Dicke der äußeren Retina von der äußeren plexiformen Schicht (outer plexiform layer – OPL) bis zum RPE manuell vermessen. Die Ermittlung des Zellclustervolumens erfolgte hingegen semiautomatisch mit Hilfe einer Schwellwertsegmentierung in jedem B-Scan. Die Bestimmung der quantitativen Parameter Retinadicke und Zellclustervolumen sowie die Messdaten, die aus insgesamt 7 Kontroll- und 4 zelltransplantierten Augen gewonnen wurden, sind in Abb. 6.9 und Abb. 6.10 dargestellt.

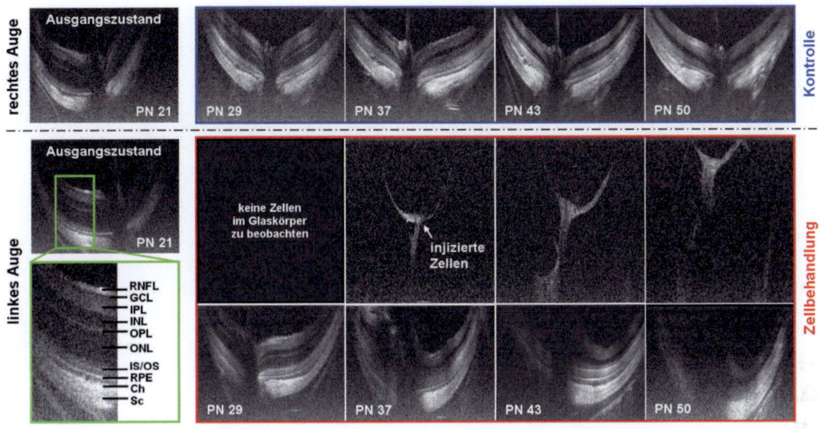

Abb. 6.8 Nichtinvasives Monitoring der Retina und der in den Glaskörper injizierten mesenchymalen Stammzellen bei einer individuellen RCS-Ratte mittels hochauflösender OCT. Die Bildgebung erfolgte wöchentlich beginnend vom Tag 21 nach der Geburt (Ausgangszustand) bis zum Tag 50. Die Applikation der Stammzellen erfolgte am Tag 22. Die Detailansicht zeigt die retinale Mikrostruktur (vgl. Abb. 6.7(g)). Die Dicke der ONL, welche die Zellkerne der Fotorezeptoren repräsentiert, nimmt aufgrund des Degenerationsprozesses stetig ab. In der zellbehandelten Gruppe kommt es zu einer lokalen Schwellung der Retina. Die applizierten Stammzellen sind im Glaskörper als stark streuende Strukturen zu erkennen. Sie lagern sich am rückwärtigen Pol der Augenlinse an, wodurch die Bildgebung der darunterliegenden Retina zunehmend erschwert wird. In dem gewählten Beispiel waren im Gegensatz zu anderen Tieren der Studie am PN 29 keine Zellen im Glaskörper zu beobachten, vermutlich da sich die suspendierten Einzelzellen noch nicht genügend akkumuliert hatten.

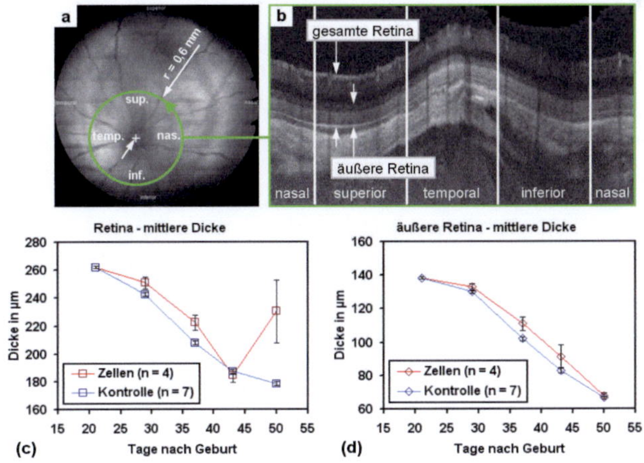

Abb. 6.9 Analyse der retinalen Dicke. Oben: Aus den aufgenommenen 3D-Daten des Augenhintergrundes repräsentiert durch das OCT-Fundusbild (a) wird eine Zylindermantelfläche mit einem Radius von $r = 0{,}6$ mm um den optischen Nerv extrahiert. Das entstehende 360°-Schnittbild (b), gemittelt über neun benachbarte Zylindermantelflächen, gibt dann die retinale Mikrostruktur in einem definierten Abstand zum Sehnerv wieder. In dieser Darstellung sind auch die oberflächlichen retinalen Blutgefäße mit den charakteristischen Schatten gut zu erkennen. Anhand des 360°-Schnittbildes wird anschließend die Dicke der äußeren Retina (OPL - RPE) und der gesamten Retina gemessen. Unten: Zeitlicher Verlauf der mittleren Dicke der gesamten (c) und äußeren Retina (d) für die zellbehandelte Gruppe und die Kontrollgruppe (Fehlerindikatoren zeigen den Standardfehler).

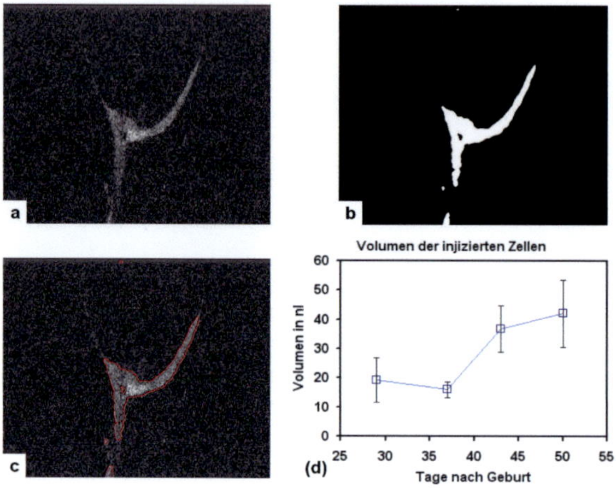

Abb. 6.10 Quantifizierung des Zellclustervolumens der in den Glaskörper eingebrachten Stammzellen mit Hilfe einer semiautomatischen Schwellwertsegmentierung. (a) OCT-Schnittbild (1250 nm) des Zellclusters am hinteren Pol der Augenlinse. (b) Segmentierte Fläche des Zellclusters nach vorangegangener Glättung des Bildes mittels Gauß-Filter (Sigma = 3 Pixel). Der Schwellwert für die Segmentierung wurde empirisch gefunden und für alle B-Scans des Volumenstapels beibehalten. (c) Ursprüngliches Schnittbild mit überlagerter Kontur der segmentierten Zellclusterfläche (rote Linie). (d) Mittleres Zellclustervolumen alle behandelten Augen (n = 4, Fehlerindikatoren zeigen den Standardfehler).

Die Daten in Abb. 6.9(c,d) zeigen, dass es in den Kontrollaugen über den Beobachtungszeitraum zu einer Verringerung der retinalen Dicke um ca. 80 µm kommt. Dies gilt gleichsam für die äußere Retina als auch für die gesamte Retina. Die innere Retina ist folglich nicht durch den Degenerationsprozess betroffen. Dem gegenüber kommt es in den behandelten Augen zeitweise zu einer geringeren Abnahme der mittleren Netzhautdicke, d. h. der Degenerationsprozess scheint durch die Injektion der Stammzellen in den Glaskörper vorübergehend verlangsamt zu werden. Gleichzeitig indiziert die in Abb. 6.10(d) dargestellte Volumenzunahme des Zellclusters im Glaskörper eine Proliferation der Stammzellen.

Die aus der *in vivo* Bildgebung gewonnenen Ergebnisse dieser Studie lassen sich somit wie folgt zusammenfassen:

1.) Der Degenerationsprozess der Fotorezeptoren im RCS-Rattenmodell lässt sich mittels nichtinvasiver OCT *in vivo* nachverfolgen und ist gekennzeichnet durch die Dickenabnahme individueller retinaler Schichten sowie der gesamten Retina.

2.) Ins Auge eingebrachte Zelltherapeutika erscheinen als streuende Strukturen im OCT-Bild und können vor einem optisch transparenten Hintergrund wie dem Glaskörper gut abgegrenzt werden.

3.) Durch intravitreale Transplantation mesenchymaler Stammzellen kann die Fotorezeptordegeneration im RCS-Rattenmodell scheinbar vorübergehend verlangsamt werden. Die applizierten Zellen lagern sich im Glaskörper am rückwärtigen Pol der Augenlinse an. Gleichzeitiges Zellwachstum erschwert dabei zunehmend den Blick auf die Retina. Aufgrund einer lokalen Schwellung der Retina, die stets unterhalb der an der Linse befindlichen Zellakkumulation auftritt, können die Schichtdickenmessungen der Retina als Maß für den Grad der Degeneration verfälscht sein. Eine Klärung der Schwellungsursache steht noch aus.

Die Ergebnisse dieses Projekts waren für die Bewertung der vom Institut für Anatomie durchgeführten Studie zur retinalen Neuroprotektion mit Hilfe mesenchymaler Stammzellen sehr hilfreich. Gleichzeitig lieferten die in diesem Projekt gewonnenen Erkenntnisse den Ausgangspunkt für weitere gemeinsame Projekte der AG Klinisches Sensoring und Monitoring mit dem Institut für Anatomie sowie dem CRTD in den Forschungsbereichen retinale De- und Regeneration.

6.1.4 Bildgebung der Retina in anderen Spezies

Das ursprünglich für das Rattenauge angepasste Dualband-OCT-System konnte infolge der Nachfrage der biomedizinischen Kooperationspartner nach einer hochaufgelösten, nichtinvasiven Bildgebung in späteren Studien auch für die Untersuchung der Retina im *in vivo* Maus- und Zebrafischmodell angewendet werden. Die Tierversuche am Mausmodell, die durch die Labore von Dr. M. Ader (CRTD), Dr. M. Karl (CRTD) und Dr. D. Wittig (AG *Mesentech*, Institut für Anatomie) durchgeführt wurden, wurden der Landesdirektion Dresden ordnungsgemäß angezeigt und unter dem Az.: 24-9168.11-1/2013-13 genehmigt. Die Tierversuche an Zebrafischen wurden durch Anke Weber, Labor von Prof. M. Brand (CRTD) durchgeführt, der Landesdirektion Dresden ordnungsgemäß angezeigt und diesem Labor unter dem Az.: 24D-9168.11-1/2008-4 genehmigt.
Die Bildgebung im Mausmodell erfolgt analog zu dem oben beschriebenen Verfahren mit der auf die Cornea aufgebrachten Kontaktlinse bestehend aus Mikroskopdeckgläschen und Kontaktglasflüssigkeit. Das Mausauge unterscheidet sich vom Rattenauge hauptsächlich in der Größe, mit einem linearen Skalierungsfaktor von ca. 2 [161]. Für die Dispersionskompensation des Mausauges wurde daher nur die Hälfte der optischen Weglänge des oben beschriebenen *Schematic rat eye* berücksichtigt.
Für die Bildgebung des Zebrafisches unter Wasser kam ein besonderes Protokoll zum Einsatz, welches von Frau Anke Weber aus der Arbeitsgruppe von Prof. M. Brand (Patterning and Regeneration of the Vertebrate Brain, CRTD) entwickelt wurde. Dabei wurden die Tiere durch 0,024 % Tricain im Systemwasser narkotisiert und aufrecht in einem wassergefüllten Zellkulturbehälter positioniert. Die Flanke des Fisches wurde an der Behälterwandung mittels eines weichen Schwamms stabilisiert. Die Bildgebung der Retina erfolgte dann durch die transparente Wand des Zellkulturbehälters, welche eine Dicke von ca. 1 mm aufwies. Das distale Ende des Augenapplikators wurde dazu senkrecht zur Behälterwand positioniert und der OCT-Probenstrahl mit Hilfe einer 3-Achsen-Verschiebeeinheit auf die Pupille des Auges ausgerichtet. Die gesamte Ausrichtungs- und Datenerfassungsprozedur dauerte ca. 2 bis 5 Minuten. Danach wurde der Fisch zur Aufhebung des Narkosezustandes wieder zurück in frisches Wasser gesetzt.

Da sich das Auge des Zebrafisches während der Bildgebung unmittelbar hinter der Behälterwand befindet, dient diese in Kombination mit dem Umgebungsmedium Wasser als Kontaktlinse in Analogie zu dem oben beschriebenen Verfahren für das Ratten- bzw. Mausauge. Der benötigte Dispersionsausgleich für das Zebrafischauge und die Wand des Zellkulturbehälters wurde empirisch ermittelt. Anhand der verfügbaren Daten über das Zebrafischauge wurde der Durchmesser der Linse mit 0,96 mm [162] und deren Brennweite mit $f = 1{,}06$ mm angenommen [163]. Der Abstand zwischen dem rückwärtigen Pol der Linse und dem retinalen Pigmentepithel wurde beim narkotisierten und im Zellkulturbehälter gelagerten Zebrafisch mittels OCT auf 0,4 mm bestimmt. Folglich ergibt sich eine Gegenstandsweite von der Mitte der Augenlinse bis zur äußeren Retina von $g = 0{,}9$ mm. Mit Hilfe der Umformung der Linsengleichung

$$\frac{1}{b}+\frac{1}{g}=\frac{1}{f}, \tag{6.5}$$

$$b=\left(\frac{1}{f}-\frac{1}{g}\right)^{-1}, \tag{6.6}$$

$$A=\frac{b}{g}=\left[\left(\frac{1}{f}-\frac{1}{g}\right)\cdot g\right]^{-1}=\left(\frac{g}{f}-1\right)^{-1}, \tag{6.7}$$

kann dann über die Bildweite b der Abbildungsmaßstab A (Vergrößerung) auf ca. -6,6 abgeschätzt werden, wobei das negative Vorzeichen die Erzeugung eines virtuellen Zwischenbildes indiziert. In Verbindung mit der Vergrößerung der Vorsatzoptik des Augenapplikators von 1,52 ergibt sich für die Abbildung der Zebrafischnetzhaut dann eine Gesamtvergrößerung von ca. 10 gegenüber der telezentrischen Bildgebung mit dem Standardmesskopf.

Die retinale Bildgebung in den unterschiedlichen Tiermodellen ist in Abb. 6.11 exemplarisch dargestellt. Darin ist zu erkennen, dass die Retina in der RCS-Ratte, der Maus und im Zebrafisch mit Hilfe des verwendeten OCT-Aufbaus gut abgebildet werden kann, und dass die einzelnen retinalen Schichten zwischen den Tiermodellen vergleichbar sind. Für die Bildgebung wurden der Dispersionsausgleich im Referenzarm und die Schrittweite der Galvanometerscanner entsprechend der jeweiligen Augengröße angepasst. Die resultierenden Parameter sind in Tabelle 6.1 aufgeführt.

Tabelle 6.1 Dispersionsausgleich und Gesichtsfeld am Augenapplikator

Probe	Augenlänge	Dispersionsausgleich	Vergrößerung*	typ. Gesichtsfeld
Retina Ratte (mit Kontaktlinse)	ca. 6 mm	22,7 mm N-BK7	4,0	25° × 25°
Retina Maus (mit Kontaktlinse)	ca. 3 mm	19,9 mm N-BK7	4,2	22° × 22°
Retina Zebrafisch (mit Zellkulturbehälter)	ca. 1,8 mm	21 mm N-BK7**	ca. 10	ca. 8° × 8°
Luft	-	16,9 mm N-BK7	1,52	55° × 55°

* durch Vorsatzoptik und Auge im Vergleich zum Standardmesskopf, ** empirisch ermittelter Wert

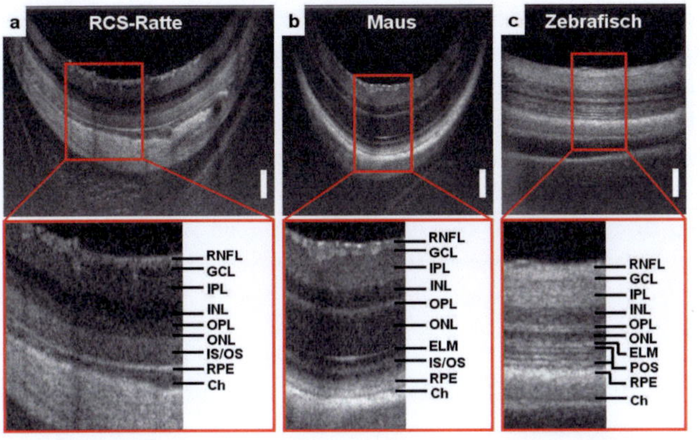

Abb. 6.11 Nichtinvasive Bildgebung der Retina mittels hochaufgelöster Dualband-OCT in verschiedenen Kleintiermodellen *in vivo*: RCS-Ratte mit beeinträchtigtem retinalen Pigmentepithel und sekundärem Verlust der Fotorezeptoren, (b) Maus (Wildtyp) mit gesunder Retina und (c) Zebrafisch (Wildtyp) mit gesunder Retina (vertikale Balken: 100 µm). Abkürzungen der retinalen Mikrostruktur (Detailansicht in den roten Kästen): RNFL – retinal nerve fiber layer, GCL – ganglion cell layer, IPL – inner plexiform layer, INL – inner nuclear layer, OPL – outer plexiform layer, ONL – outer nuclear layer, ELM – external limiting membrane, IS/OS – inner / outer photoreceptor segment junction, POS – photoreceptor outer segments, RPE – retinal pigment epithelium, Ch – choroid. Die dargestellten OCT-Schnittbilder entsprechen den Mittelwertbildern aus dem 800 nm- und 1250 nm-Band. Weitere Erläuterungen im Text.

Retinales Monitoring im *in vivo* Mausmodell

Das Mausmodell bietet aufgrund der Vielzahl an verfügbaren Geno- und Phenotypen umfangreiche Untersuchungsmöglichkeiten zur Erforschung spezifischer retinaler Degenerationsprozesse und neuartiger Therapieansätze. So wird in der Arbeitsgruppe von Dr. M. Ader (Retinal Regeneration, CRTD) derzeit die Möglichkeit einer zellbasierten Behandlungsmethode für die Therapie von Netzhautdegenerationen untersucht. Dabei werden Techniken entwickelt, die es ermöglichen, angereicherte Suspensionen junger Fotorezeptoren oder RPE-Zellen in die Netzhäute von erwachsenen Empfängertieren zu transplantieren. Einige dieser Spenderzellen migrieren dann in die Fotorezeptor- bzw. RPE-Schicht der Empfänger und entwickeln sich zu reifen Fotorezeptoren [164;165] bzw. RPE-Zellen. Ebenfalls sind in der AG Ader mehrere Modellsysteme etabliert worden, die zu einem definierten Absterben der Fotorezeptoren führen, um so die therapeutische Effektivität der Zelltransplantation untersuchen zu können. Dabei handelt es sich unter anderem um eine Mauslinie, die ein genetisch bedingtes Defizit des Sehpigments Rhodopsin aufweist ($Rho^{-/-}$-Maus). Diese Linie zeigt eine fortschreitende Degeneration der Fotorezeptoren und dient als Modell für eine rezessiv vererbte Form der *Retinitis pigmentosa* [166] – einer schweren Augenerkrankung beim Menschen. In diesem Zusammenhang konnte in Kooperation zwischen den Arbeitsgruppen von Dr. M. Ader (Retinal Regeneration, CRTD) und Dr. M. Karl (Retinal Development and Regeneration, CRTD), dem Institut für Anatomie und der Abteilung Klinisches Sensoring und Monitoring das entwickelte Dualband-OCT-System auch für die nichtinvasive Untersuchung der Netzhautdegeneration im *in vivo* Mausmodell eingesetzt werden.

In Abb. 6.12 sind exemplarisch die Ergebnisse der OCT-Bildgebung an einer $Rho^{-/-}$-Maus dargestellt, die ab einem Alter von 3 Wochen wöchentlich über einen Zeitraum von 6 Wochen untersucht wurde. Es ist zu erkennen, dass dieses Degenerationsmodell durch eine kontinuierliche Rückbildung der äußeren Körnerschicht (ONL) gekennzeichnet ist, welche die Zellkerne der Fotorezeptoren repräsentiert. Im Alter von 9 Wochen hat sich diese Schicht weitgehend zurückgebildet, sodass von einem nahezu vollständigen Verlust der Fotorezeptoren zu diesem Zeitpunkt ausgegangen werden kann. Ebenfalls ist zu beachten, dass im Vergleich zur gesunden Retina (vgl. Abb. 6.11(b)) selbst zu Beginn der Beobachtungsperiode im Alter von 3 Wochen keine IS/OS-Schicht vorhanden ist, was darauf hindeutet, dass die retinale Degeneration im $Rho^{-/-}$-Modell bereits zu diesem frühen Zeitpunkt begonnen hat.

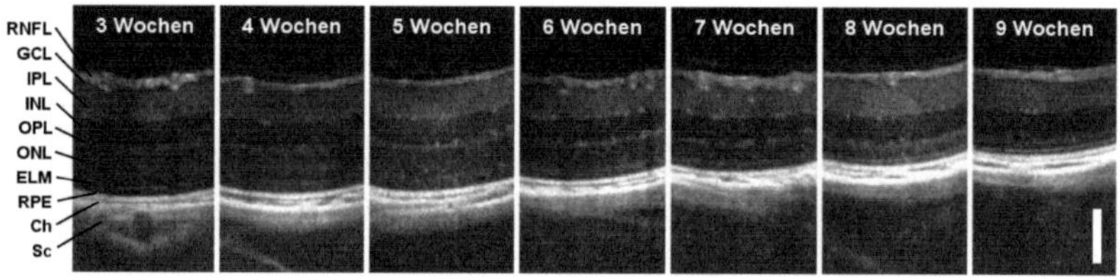

Abb. 6.12 Nichtinvasive Bildgebung der retinalen Degeneration im $Rho^{-/-}$-Mausmodell. Die dargestellten OCT-Schnittbilder wurden jeweils im rechten Auge einer individuellen Maus zu unterschiedlichen Zeitpunkten (Alter in Wochen) erfasst. Die Schnittbilder wurden durch Mittelung von neun benachbarten B-Scans erhalten. Die dargestellten Daten des Dualband-OCT-Systems entsprechen den Mittelwertbildern aus beiden Spektralbereichen (vertikaler Balken: 100 µm).

Retinales Monitoring im *in vivo* Zebrafishmodell

Der Zebrafisch ist aufgrund seiner Fähigkeit neuronales Gewebe einschließlich der Retina regenerieren zu können – ein Phänomen, das bei Säugetieren und Menschen nicht beobachtet werden kann – ein sehr interessantes Tiermodell zur Erforschung körpereigener Regenerationsmechanismen. So untersucht die Arbeitsgruppe unter Leitung von Prof. M. Brand (Patterning and Regeneration of the Vertebrate Brain, CRTD) derzeit die Mechanismen, die der Entwicklung und der Regeneration des zentralen Nervensystems in Wirbeltieren zugrunde liegen. Dazu wird beispielsweise der Frage nachgegangen, welche Rolle neuronale Stammzellen im adulten Gehirn während der Initiierung und Aufrechterhaltung homöostatischer Prozesse sowie der Regeneration von Nervengewebe spielen. Für diese Studien ist der Zebrafisch aufgrund seiner eindrucksvollen Regenerationsfähigkeit in Verbindung mit der fortgeschrittenen genetischen Manipulierbarkeit und dem molekularbiologischen Verständnis dieser Spezies ein besonders gut geeignetes Tiermodell. So wurden Techniken entwickelt, die es ermöglichen die Fotorezeptoren durch gezielte Lichtexposition [167] oder genetische Manipulation [168] zu schädigen, und anschließend die Regeneration der Retina als Teil des zentralen Nervensystems zu untersuchen. Zu diesem Zweck konnte in Zusammenarbeit zwischen der AG Brand und der Abteilung Klinisches Sensoring und Monitoring das entwickelte Dualband-OCT-System bereits ebenfalls für die *in vivo* Bildgebung der Netzhaut in adulten

Zebrafischen eingesetzt werden. In Abb. 6.13 sind die Ergebnisse der OCT-Bildgebung an einem adulten Zebrafisch vor (Kontrolle) und mehrere Tage nach einem induzierten Lichtschaden der Fotorezeptoren dargestellt. Darin ist zu erkennen, dass die Struktur der Fotorezeptoraußensegmente (POS) in den ersten Tagen nach der Läsion verloren geht und die Dicke der ONL analog zum $Rho^{-/-}$-Mausmodell (vgl. Abb. 6.12) abnimmt. Im Vergleich dazu sind nach 14 Tagen bereits wieder Außensegmente der Fotorezeptoren zu erkennen. Nach 28 Tagen ist die ursprüngliche Struktur der Retina dann nahezu wiederhergestellt – die Regeneration somit im Wesentlichen abgeschlossen.

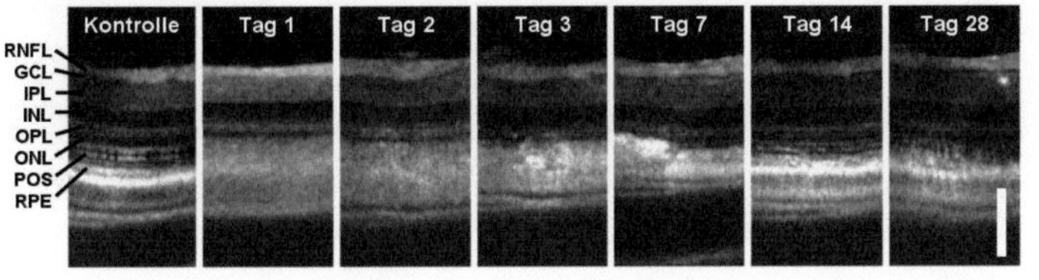

Abb. 6.13 Nichtinvasive Bildgebung der Retina in einem individuellen Zebrafisch vor (Kontrolle) und mehrere Tage nach einem induzierten Lichtschaden der Fotorezeptoren (Abkürzungen: vgl. Abb. 6.11(c)). Die Schnittbilder wurden durch Mittelung von neun benachbarten B-Scans erhalten. Die dargestellten Daten des Dualband-OCT-Systems entsprechen den Mittelwertbildern aus beiden Bändern (vertikaler Balken: 100 μm).

6.1.5 Erweiterte Bildgebung der Retina

Interpretation und Vergleich der Bildgebung mit hoher und konventioneller Auflösung

Bei der Interpretation der geschichteten Strukturen, die sich mittels OCT von der Retina abbilden lassen, werden häufig histologische Schnittbilder zugrunde gelegt, obwohl die Kontrastmechanismen für OCT (Rückstreuung an Grenzflächen mit unterschiedlichem Brechungsindex) und Histologie (Anfärben der Gewebeschnitte mit spezifischen Farbstoffen) völlig verschieden sind. Dennoch besteht ein gewisser Zusammenhang zwischen den Schnittbildern der OCT und der Histologie, sodass die OCT aufgrund des berührungsfreien Charakters der Bildgebung auch als optische Biopsie bezeichnet wird [2;169]. In Abb. 6.14 sind typische OCT-Schnittbilder der gesunden Retina einer Wildtyp-Maus mit der gegenwärtig allgemein anerkannten Bezeichnung der sichtbaren retinalen Schichten [147;149;150;170] dargestellt. Diese wurden zum einen mit dem entwickelten Dualband-OCT-System aufgenommen, zum anderen mit einem konventionellen OCT-System der AG Klinisches Sensoring und Monitoring. Das konventionelle spektrometerbasierte OCT-System nutzt als Lichtquelle eine SLD (SLD 371 MP, Superlumdiodes Ltd., Russland) mit einer Zentralwellenlänge von 845 nm und einer spektralen Halbwertsbreite von 50 nm [50], und besitzt ein axiales Auflösungsvermögen von ca. 10 μm in Luft. Anhand des Vergleichs beider Aufnahmen wird deutlich, dass für eine genügend gute Abbildung der einzelnen retinalen Schichten, sowie ihrer möglichen Veränderung im Zuge einer Netzhautdegeneration eine hochauflösende OCT-Bildgebung im Kleintiermodell klar zu bevorzugen ist.

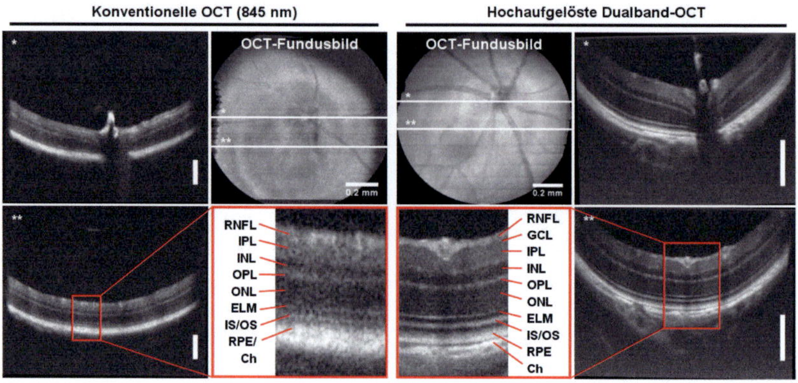

Abb. 6.14 Nichtinvasive Bildgebung der gesunden Retina im *in vivo* Mausmodell mittels konventioneller OCT (links) und hochaufgelöster Dualband-OCT (rechts). Das axiale Auflösungsvermögen des Dualband-OCT-Systems ist näherungsweise doppelt so hoch wie das des konventionellen OCT-Systems (vertikale Balken: 200 µm), was zu einer detailreicheren Abbildung der retinalen Mikrostruktur (rote Kästen) führt (Abkürzungen: vgl. Abb. 6.11(b)). Die Schnittbilder wurden durch Mittelung von neun benachbarten B-Scans erhalten. Die dargestellten Daten des Dualband-OCT-Systems entsprechen den Mittelwertbildern aus beiden Spektralbereichen. Die Bildgebung mit beiden OCT-Systemen erfolgte in zwei unterschiedlichen Mäusen mit identischem genetischen Hintergrund (Nrl-GFP-Maus [171]). Weitere Erläuterungen im Text.

Doppler-Bildgebung des retinalen Blutflusses

Neben der strukturellen Bildgebung der Retina und des Augenhintergrundes ist auch die funktionelle Bildgebung des retinalen Blutflusses von großem biomedizinischen Interesse. Das retinale Gefäßsystem wird oft als Fenster zum gesamten Herzkreislaufsystem betrachtet, welches exemplarisch Informationen zu Veränderungen der Gefäßmorphologie und -funktion liefert. Da retinale, zerebrale und koronare Blutgefäße zudem ähnliche Merkmale hinsichtlich Anatomie und Physiologie aufweisen, ist die Funduskopie seit langem eine klinische Routineuntersuchung bei Bluthochdruck- oder Stoffwechselstörungen, welche zu einer systemischen Erkrankung kleiner Blutgefäße führen können [172]. Zur Kontrasterhöhung der Blutgefäße kommt darüber hinaus die Fluoreszenzangiografie in Verbindung mit den systemisch injizierten Farbstoffen Fluorescein oder ICG zum Einsatz [116]. An dieser Stelle ermöglicht die Doppler-OCT, wie bereits in Abschnitt 2.3.3 erwähnt, eine alternative, kontrastmittelfreie, optische Angiografie auf Basis der intrinsischen Bewegung der roten Blutzellen in den Gefäßen.

Wie in Abb. 6.15 dargestellt, lassen sich am Augenhintergrund der Maus drei verschiedene Gefäßtypen identifizieren. Dabei handelt es sich um die großen retinalen Blutgefäße an der Oberfläche der Netzhaut, die kleinen intraretinalen Gefäße in der inneren und äußeren plexiformen Schicht (IPL und OPL), sowie die choriodalen Blutgefäße unterhalb des RPE. Anhand der Doppler-Bildgebung in Abb. 6.16(b,c) ist jedoch zu erkennen, dass ein ausreichend hohes Doppler-Signal nur in den großen oberflächennahen Netzhautgefäßen mit einem Durchmesser von ca. 25 µm auftritt. In den kleinen intraretinalen Gefäßen mit einem Durchmesser von ca. 5 µm ist hingegen weder im 800 nm- noch im 1250 nm-Band ein Doppler-Signal detektierbar. Mögliche Ursachen hierfür könnten ein zu geringer Blutfluss oder das kleine Gefäßlumen mit einer zu geringen Anzahl an auflösbaren Streuzentren (roten Blutzellen) sein. In den choroidalen Blutgefäßen tritt darüber hinaus gar kein OCT-Signal, und somit auch kein Doppler-Signal auf, was vermutlich auf einen vollständigen *Fringe washout* infolge der starken Durchblutung der Aderhaut und der damit verbundenen hohen Blutflussgeschwindigkeit zurückzuführen ist.

Zur Verbesserung der Gefäßdarstellung kann die Phaseninformation beider Spektralbereiche zusätzlich gemittelt werden. Da die Phasenverschiebungen je nach Strömungsgeschwindigkeit aufgrund der verschiedenen Zentralwellenlängen ein unterschiedliches Vorzeichen aufweisen können, wurde der quadratische Mittelwert (Effektivwert) gemäß der Form

$$\Delta\varphi_{eff} = \sqrt{\frac{{\Delta\varphi_{800\,\mathrm{nm}}}^2 + {\Delta\varphi_{1250\,\mathrm{nm}}}^2}{2}} \tag{6.8}$$

verwendet, wobei $\Delta\varphi_{800\,\mathrm{nm}}$ und $\Delta\varphi_{1250\,\mathrm{nm}}$ die jeweilige Phasenverschiebung im 800 nm- und 1250 nm-Band darstellen. Durch diese Operation geht die Richtungsinformation und der lineare Zusammenhang zwischen Phasenverschiebung und axialer Geschwindigkeitskomponente verloren. Daher eignet sich diese Methode vorrangig zur qualitativen Visualisierung bewegter Streuzentren und weniger zur quantitativen Bestimmung der Flussgeschwindigkeit. Die Ergebnisse der Mittelung sind in Abb. 6.16(d-g) dargestellt. Auch hier ist der Blutfluss nur in den großen retinalen Gefäßen zu erkennen.

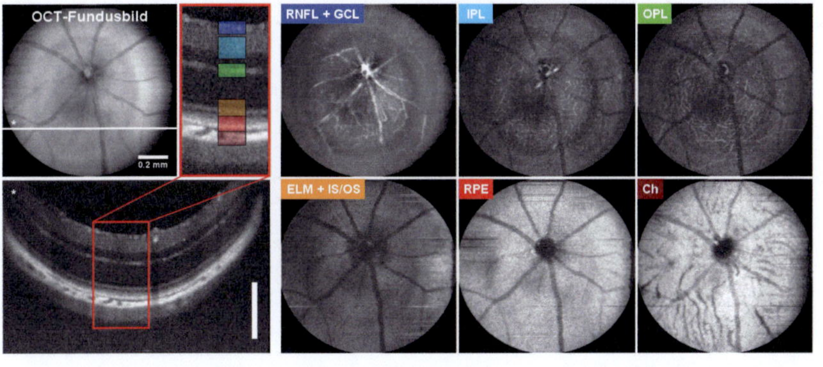

Abb. 6.15 Nichtinvasive Bildgebung der gesunden Retina im *in vivo* Mausmodell (Nrl-GFP-Maus [171]) mittels hochaufgelöster Dualband-OCT. Links: OCT-Fundus- und repräsentatives OCT-Schnittbild (vertikaler Balken: 200 µm) sowie Detaildarstellung der retinalen Mikrostruktur (roter Kasten). Die farbigen Rechtecke markieren die Tiefenbereiche der rechts dargestellten Fundusbilder. Die Schnittbilder wurden durch Mittelung von neun benachbarten B-Scans erhalten. Rechts: Tiefenaufgelöste OCT-Fundusbilder der retinalen Schichten (Abkürzungen: vgl. Abb. 6.11(b)). Die Fundusbilder wurden durch eine Nivellierung der einzelnen A-Scans bezüglich der signalreichen RPE-/Choroid-Schicht und anschließender Maximum Intensity Projection über einen ausgewählten Tiefenbereich erhalten. Die dargestellten Daten des Dualband-OCT-Systems entsprechen den Mittelwertbildern aus beiden Spektralbereichen. Retinale bzw. choroidale Blutgefäße sind innerhalb der RNFL-, IPL-, OPL- und Ch-Schicht zu erkennen. Die in allen Tiefen außer der RNFL-Schicht identisch auftretenden signalarmen Strukturen kommen durch den Schatten der großen Blutgefäße an der Netzhautoberfläche zustande.

Schlussfolgernd ist die Gefäßdarstellung des Augenhintergrundes im *in vivo* Mausmodell mittels Doppler-OCT gegenwärtig auf die großen retinalen Gefäße begrenzt. Durch eine schnellere Bildgebung in Verbindung mit kürzeren Belichtungszeiten der Zeilenkameras bzw. eine Erhöhung des lateralen Auflösungsvermögens beispielsweise durch den Einsatz adaptiver Optik könnte die Doppler-Bildgebung der choroidalen und intraretinalen Blutgefäße jedoch verbessert werden.

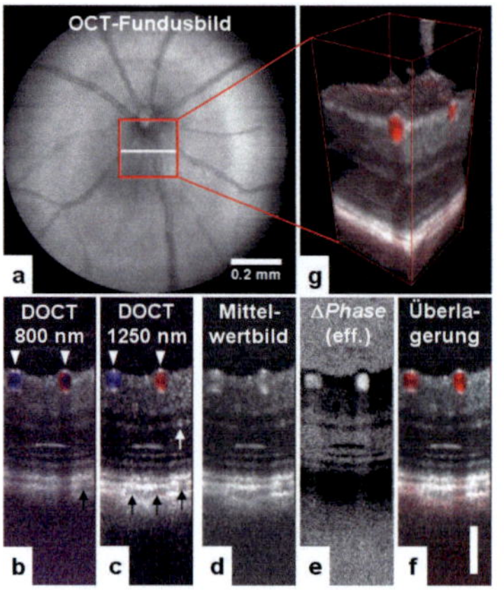

Abb. 6.16 Nichtinvasive Doppler-OCT des retinalen Blutflusses im *in vivo* Mausmodell. Die Bildgebung erfolgte in derselben Maus wie in Abb. 5.15. Zur Gewährleistung einer ausreichend großen Phasenkorrelation wurde im Vergleich zu den in Abb. 5.15 dargestellten strukturellen Daten eine fünffache transversale Überabtastung gewählt, sodass sich der Messbereich auf dem Augenhintergrund um den Faktor 5 reduziert. (a) OCT-Fundusbild entsprechend Abb. 5.15. Das rote Rechteck markiert den für die Doppler-Bildgebung abgetasteten Bereich. Die weiße Linie repräsentiert die Position der Schnittbilder in (b-f). (b,c) Doppler-OCT-Schnittbilder für das 800 nm- und 1250 nm-Band. Ein Doppler-Signal ist nur in den oberflächlichen retinalen Gefäßen (Dreiecke) zu erkennen. In den intraretinalen Gefäßen (weiße Pfeile) sowie den choroidalen Gefäßen (schwarze Pfeile) ist kein Doppler-Signal detektierbar. (d) Mittelwertbild und (e) quadratischer Mittelwert der Phasenverschiebung (Effektivwert) beider Wellenlängenbänder. (f) Überlagertes Bild aus (d) und (e) (Grau: Mittelwertbild, Rot: quadratischer Mittelwert der Phasenverschiebung) mit verbesserter Bildqualität gegenüber (b) und (c). (g) 3D-Darstellung der Daten aus (d). Alle Schnittbilder wurden durch Mittelung von neun benachbarten B-Scans erhalten (vertikaler Balken: 100 µm). Weitere Erläuterungen im Text.

Quantitativer Vergleich der retinalen Bildgebung bei 800 nm und 1250 nm

Für die Bewertung der Gewebeinformationen, die im 800 nm- und 1250 nm-Band mit Hilfe des Dualband-OCT-Systems gewonnen werden können, soll ein quantitativer Vergleich der Rückstreuintensitäten zwischen einzelnen Gewebetypen angestellt werden. Die im Bereich der OCT-Bildgebung sehr häufig untersuchte Retina stellt aufgrund ihrer Beschaffenheit aus mehreren horizontalen Zellverbandschichten ein besonders geeignetes Untersuchungsobjekt für diese Messung dar. Daher wurden für die folgende Analyse die Dualband-OCT-Daten einer gesunden Mausnetzhaut zugrunde gelegt, welche in Abb. 6.17 dargestellt sind. Die mittlere Rückstreuintensität der einzelnen retinalen Schichten wurde anschließend innerhalb entsprechender *Regions of interest* (ROI) in den OCT-Schnittbildern erfasst. Die Ergebnisse dieser Messung sind in Abb. 6.18 aufgetragen.

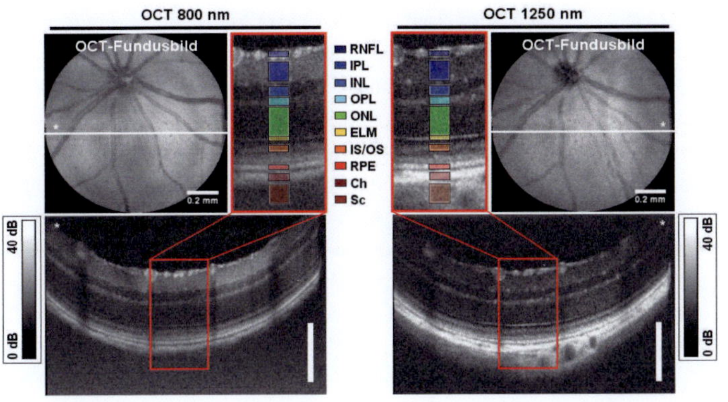

Abb. 6.17 Nichtinvasive Bildgebung der gesunden Retina im *in vivo* Mausmodell (C57BL/6-Maus) mittels simultaner Dualband-OCT im 800 nm-Band (links) und 1250 nm-Band (rechts). Die dargestellten OCT-Schnittbilder (vertikale Balken: 200 µm) sowie die Detailansichten der retinalen Mikrostruktur (rote Kästen) wurden durch Mittelung von neun benachbarten B-Scans erhalten. Die farbigen Rechtecke markieren die ROI, in denen die mittlere Rückstreuintensität der einzelnen retinalen Schichten ermittelt wurde (Abkürzungen: vgl. Abb. 6.11(b). Weitere Erläuterungen im Text.

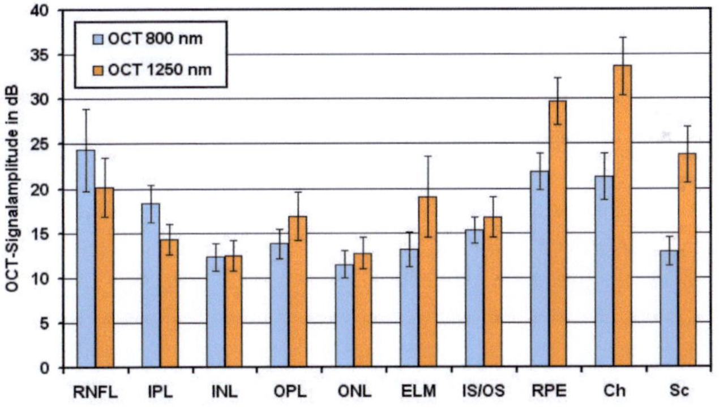

Abb. 6.18 Ermittelte Rückstreuintensitäten der retinalen Schichten der Mausnetzhaut aus Abb. 6.17 für das 800 nm- und 1250 nm-Band. Die Messwerte entsprechen der gemittelten Rückstreuintensität über die jeweilige ROI (vgl. farbige Rechtecke in Abb. 6.17). Die Fehlerbalken geben die Standardabweichung an. Weitere Erläuterungen im Text.

Anhand der Messergebnisse wird deutlich, dass signifikante Unterschiede im Rückstreuvermögen der Retina zwischen dem 800 nm- und dem 1250 nm-Band nur in den tieferen Schichten RPE, Choroidea und Sclera zu finden sind. Die vorgelagerten retinalen Schichten weisen ein nahezu identisches Rückstreuvermögen auf, oder die auftretenden geringen spektralen Unterschiede können aufgrund des Farbfehlers der Messoptik (vgl. Abschnitt 5.7.3) und des Auges nicht als signifikant angesehen werden. Zudem ist zu erkennen, dass die pigmentierten Gewebeschichten RPE und Choriodea ein deutlich höheres

OCT-Signal im 1250 nm-Band aufweisen. Das Vorhandensein von Melanin in diesen beiden Schichten ist dabei aus histologischen Untersuchungen gut bekannt. Die erhöhte Rückstreuung im Langwelligen an melaninhaltigen Strukturen ist konsistent zu Beobachtungen, die mittels SOCT an Melanozyten in Kaulquappen gemacht werden konnten [36;82], und scheint ein charakteristisches spektrales Merkmal dieses Gewebetyps zu sein. Da die Absorption von Melanin im VIS- und NIR-Bereich mit der Wellenlänge abnimmt [173], können längere Wellenlängen die RPE-Schicht und Choroidea besser durchdringen als kürzere. Die unterhalb dieser Schichten gelegene Sclera ist daher im 1250 nm-Band noch gut zu erkennen, wohingegen sie im 800 nm-Band nahezu nicht sichtbar ist (vgl. Abb. 6.17).
Folglich sind aussagekräftige spektrale Unterschiede zwischen dem 800 nm- und dem 1250 nm-Band am ehesten an und unterhalb der pigmentierten Schichten RPE und Choroidea zu erwarten. Dies soll im nächsten Abschnitt anhand von weiteren *in vivo* Experimenten untersucht werden.

Spektroskopische Bildgebung der Retina und des hinteren Augenabschnitts
Wie bereits erwähnt sind die spektralen Unterschiede der retinalen Schichten, wie auch anderer biologischer Proben, im Allgemeinen zu gering, um einen scharfen wellenlängenabhängigen Kontrast mittels simultaner Dualband-OCT im NIR-Bereich zu erhalten. Die Betrachtungen im vorhergehenden Abschnitt deuten aber darauf hin, dass dennoch zumindest einige spektrale Merkmale wie die spezifische Extinktion melaninhaltigen Gewebes mit Hilfe dieser Technik aufgelöst werden können. Betrachtet man beispielsweise den Augenhintergrund der RCS-Ratte, welche einen Albinostamm darstellt und keine Pigmentierung des Augenhintergrundes aufweist, so ist zu erkennen, dass sich die Eindringtiefe sowohl für das 800 nm-Band als auch für das 1250 nm-Band bis in die Sclera erstreckt (vgl. Abb. 6.6). In der C57BL/6-Maus mit gesundem, normal pigmentiertem RPE und ebenfalls pigmentierter Choroidea ist dagegen die Eindringtiefe des Probenlichtes in die Sclera insbesondere im 800 nm-Band deutlich gegrenzt (vgl. Abb. 6.17).
Um den spektralen Einfluss der Pigmentierung, d. h. des Melaningehalts von RPE und Choroidea in identischen Spezies zu untersuchen, wurde neben dem C57BL/6-Mausmodell auch der Augenhintergrund in einem Albino-Mausmodell (NMRI-Maus – Naval Medical Research Institute) mittels simultaner Dualband-OCT erfasst. Die Ergebnisse der Bildgebung sind in Abb. 6.19 gegenübergestellt. Darin ist eine ausgeprägte spektrale Rotverschiebung unterhalb des RPE im farbkodierten Differenzbild der normal pigmentierten C57BL/6-Maus zu erkennen. Dies kann durch die spezifische Absorption von Melanin erklärt werden, die, wie bereits oben erwähnt, im sichtbaren und nahinfraroten Spektralbereich zu größeren Wellenlängen abnimmt [173]. Demzufolge wird das 800 nm-Band stärker durch das RPE und die Choroidea abgeschwächt als das 1250 nm-Band. Im Gegensatz dazu ist die subretinale Rotverschiebung in der Albinomaus deutlich weniger ausgeprägt, was somit auf einen Mangel an Melanin infolge der beeinträchtigten Pigmentierung hindeutet. Gleichzeitig weisen die OCT-Schnittbilder der Albinomaus mit einer vergleichsweise dünnen RPE-Schicht und einer hohen Eindringtiefe bis in den extraokulären Raum eine große Ähnlichkeit zu denen der RCS-Ratte auf (vgl. Abb. 6.6).

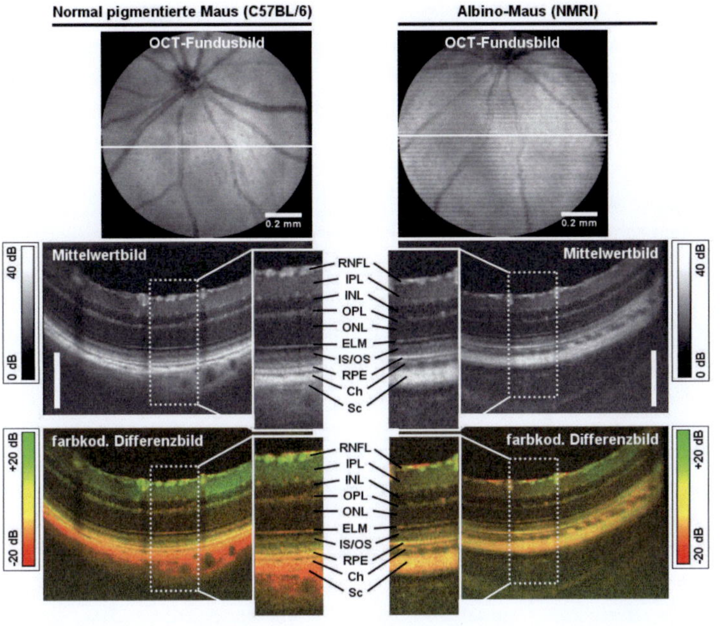

Abb. 6.19 Vergleichende *in vivo* Dualband-OCT-Bildgebung des hinteren Augenabschnittes einer normal pigmentierten Maus (links) and einer Albino-Maus (rechts). Die dargestellten OCT-Schnittbilder wurden durch Mittelung von neun benachbarten B-Scans erhalten (vertikale Balken: 200 µm, Abkürzungen: vgl. Abb. 6.11(b)). Die Albino-Maus weist eine deutlich geringere subretinale Rotverschiebung im farbkodierten Differenzbild auf, was auf einen Mangel an Melanin infolge der beeinträchtigten Pigmentierung des RPE und der Choroidea hindeutet. Weitere Erläuterungen im Text.

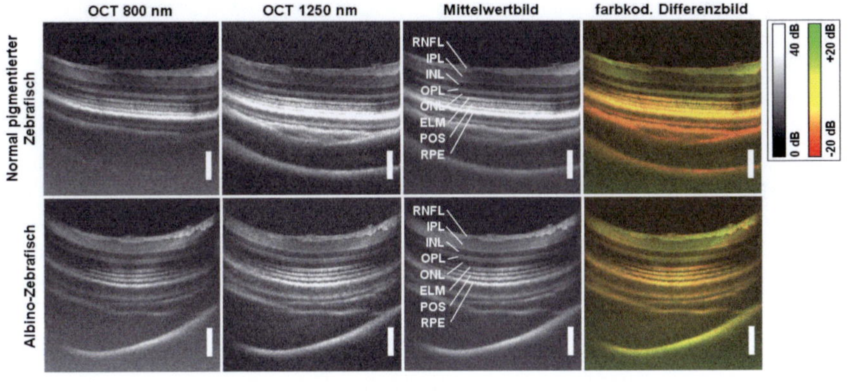

Abb. 6.20 Vergleichende *in vivo* Dualband-OCT-Bildgebung des hinteren Augenabschnittes eines normal pigmentierten Wildtyp-Zebrafisches (oben) und eines Albino-Zebrafisches (unten). Die dargestellten OCT-Schnittbilder wurden durch Mittelung von neun benachbarten B-Scans erhalten (vertikale Balken: 100 µm, Abkürzungen: vgl. Abb. 6.11(c)). Beim Albino-Zebrafisch ist die Eindringtiefe im 800 nm-Band infolge der beeinträchtigten Pigmentierung deutlich erhöht. Im Vergleich zum normal pigmentierten Zebrafisch fällt die subretinale Rotverschiebung im farbkodierten Differenzbild daher weniger stark aus.

Ebenfalls deutlich sind die spektralen Unterschiede zwischen dem normal pigmentierten Wildtyp und der melaninlosen Albino-Variante des Zebrafischmodells ausgeprägt, welche in Abb. 6.20 dargestellt sind. Auch hier tritt eine markante spektrale Rotverschiebung der subretinalen Schichten im normal pigmentierten Fisch gegenüber der Albino-Variante auf.

6.1.6 Diskussion

Die Ergebnisse der differentiellen Dualband-OCT-Bildgebung an der Retina zeigen, dass mit Hilfe dieser Technik tatsächlich spezifische spektrale Merkmale in biologischen Proben unter *in vivo* Bedingungen erfasst werden können. Dabei gibt es einige Anhaltspunkte dafür, dass der körpereigene Pigmentfarbstoff Melanin für die beobachtete spektrale Rotverschiebung unterhalb des RPE verantwortlich ist. Als mögliche physikalische Ursachen für die spektrale Veränderung des Probenlichtes kommen im vorliegenden Fall Absorption und Streuung in Betracht. Wie in Abb. 6.17 zu erkennen ist, erscheinen die subretinalen Strukturen RPE und Choroidea gegenüber ihrer Umgebung stark streuend. Wenn die Streuung dominant ist, wäre eine spektrale Blauverschiebung an der Oberfläche sowie eine Rotverschiebung in und unterhalb der betroffenen Strukturen zu erwarten (vgl. Streuphantom in Abb. 5.31). Beim Vergleich der farbkodierten Differenzbilder in Abb. 6.19 und Abb. 6.20 ist allerdings nur eine spektrale Rotverschiebung unterhalb des RPE vorherrschend, sodass stattdessen die Absorption (vgl. Absorptionsphantom in Abb. 5.30) als dominanter Effekt angesehen werden kann. Nach Jacques et al. [173] lässt sich der spektrale Verlauf des Absorptionskoeffizienten μ_a von bovinen RPE-Melanosomen mit dem Ausdruck

$$\left(\mu_a / \mathrm{cm}^{-1}\right) = 6{,}49 \cdot 10^{12} \cdot \left(\lambda / \mathrm{nm}\right)^{-3{,}48} \tag{6.9}$$

beschreiben. Bei einer Schichtdicke der melaninhaltigen Strukturen von ca. 20 µm ergibt sich über das Beer-Lambertsche Gesetz unter Vernachlässigung der Streuung dann eine um ca. 7 dB geringere Abschwächung des OCT-Signals bei 1250 nm im Vergleich zu 800 nm. In dieser Größenordnung befindet sich auch die spektrale Rotverschiebung des Dualband-OCT-Signals für den Augenhintergrund der normal pigmentierten Tiere gegenüber den Albinotieren (Abb. 6.19 und Abb. 6.20). Der stärkere spektrale Kontrast in der Retina im Vergleich zum ebenfalls pigmentierten Hautgewebe (vgl. Abb. 5.19 und Abb. 5.21), kann mit der um ein Vielfaches höheren Konzentration von Melanin in der Netzhaut erklärt werden. So weisen bovine RPE-Melanosome einen ca. vierfach höheren Melaningehalt als Melanosome der Haut auf [173].

Da es neben der Detektion der Pigmentierung keine weitere offensichtliche Steigerung des retinalen Gewebekontrastes auf Grundlage eines spektral unterschiedlichen Rückstreuvermögen im NIR-Bereich gibt, muss der zusätzliche Aufwand, der für die simultane Dualband-OCT gegenüber der konventionellen Einzelband-Bildgebung betrieben wird, kritisch diskutiert werden. Festzuhalten bleibt jedoch, dass neben der Verbesserung der Bildqualität sowie der gesteigerten Eindringtiefe auch der große Spektralbereich, der in der

Dualband-OCT zur Anwendung kommt, zu einem zusätzlichen Gewinn an spektroskopischer Gewebeinformation führt.
Ein anderer wichtiger Punkt sind die Bewegungsartefakte, die durch die Atembewegung und den Herzschlag der untersuchten Tiere hervorgerufen werden. Diese erschweren insbesondere eine akkurate dreidimensionale Erfassung des Augenhintergrundes. Eine Fixierung der narkotisierten Tiere könnte dieses Problem abmildern, erwies sich aber in umfangreicheren *in vivo* Studien, in denen eine größere Anzahl an Tieren nacheinander untersucht wird, als zeitaufwendig und arbeitsintensiv. Alternativ könnte die Bildgebungsgeschwindigkeit erhöht werden, was anderseits infolge der notwendigen kürzeren Belichtungszeiten der Zeilenkameras zu einer verminderten Sensitivität und Bildqualität führt. Folglich muss stets ein geeigneter Kompromiss zwischen Aufnahmegeschwindigkeit und Bildqualität gefunden werden, wobei auch zu berücksichtigen ist, dass die Leistungsfähigkeit einer nachträglichen Bewegungskorrektur per Software entscheidend von der Qualität der OCT-Bilder abhängig ist. Darüber hinaus kann ein dichteres Abtasten des Untersuchungsobjektes durch den Probenstrahl im Sinne einer transversalen Überabtastung des Gewebes und anschließender Mittelung ebenfalls zur Steigerung der Bildqualität beitragen.

6.1.7 Zusammenfassung

Basierend auf dem vorgestellten Dualband-OCT-Aufbau konnte ein Gerätesystem entwickelt werden, mit dem eine nichtinvasive, hochauflösenden Bildgebung der Retina und des hinteren Augenabschnittes im Kleintiermodell möglich ist. Dazu wurde zunächst die optische Leistung im langwelligen 1250 nm-Band selektiv abgeschwächt, um eine augensichere Bildgebung parallel in beiden Spektralbereichen zu gewährleisten. Ferner wurde die Optik des Messkopfes für eine großflächige Abbildung des Augenhintergrundes modifiziert. Das Gesichtsfeld und der Dispersionsausgleich können in diesem Zusammenhang für unterschiedliche Augengrößen von Ratte bis Zebrafisch angepasst werden. Die OCT-Aufnahmen in diesen Tiermodellen zeigten eine gute Sichtbarkeit der retinalen Mikrostruktur mit vergleichbarem Aufbau und genügend hohem Kontrast zur Identifizierung einzelner Netzhautschichten. Die Schnittbilder wiesen eine gute Bildschärfe über die Tiefe auf, sodass die Dispersion des Auges für beiden Wellenlängenbereiche als ausreichend kompensiert angesehen werden kann. Ebenso konnten verschiedene degenerative und regenerative Prozesse, welche signifikante Veränderungen der retinalen Mikrostruktur hervorrufen, über eine Dauer von bis zu 6 Wochen in individuellen Tieren mittels OCT untersucht werden. Spezifische retinale Schichten, die von diesen Prozessen betroffen sind, konnten so erfolgreich identifiziert und deren Entwicklung verfolgt werden. Die dreidimensionale Bildgebung des Augenhintergrundes erlaubte dabei reproduzierbare Messungen der Netzhautdicke an definierten Positionen unter Verwendung des Sehnervs als Landmarke. Gleichzeitig konnten mit dem verwendeten Messkopf auch Strukturen innerhalb des Auges, wie die zu Therapiezwecken in den Glaskörper injizierten mesenchymalen Stammzellen bildgegeben und deren Zellwachstum quantifiziert werden. Im Vergleich zur konventionellen OCT liefert die hochauflösende Bildgebung, wie sie mit dem entwickelten Dualband-OCT-

System möglich ist, eine detailreichere Abbildung der retinalen Strukturen, sodass insbesondere die dünnen Schichten im Bereich der Fotorezeptoren und des RPE, welche bei Netzhautdegenerationen signifikanten Veränderungen unterliegen, besser zu erkennen sind. Die nichtinvasive hochauflösende OCT-Bildgebung ist daher ein aussagekräftiges diagnostisches Werkzeug zur *in vivo* Untersuchung retinaler De- und Regenerationsprozesse sowie zur Verlaufskontrolle neuartiger Therapien zur Behandlung von Netzhauterkrankungen.
Neben der rein strukturellen Visualisierung der Netzhaut konnte auch die funktionelle Bildgebung des retinalen Blutflusses im *in vivo* Mausmodell mittels Doppler-OCT erfolgreich demonstriert werden. Gegenwärtig ist die Erfassung des Doppler-Signals jedoch auf die großen retinalen Blutgefäße mit einem Durchmesser von ca. 25 µm begrenzt.
Die zusätzliche Bildgewinnung des Dualband-OCT-Systems im 1250 nm-Band parallel zum konventionell verwendeten Spektralbereich um 800 nm könnte für eine verbesserte Tiefendarstellung der Augenhintergrundes von Interesse sein, da sich mit Hilfe des langwelligen Spektralbereichs subchoroidale Strukturen abbilden lassen, die im Kurzwelligen nicht zu sehen sind. Darüber hinaus konnten anhand des quantitativen Vergleichs beider Wellenlängenbänder spektrale Informationen über die Pigmentierung des Augenhintergrundes gewonnen werden. Es bleibt jedoch zu klären, inwieweit der Spektralbereich um 1250 nm infolge der erhöhten Wasserabsorption bei größeren Augenlängen auch für die Netzhautbildgebung am Menschen geeignet ist.
Die in dieser Arbeit vorgestellten Ergebnisse der Netzhautbildgebung im *in vivo* Rattenmodell konnten teilweise bereits veröffentlicht werden [174;175].

6.2 Untersuchung der optischen Eigenschaften von Blut

Für eine korrekte Interpretation der OCT-Bilder ist neben der physikalisch-technischen Kenntnis der Methode auch das Verständnis biologischer und physiologischer Vorgänge von großer Wichtigkeit. So konnte bei *in vivo* Versuchen beobachtet werden, dass sich strömendes Blut wider Erwarten als optisch stark inhomogenes Medium erweist. Die Ursache dafür liegt möglicherweise in einer scherspannungsinduzierten Ausrichtung der bikonkaven, scheibenförmigen Erythrozyten in den Blutgefäßen. Die Untersuchung dieses Phänomens und seiner Auswirkung auf das OCT-Signal wurde aufgrund der gesteigerten Eindringtiefe des 1250 nm-Bandes in Blut bei gleichzeitig hoher axialer Auflösung ebenfalls mit dem entwickelten Dualband-OCT-System durchgeführt.

6.2.1 Einleitung und Motivation

Aufgrund ihrer hohen räumlichen und zeitlichen Auflösung erlaubt die OCT die Abbildung hochdynamischer, mikroskopischer Prozesse wie des Blutflusses in kleinen Gefäßen mit einem Durchmesser von weniger als 500 µm. Das Erscheinungsbild der biologischen Probe ist dabei hauptsächlich durch deren Streu- und Absorptionseigenschaften definiert. Obwohl Blut in diesem Zusammenhang ein optisch stark streuendes Medium ist, lässt sich in den in Abb. 6.21 dargestellten OCT-Schnittbildern der murinen Hinterbeingefäße (*Arteria* und *Vena saphena*) nach Mittelung mehrere B-Scans zur Unterdrückung des Speckle-Rauschens eine unerwartete inhomogene Intensitätsverteilung erkennen. So erscheinen die seitlichen Zonen des Gefäßlumens signalarm, die oberen und unteren Regionen dagegen signalreich. Als Resultat ergibt sich eine taillierte, doppelfächerförmige Struktur, die an die Form einer Sanduhr erinnert. Ebenfalls weist der Effekt Ähnlichkeiten zu einer Katakaustik auf, also dem charakteristischen Intensitätsmuster, welches sich durch die Überlagerung von Lichtstrahlen ergibt, die an sphärischen Oberflächen reflektiert oder gebrochen werden. Der Effekt ist zudem auch in OCT-Schnittbildern anderer Arbeitsgruppen zu finden, die die retinalen Blutgefäße in der menschlichen Netzhaut zeigen [176;177].

Da die Streuung des Lichtes in Blut hauptsächlich durch dessen zelluläre Bestandteile verursacht wird [178], von denen die Erythrozyten die überwiegende Mehrheit darstellen, ist möglicherweise die Orientierung dieser roten Blutzellen (RBZ) mit ihrer bikonkaven, scheibenförmigen Gestalt verantwortlich für das beobachtete Intensitätsmuster.

Bereits 1922 veröffentlichte G. B. Jeffrey eine theoretische Schrift zur Bewegung ellipsoider Partikel in viskosen Flüssigkeiten [179]. Durch seine Berechnungen schlussfolgerte er, dass diese Partikel, welche eine gute Näherung für humane Erythrozyten darstellen, eine bevorzugte Ausrichtung in einer laminaren Strömung besitzen. Im Jahr 1969 konnten H. Schmid-Schönbein und R. Wells zeigen, dass rote Blutzellen ein tropfenähnliches Verhalten in hochviskosen Flüssigkeiten aufweisen [180]. Mit steigender Scherrate verformen sich die anfänglich bikonkaven RBZ zu abgeflachten Ellipsoiden, deren lange Achse parallel zur Flussrichtung ausgerichtet ist.

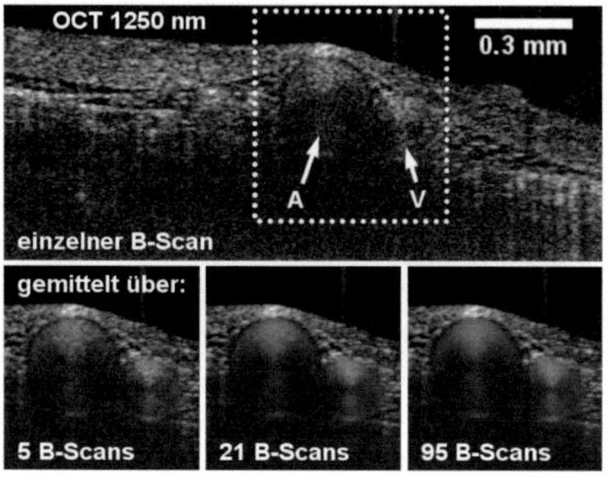

Abb. 6.21 OCT-Schnittbilder der murinen *Arteria* (A) und *Vena saphena* (V) *in vivo*, aufgenommen im 1250 nm-Band. Der markierte Bereich (gepunktetes Rechteck) wurde zur Unterdrückung des Speckle-Rauschens über 5, 21 und 95 zeitlich aufeinander folgende B-Scans gemittelt, woraufhin ein tailliertes, doppelfächerförmiges Intensitätsmuster in beiden Blutgefäßen sichtbar wird.

Die Zellmembran der Erythrozyten rotiert dabei um das Zellinnere (Panzerkettenbewegung), wodurch die Viskosität bei hohen Scherraten stark reduziert wird. Später, 1986, untersuchte M. Bitbol die Orientierung von Erythrozyten in verdünnten Lösungen mittels eines Rheoskops und fand drei elementare Zustände [181]. (1) Bei sehr geringen Scherraten sind die roten Blutzellen zufällig orientiert und führen eine Taumelbewegung aus. (2) Bei mittleren Scherspannungen $< 1\ N/m^2$ führen die Erythrozyten eine Drehbewegung um ihre Symmetrieachse (Normale zur Scheibenebene der RBZ) aus. Die Symmetrieachse ist dabei parallel zur Wirbelachse des Scherfeldes ausgerichtet. In einem horizontal verlaufenden Scherfluss sind die scheibenförmigen RBZ somit vertikal aufgerichtet, und drehen sich wie die Räder eines Fahrzeugs. Von der oben- oder untenliegenden Gefäßwand aus betrachtet ist also die „Lauffläche" der roten Blutzellen (im Folgenden als Seitenfläche bezeichnet) zu sehen. Dieser Zustand wird als Orbit "C = 0" bezeichnet. (3) Bei höheren Scherspannungen verlängern sich die Erythrozyten (Elongation) und richten sich so aus, dass ihre Scheibenebene nahezu parallel zur Gefäßwand, d. h. entlang der Richtung der angreifenden Scherspannung verläuft. Folglich sind nun die Stirnflächen der RBZ zu sehen. In diesem Zustand tritt auch die Panzerkettenbewegung der Zellmembran auf. In der jüngeren Literatur sind die charakteristischen morphologischen und organisatorischen Veränderungen der RBZ mit verschiedenen Scherraten verbunden [182]. Bei niedrigen Scherraten $< 60\ s^{-1}$ oder ruhender Flüssigkeit bilden die RBZ kettenartige Stapel (Geldrollenbildung), die durch Plasmaproteine hervorgerufen werden. Gewaschene RBZ in isotoner Kochsalzlösung zeigen dagegen keine Aggregatbildung und sind zufällig orientiert. Bei Scherraten zwischen $100\ s^{-1}$ und $200\ s^{-1}$ zerfallen die Aggregate und die RBZ weisen eine zufällige Orientierung im Plasma auf. Im Bereich $200\ s^{-1} – 600\ s^{-1}$ setzt die Ausrichtung der RBZ bezüglich des Flusses ein, an die sich die längliche Verformung der Erythrozyten bei Scherraten oberhalb von $600\ s^{-1}$ bis $1000\ s^{-1}$ anschließt.

Die optischen Eigenschaften von strömendem Blut wurden bereits mit einer Vielzahl von Methoden wie Rheoskopie [180;181], Streu- und Absorptionsmessungen in durchströmten

Küvetten [103;182-184], und Laserbeugung (Ektazytometrie) [185] untersucht. In der vorliegenden Arbeit wird zum ersten Mal das flussabhängige Verhalten von Erythrozyten tiefenausgelöst unter *in vivo* und *in vitro* Bedingungen mittels hochauflösender, spektrometerbasierter OCT untersucht. In diesem Zusammenhang wird die Hypothese aufgestellt, dass die flussinduzierte Orientierung der RBZ zu einer winkelabhängigen Modulation des Streuquerschnittes im Blutgefäß führt, welche wiederum verantwortlich für das beobachtete doppelfächerförmige Intensitätsmuster im OCT-Schnittbild in Abb. 6.21 ist. Dieser Effekt muss für eine exakte Analyse der Rückstreuintensität von strömendem Blut berücksichtigt werden, so etwa bei der Bestimmung der Flussgeschwindigkeit anhand des OCT-Signalabfalls [50;56], der Messung von Absorption und Streuung mittels OCT zur Erfassung der Sauerstoffsättigung [86;87] und der flussabhängigen, axialen Migration der Erythrozyten [186], sowie in der optischen Kohärenzangiografie [187]. Des Weiteren könnte das intravaskulare OCT-Intensitätsmuster möglicherweise zur Bewertung der Strömungscharakteristik genutzt werden.

In der vorliegenden Arbeit wird die intravaskulare Intensitätsverteilung sowohl in einem *in vivo* Mausmodell [121] als auch anhand von Flussphantommessungen untersucht, und ein einfaches Model zur Beschreibung der winkelabhängigen Rückstreumodulation basierend auf der Ausrichtung der RBZ bezüglich des Flusses vorgestellt.

6.2.2 Material und Methoden

Theoretisches Modell

Basierend auf der oben aufgeführten Darstellung des Verhaltens der RBZ in einer scherspannungsbehafteten Strömung wurde die folgende Modellverstellung zur beobachteten optischen Inhomogenität des Blutes entwickelt. Bei ruhender Flüssigkeit oder sehr niedrigen Scherraten sind die RBZ zufällig orientiert oder bilden Aggregate. Bei physiologischen Scherraten, die durch den normalen Blutfluss zustande kommen, sind die RBZ so ausgerichtet, dass ihre Symmetrieachse nahezu parallel zum Gradienten des Flussgeschwindigkeitsfeldes ist. Im Fall einer laminaren Strömung in rohrleitungsähnlichen Blutgefäßen mit kreisrundem Querschnitt besitzt der Geschwindigkeitsgradient nur eine Komponente in radialer Richtung. Das bedeutet, dass die RBZ so ausgerichtet sind, dass ihre Scheibenebene annähernd parallel zur Gefäßwand verläuft. Gleichzeitig tritt die Panzerkettenbewegung der Zellmembran auf, durch die die angreifenden Scherkräfte effektiv an die Zelloberfläche abgeführt werden, und so das Zellinnere geschützt wird. Bei höheren Scherraten werden die RBZ zusätzlich zu länglichen Ellipsoiden verformt (Elongation). Das Verhalten der RBZ unter Scherflussbedingungen ist nach Friebel et al. [182] und Bayer et al. [185] in Abb. 6.22(a-c) zusammengefasst dargestellt. Aufgrund der parallelen Ausrichtung der RBZ bezüglich der Gefäßwand sind in den oberen und unteren Regionen des Gefäßes jeweils die Stirnflächen, und in den lateralen Zonen die Seitenfläche der RBZ zu sehen, so wie in Abb. 6.22(d) schematisch dargestellt. Bezüglich der optischen Eigenschaften muss der Rückstreuquerschnitt der RBZ, deren große Stirnflächen nahezu senkrecht zum einfallenden Licht stehen, relativ hoch sein. Im Vergleich dazu muss die Rückstreuung an den RBZ, deren kleine Seitenfläche zu sehen ist, gering ausfallen. Dementsprechend führt der veränderliche Winkel zwischen den RBZ und dem einfallenden Licht als Funktion ihrer Position im Gefäßquerschnitt zu einer kreisförmig umlaufenden Änderung des intravaskularen Rückstreuvermögens, welche rotationssymmetrisch bezüglich der Gefäßachse im Zentrum ist.

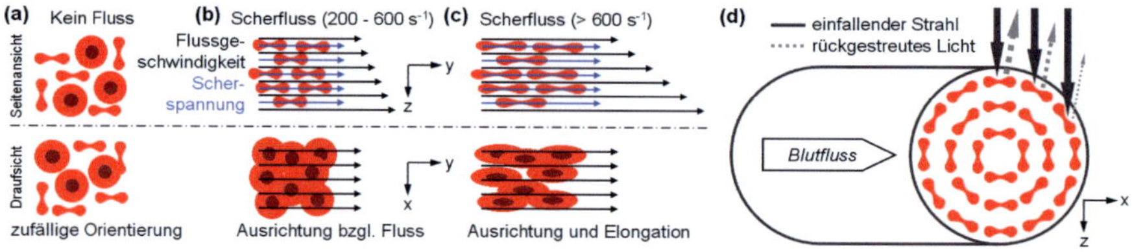

Abb. 6.22 Flussabhängige Ausrichtung der RBZ bei ruhender Flüssigkeit (a), mittleren Scherraten (b) und hohen Scherraten (c). Bei Ausrichtung in einem horizontalen Scherfluss (b,c) ist in der Seitenansicht (oben) jeweils die Seitenfläche und in der Draufsicht (unten) die Stirnfläche der RBZ zu sehen. In rohrähnlichen Blutgefäßen sind die scheibenförmigen RBZ bei laminarer Strömung so ausgerichtet, dass ihre Stirnflächen nahezu parallel zur Gefäßwand verlaufen (d). Dadurch kommt es zu einer Modulation des Rückstreuvermögens über den Gefäßquerschnitt. Weitere Erläuterungen im Text.

Es sei z die axiale Scanrichtung des OCT-Strahls, y die Richtung der transversalen Flusskomponente und x die laterale Scanrichtung des OCT-Strahls, die senkrecht zu y und z verläuft. Wenn die kreisförmig umlaufende Änderung des Streuquerschnittes verantwortlich für das beobachtete doppelfächerförmige Intensitätsmuster ist, müsste sich eine harmonische Modulation der Pixelintensität auf einer Kreisbahn S um den Mittelpunkt $M(x_0;z_0)$ des Gefäßes ergeben. Mit dem Radius r kann für S in kartesischen Koordinaten geschrieben werden

$$S(x-x_0;z-z_0)=S(-r\cdot\sin\varepsilon;-r\cdot\cos\varepsilon), \qquad (6.10)$$

wobei ε der Rotationswinkel von S bezüglich der z-Achse, also der Richtung des einfallenden Lichtes ist. Die harmonische Modulation der Pixelintensität I (logarithmierte OCT-Signalamplitude) entlang der Kreisbahn S lässt sich dann durch den Ausdruck

$$I(z;\varepsilon)=I_0+I_1(z)+\hat{I}_2\cdot\cos(2\varepsilon), \qquad (6.11)$$

beschreiben. Der Term $\hat{I}_2\cdot\cos(2\varepsilon)$ stellt dabei die Winkelabhängigkeit der Intensität in erster Ordnung unter Berücksichtigung der Symmetrie der RBZ dar. Die Terme $I_1(z)$ und I_0 geben darüber hinaus die tiefenabhängige Signalkomponente verursacht durch Absorption und Streuung in der Probe bzw. den allgemeinen Signalhintergrund (Offset) wieder. Geht man davon aus, dass die extinktionsbedingte Signalabschwächung vorwiegend exponentiell nach dem Beer-Lambert'schen Gesetz (vgl. Abschnitt 5.7.1) verläuft, so weist die Pixelintensität als die logarithmierte OCT-Signalampliude einen linearen Abfall über die Tiefe auf. Daher kann $I_1(z)$ in Bezug auf den Rotationswinkel ε in erster Ordnung durch einen weiteren Kosinusterm der Form

$$I_1(z) = \hat{I}_1 \cdot \cos(\varepsilon), \tag{6.12}$$

ausgedrückt werden. Für die harmonische Intensitätsmodulation entlang der Kreisbahn S in Abhängigkeit von ε ergibt sich folglich

$$I(\varepsilon) = I_0 + \hat{I}_1 \cdot \cos(\varepsilon) + \hat{I}_2 \cdot \cos(2\varepsilon). \tag{6.13}$$

Die rechte Seite von Gl. (6.13) stellt die ersten Terme einer Fourierreihe dar. Somit könnte man auch eine diskrete Fourier-Transformation der Pixelintensitäten vornehmen, welche in Abhängigkeit von der Anzahl der Datenpunkte alle Frequenzkomponenten von Null bis zur Nyquist-Frequenz liefert. Bei einem Umfang von $2N$ Datenpunkten auf der Kreisbahn kann für die entsprechende Fourierreihe in allgemeiner Form geschrieben werden

$$I(\varepsilon) = \sum_{i=0}^{N} \hat{I}_i \cdot \cos(i \cdot \varepsilon) + \sum_{i=1}^{N-1} \hat{I}'_i \cdot \sin(i \cdot \varepsilon). \tag{6.14}$$

Während die $\hat{I}$-Koeffizienten wiederum die symmetrischen Pixelintensitäten wiedergeben, beschreiben die $\hat{I}'$-Koeffizienten eine Asymmetrie zwischen der linken und der rechten Seite der Kreisbahn. Diese Asymmetrie tritt jedoch nur in seltenen Fällen auf, beispielsweise wenn ein Teil des Gefäßes durch den Schatten einer vorgelagerten Struktur maskiert wird. Bilddaten mit signifikanten Schatten innerhalb des Gefäßlumens wurden nicht analysiert. Die $\hat{I}'$-Koeffizienten waren daher generell klein und werden infolgedessen an dieser Stelle nicht weiter berücksichtigt. Die Koeffizienten höherer Ordnung werden durch Rauschen (Speckle) beeinflusst, wohingegen die Koeffizienten niedriger Ordnung die eigentlichen Informationen zur Streuung und Dämpfung enthalten. In diesem Zusammenhang konnte empirisch ermittelt werden, dass die Koeffizienten rasch auf ein konstantes Rauschniveau abfallen, und nur die ersten vier einen signifikanten Einfluss besitzen. Folglich ergibt sich für eine genauere Beschreibung der Intensitätsmodulation der Ausdruck

$$I(\varepsilon) = I_0 + \hat{I}_1 \cdot \cos(\varepsilon) + \hat{I}_2 \cdot \cos(2\varepsilon) + \hat{I}_3 \cdot \cos(3\varepsilon) + \hat{I}_4 \cdot \cos(4\varepsilon). \tag{6.15}$$

Zusammenfassend spiegeln die Koeffizienten nullter und erster Ordnung den allgemeinen Signalhintergrund bzw. den lineare Abfall der logarithmierten OCT-Signalamplitude über die Tiefe wieder. Die Koeffizienten zweiter und vierter Ordnung beschreiben die winkelabhängige Veränderung des Rückstreuvermögens der RBZ unter Berücksichtigung ihrer Symmetrie. Der Koeffizient dritter Ordnung steht für einen nichtlinearen Abfall des OCT-Signals über die Tiefe, der durch Mehrfachstreuung oder die Fokussierung des Probenstrahls verursacht werden kann.

Versuchsaufbau

Alle hier aufgeführten Versuche wurden mit dem 1250 nm-Band des in Abschnitt 5 vorgestellten Dualband-OCT-Systems durchgeführt, da dieser Spektralbereich infolge der verminderten Streuung von Blut sowie der niedrigen Absorption durch Hämoglobin eine erhöhte Eindringtiefe in Gefäßen aufweist. Dadurch konnte sichergestellt werden, dass das gesamte Lumen der untersuchten Gefäße mit einem typischen Durchmesser von 200 µm erfasst wird, was für die korrekte Analyse und Interpretation des Effektes von großer Wichtigkeit ist. Aus Voruntersuchungen ist bekannt, dass die doppelfächerförmige Intensitätsverteilung auch im 800 nm-Band auftritt. Da sich die optischen Eigenschaften von Blut im Nahinfrarotbereich nur langsam mit der Wellenlänge ändern, kann von einem ähnlichen Verhalten des Effektes in beiden Spektralbereichen ausgegangen werden.

Bestimmung der Flussgeschwindigkeit und Scherrate mittels OCT

Um die optischen Inhomogenität von Blut in Abhängigkeit der Flussgeschwindigkeit und Scherrate zu untersuchen, wurden beide Parameter mittels phasenaufgelöster Doppler-Analyse (vgl. Abschnitt 2.3.3) aus den OCT-Daten extrahiert. Nach dem klassischen Dopplermodell kann die Geschwindigkeit in einer bestimmten Tiefe mit Hilfe von Gl. (2.31) ermittelt werden. Dieses Modell kam in den folgenden Versuchen anstelle des aufwendigeren, erweiterten Dopplermodells zum Einsatz, welches durch die AG Klinisches Sensoring und Monitoring eingeführt wurde [57]. Dies ist zulässig, da während der Messungen kein oder nur ein geringes Phasenumklappen zu verzeichnen war, und die Beweichungen zwischen dem klassischen und dem erweiterten Dopplermodell innerhalb der ersten Phasenperiode für einen Doppler-Winkel > 5° im 1,3 µm-Wellenlängenbereich vernachlässigbar klein sind.

Allerdings wird der Doppler-Winkel ϑ durch die Lichtbrechung an der Probenoberfläche oberhalb der Blutgefäße beeinflusst. In der Gefäßmitte kann ϑ für kleine Winkel mit Hilfe des optischen Neigungswinkels δ des Blutgefäßes gemäß Gl. (5.13) bestimmt werden, welcher sich wiederum anhand der dreidimensionalen OCT-Daten ermitteln lässt. Dadurch entfällt nach Gl. (5.14) auch die Abhängigkeit der Geschwindigkeitsbestimmung vom Brechungsindex, was die Auswertung insbesondere in biologischen Proben, deren genauer Brechungsindex oft nur geschätzt werden kann, erleichtert. Einen Spezialfall stellt eine mit einem Medium gefüllte Glaskapillare in Luft dar, die häufig für Flussphantommessungen verwendet wird. Nimmt man an, dass die äußeren und inneren Kapillarwände parallel zueinander sind, kann ϑ auch für große Winkel korrekt berechnet werden mit

$$\sin\vartheta = \frac{n_{Luft}}{n_{Medium}} \cdot \sin\delta\,. \tag{6.16}$$

Unter der Annahme $n_{\mathrm{Luft}} = 1$ ergibt sich für die Flussgeschwindigkeit dann

$$-v(z) = \frac{\Delta\varphi(z)\cdot\lambda_0}{4\pi\cdot T_{A-Scan}\cdot\sin\delta}\,. \tag{6.17}$$

Somit kann die Flussgeschwindigkeit sehr genau anhand der Phasenverschiebung des OCT-Signals bestimmt werden, ohne den Brechungsindex der Glaskapillare oder des Flussmediums zu kennen.
Bei der Scherrate handelt es sich schließlich um den Gradienten der Flussgeschwindigkeit. Unter der Annahme, dass eine laminare Strömung in kreisrunden Gefäßen vorherrscht, kann die Geschwindigkeitsverteilung über den Radius durch ein parabolisches Flussgeschwindigkeitsprofil nach Gl. (5.15) beschrieben werden. Die Scherrate γ ergibt sich dann aus der Ableitung von Gl. (5.15) nach dem Radius r zu

$$\gamma(r)=\left|\frac{\mathrm{d}v(r)}{\mathrm{d}r}\right|=\frac{2v_{\max}}{R^2}\cdot r\,. \tag{6.18}$$

Infolgedessen kann die Scherrate in einem beliebigen Abstand r vom Gefäßmittelpunkt durch Messung des Gefäßgesamtradius R sowie der maximalen Flussgeschwindigkeit $v_{\max}$ im Gefäßzentrum mittels OCT bzw. Doppler-OCT bestimmt werden.

6.2.3 *In vivo* Messungen

Um die intravaskulare Rückstreuverteilung unter *in vivo* Bedingungen zu untersuchen, wurde wiederum die Unterschenkelarterie und -vene (*Arteria* und *Vena saphena*) im Mausmodell (vgl. Abschnitt 5.6.2) transluminal mittels OCT bildgegeben. Dazu wurden OCT-Schnittbilder der Beingefäße über mehrere Herzzyklen bei einer A-Scan-Rate von 36 kHz und einer Detektorbelichtungszeit von 23,8 µs aufgenommen. Ein B-Scan bestand dabei aus jeweils 576 A-Scans, sodass eine Schnittbildrate von 62,5 fps erzielt wurde. Insgesamt wurde ein Bildstapel mit 448 B-Scans an identischer Position aufgenommen, und so der Blutfluss über eine Zeitspanne von etwa 7 s erfasst.
Um einen möglichen Einfluss des pulsatilen Flusses in der Arterie zu unterdrücken, wurden nur B-Scans zu bestimmten Phasen des Herzzyklus analysiert. Dabei handelte es sich um die Zeitpunkte der Systole mit der höchsten Flussgeschwindigkeit in der Arterie, der Diastole mit der niedrigsten Flussgeschwindigkeit, sowie den dazwischen liegenden Gleichgewichtszustand (Equilibrium), bei dem kurzeitig kein Fluss in der Arterie zu beobachten ist. Diese Phasen, welche in Abb. 6.23 dargestellt sind, wurden mit Hilfe der Doppler-Auswertung identifiziert. Um das Speckle-Rauschen bei der Bildgebung des stark streuenden Blutes zu reduzieren, wurden die gefundenen B-Scans der drei betrachteten Zeitpunkte über 16 aufeinander folgende Herzzyklen gemittelt. In diesen Aufnahmen ist ein doppelfächerförmiges Intensitätsmuster in der Arterie sowohl während der Systole (maximaler Fluss) und der Diastole (geringer retrograder Fluss), als auch während des Equilibriums (kein Fluss) zu erkennen. Auch in der benachbarten Vene ist eine schwache Ausprägung des Effektes sichtbar.

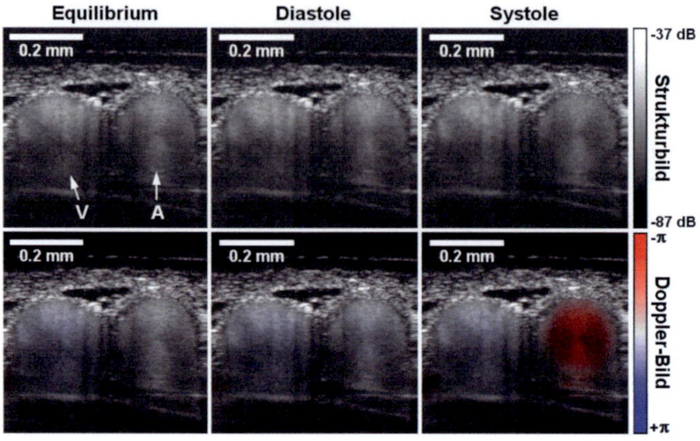

Abb. 6.23 Strukturelle OCT- und funktionelle Doppler-OCT-Bildgebung der murinen *Arteria* (A) und *Vena saphena* (V) *in vivo* während dreier Phasen des Herzzyklus: Equilibrium, Diastole und Systole. Die dargestellten Schnittbilder wurden durch Mittelung der entsprechenden B-Scans über 16 aufeinander folgende Herzzyklen erhalten. In allen drei Phasen ist ein doppelfächerförmiges Intensitätsmuster sowohl in der Arterie als auch in abgeschwächter Form in der Vene zu erkennen. Weitere Erläuterungen im Text.

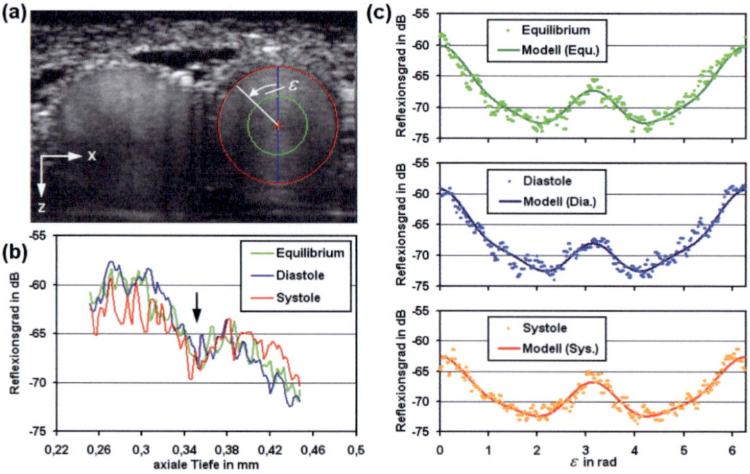

Abb. 6.24 (a) OCT-Schnittbild der murinen Beingefäße *Vena saphena* (links) und *Arteria saphena* (rechts). In die Arterie sind die Gefäßwand (roter Kreis), der Gefäßmittelpunkt (rotes Kreuz), die vertikale Symmetrielinie (blaue Linie) und die Kreisbahn entlang des halbem Gefäßradius (grüner Kreis) eingezeichnet. (b) Tiefenabhängige Signaldämpfung in der Arterie entlang der blauen Linie in (a). Für alle drei Herzphasen fällt die logarithmierte Amplitude des OCT-Signals annähernd linear über die Tiefe ab. Der zusätzliche Intensitätseinbruch im Gefäßzentrum (Pfeil) wird möglicherweise durch eine Taumelbewegung der RBZ verursacht. (c) Erfasste Signalmodulation entlang der grünen Kreisbahn in (a) und angefittetes Modell nach Gl. (6.15) für die drei untersuchten Herzphasen. Weitere Erläuterungen im Text.

Um die intravaskulare Rückstreuverteilung zu erfassen, wurde anschließend die Pixelintensität, welche ein Maß für den logarithmierten Reflexionsgrad der Probe bezogen auf einen idealen Spiegel ist, entlang einer Kreisbahn um den Mittelpunkt der Arterie aufgezeichnet, wie in Abb. 6.24(a) dargestellt. Als Radius der Kreisbahn wurde die Hälfte des Gesamtradius des Gefäßes verwendet. Zudem wurde die Pixelintensität über die Tiefe entlang der vertikalen Symmetrielinie der Arterie analysiert, welche in Abb. 6.24(b) dargestellt ist. Darin ist zu erkennen, dass die Signalabschwächung über die Tiefe in allen drei Herzphasen näherungsweise einen linearen Verlauf aufweist, so wie es im theoretischen Modell angenommen wurde.

Im Gefäßzentrum ist darüber hinaus ein zusätzlicher, lokal begrenzter Signalabfall zu beobachten, der vom linearen Trend abweicht. Eine denkbare Ursache für diesen Einbruch der Intensität ist möglicherweise eine zufällige Ausrichtung oder Taumelbewegung der RBZ im Gefäßzentrum infolge einer zu geringen Scherrate. Bei einer laminaren Strömung mit parabolischer Geschwindigkeitsverteilung ist die Scherrate unmittelbar an der Gefäßwand am größten, und fällt zum Zentrum hin linear auf null ab. Folglich sind die RBZ im Gefäßzentrum möglicherweise nicht ausgerichtet. Entlang der betrachteten vertikalen Symmetrielinie müssten die nicht ausgerichteten RBZ im Gefäßzentrum dann ein geringeres mittleres Rückstreuvermögen aufweisen als die darüber und darunter befindlichen, horizontal ausgerichteten Erythrozyten, deren Stirnflächen nahezu senkrecht zum einfallenden Licht stehen.

In Abb. 6.24(c) ist die erfasste Pixelintensität entlang der Kreisbahn um den Gefäßmittelpunkt in Kombination mit dem gefundenen Modell nach Gl. (6.15) aufgetragen. Das Modell wurde jeweils an die Daten angefittet, wobei die Amplituden der Pixelintensitäten $\hat{I}_0$ bis $\hat{I}_4$ als freie Parameter dienten. Es ist zu erkennen, dass das Modell eine gute Übereinstimmung zu den erfassten Daten zeigt, und eine zirkulare Intensitätsmodulation in allen drei Herzphasen auftritt. Dabei ist das Auftreten der Intensitätsmodulation während der Systole und Diastole in Übereinstimmung mit der angenommenen Ausrichtung der RBZ infolge des Scherflusses. Das Vorhandensein des doppelfächerförmigen Intensitätsmusters während des Equilibrium, an dem der Fluss kurzzeitig zum Erliegen kommt, könnte dagegen mit dem Zeitverhalten der RBZ-Ausrichtung erklärt werden. Der Prozess der Umorientierung und zufälligen Neuausrichtung der RBZ in einer plötzlich scherspannungsfreien Umgebung dauert länger als die Zeitspanne bis zum nächsten Herzschlag. Somit würde die zirkulare Intensitätsmodulation über den gesamten Herzzyklus erhalten bleiben.

Um dem Phänomen einschließlich seines Zeitverhaltens besser auf den Grund gehen zu können, wurde abschließend die Strömungscharakteristik in den betrachteten Blutgefäßen mittels Doppler-OCT untersucht. Die entsprechenden Ergebnisse sind in Abb. 6.25 dargestellt. Für die Bestimmung der Flussgeschwindigkeit nach Gl. (5.14) konnte der optische Neigungswinkel der Blutgefäße anhand eines 3D-OCT-Datensatzes der Unterschenkelregion zu 14,4° ermittelt werden. Dies entspricht nach Gl. (5.13) unter Verwendung von $n = 1{,}39$ als Brechungsindex von Blut einem Doppler-Winkel von 10,4°.

Da sich die Dopplersignale wiederum mittels parabolischer Funktionen beschreiben lassen (vgl. Abb. 5.28), kann auch an dieser Stelle von einer laminaren Strömung in der *Arteria* und *Vena saphena* des Mausmodells ausgegangen werden. Dabei weist die Arterie einen pulsatilen und bidirektionalen Blutfluss mit Spitzengeschwindigkeiten im Gefäßzentrum von ca. 40 mm/s während der Systole und ca. -4 mm/s während der Diastole auf. In der Vene liegt dagegen erwartungsgemäß ein annähernd stationärer Fluss mit einer Geschwindigkeit im Gefäßzentrum von ca. -5 mm/s vor. Die Herzrate, die ebenfalls anhand der Doppler-OCT-Daten bestimmt wurde, beträgt 139 Schläge pro Minute, woraus sich eine Herzzyklusdauer von 0,432 s ergibt.

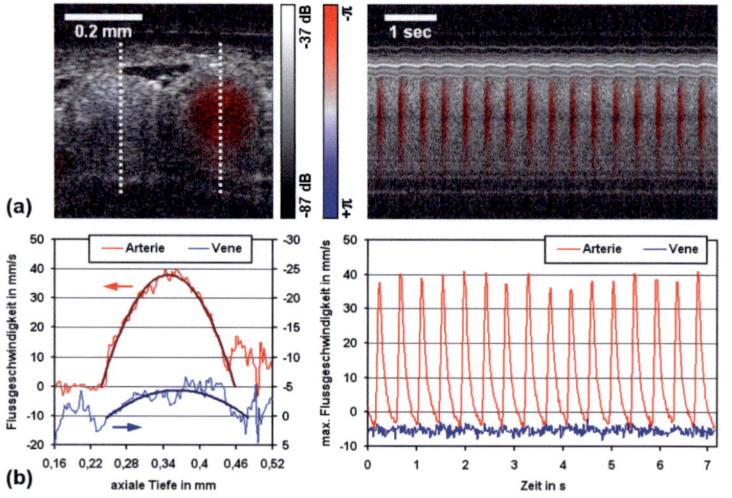

Abb. 6.25 (a) Einzelnes Doppler-OCT-Schnittbild der *Vena* und *Arteria saphena* während der Systole (links) und Pseudo-M-Scan durch die Mitte der Arterie, welcher aus dem aufgenommenen B-Scan-Stapel erzeugt wurde (rechts). (b) Vertikale Flussgeschwindigkeitsprofile in der Mitte der Blutgefäße (links) und maximale Flussgeschwindigkeit aufgetragen über die Zeit (rechts). Die Position der erfassten Flussprofile ist durch die gestrichelten Linien in (a) markiert. Der laminare Blutfluss in Arterie und Vene wird durch die rote und blaue Parabel verdeutlicht, die an das Doppler-Signal angefittet wurden. Die maximale Flussgeschwindigkeit im rechten Diagramm wurde aus den Scheitelwerten der angefitteten Parabelfunktionen im Gefäßzentrum erhalten. In der Arterie tritt ein pulsatiler, bidirektionaler Fluss und in der Vene ein annähernd stationärer Fluss auf.

Die arterielle Flussgeschwindigkeit während der Systole sowie die venöse Flussgeschwindigkeit stimmen darüber hinaus gut mit den Werten überein, die bereits bei der Messung im *in vivo* Mausmodell in Abschnitt 5.6.2 ermittelt werden konnten. Die niedrige Herzrate und der während der Diastole auftretende retrograde Fluss können dagegen mit einer tieferen Narkose der untersuchten Maus sowie einer zuvor durchgeführten Gefäßweitstellung durch Gabe von SNP im Rahmen eines anderen Experiments erklärt werden.

Schlussfolgernd zeigen die hier vorgestellten Ergebnisse, dass die angenommene Änderung des Rückstreuvermögens über den Gefäßquerschnitt infolge der Ausrichtung der RBZ unter laminaren Strömungsbedingungen wahrscheinlich die Ursache für das beobachtete inhomogene Intensitätsmuster in Blutgefäßen ist.

6.2.4 *In vitro* Messungen

Flussphantom

Um die stationären und dynamischen Eigenschaften der zirkularen Intensitätsmodulation in Verbindung mit der flussabhängigen Ausrichtung der RBZ genauer zu untersuchen, wurde ein Flussphantom mit gut bekannter Strömungscharakteristik eingesetzt. Dazu wurde eine flussgesteuerte Infusionsspritzenpumpe (Injectomat MC Agilia D, Fresenius Vial, Frankreich) verwendet, um einen stationäre Strömung in zwei in Reihe geschalteten Glaskapillaren mit einem kreisrunden bzw. quadratischen Querschnitt zu erzeugen. Der Innennenndurchmesser beider Kapillaren betrug 0,2 mm. Als Flussmedium wurden sowohl humanes Vollblut eines jungen gesunden männlichen Spenders als auch 1 % Intralipid-Emulsion verwendet. Da humane RBZ bezüglich ihrer Größe mit denen von Mäusen vergleichbar sind [188], werden bei den Flussphantommessungen ähnliche Ergebnisse wie in den *in vivo* Experimenten erwartet. Der optische Neigungswinkel der quadratischen und kreisförmigen Kapillare wurde mittels einer 3D-OCT-Aufnahme zu 7,1° bzw. 7,0° bestimmt. In Verbindung mit den gemessenen Brechungsindizes der Flussmedien von $n = 1{,}34$ für 1% Intralipid und $n = 1{,}39$ für Blut liegt der resultierende Doppler-Winkel im Bereich von 5°. Mit Gl. (6.17) ergibt sich bei einer A-Scan-Rate von 36 kHz demnach ein eindeutiger Geschwindigkeitsmessbereich von ±92 mm/s, bevor es zum Umklappen der Phasenverschiebung kommt. Ein einmaliges Umklappen der Phasenverschiebung bei höheren Flussgeschwindigkeiten wurde mit einem einfachen Unwrap-Algorithmus korrigiert. Dazu wurde eine Phasenverschiebung von 2π zu einer negativen Phasendifferenz bei einem zur Referenzebene hin gerichteten Fluss addiert bzw. von einer positiven Phasendifferenz bei einem von der Referenzebene weg gerichteten Fluss subtrahiert (vgl. Abb. 2.4). Die korrekte Flussrichtung war dabei *a priori* durch die Geometrie des Messaufbaus sowie durch Messungen bei geringen Flussgeschwindigkeiten ohne Umklappen der Phasenverschiebung bekannt.

Stationäres Verhalten

In einem ersten Schritt wurde das Auftreten des doppelfächerförmigen Intensitätsmusters in Verbindung mit einem konstanten, stationären Flusses in der quadratischen und kreisrunden Kapillare untersucht. Obwohl die oben gemessene, maximale Flussgeschwindigkeit im *in vivo* Mausmodell im Bereich von 40 mm/s lag, konnte in anderen Experimenten gezeigt werden, dass die Flussgeschwindigkeit in der *Arteria saphena* einer anästhesierten Maus bis zu 70 mm/s während der Systole betragen kann [122]. Daher wurde der von der Infusionsspritzenpumpe erzeugte Volumenstrom so eingestellt, dass vergleichbare Flussgeschwindigkeiten und Scherraten auch in den Glaskapillaren auftreten. Da die Kapillaren mit ihrem geringen Durchmesser einen großen Strömungswiderstand darstellen, konnte nicht sichergestellt werden, dass der vorgegebene Fluss vollständig von der Infusionsspritzenpumpe bereitgestellt wurde. Der eingestellte Wert diente daher nur als grober Anhaltspunkt, die genaue Flussgeschwindigkeit wurde anschließend mittels Doppler-OCT bestimmt. Unter der Annahme, dass ein laminarer Fluss mit parabolischer Geschwindigkeitsverteilung vorliegt, kann die mittlere Flussgeschwindigkeit über den Querschnitt der kreisrunden Kapillare durch Multiplikation der maximalen Geschwindigkeit im Zentrum mit

dem Faktor 0,5 berechnet werden. Bei der quadratischen Kapillare beträgt dieser Faktor infolge der veränderten Geometrie 0,477.
In Abb. 6.26 sind OCT-Schnittbilder der nebeneinander angeordneten, quadratischen und kreisförmigen Kapillare im Umgebungsmedium Luft dargestellt. Die in Reihe geschalteten Kapillaren wurden in entgegengesetzter Richtung sowohl mit 1 % Intralipid-Emulsion als auch mit humanem Vollblut perfundiert, wobei die Zustände ruhendes und strömendes Blut gesondert betrachtet wurden. Die OCT-Schnittbilder wurden durch Mittelung von 256 B-Scans erhalten, um das Speckle-Rauschen zu unterdrücken. Die A-Scan-Rate, mit der die OCT-Daten erfasst wurden, betrug analog zu den *in vivo* Messungen 36 kHz. Ebenfalls wurde der Volumenstrom durch die Kapillaren mittels der Infusionsspritzenpumpe so eingestellt, dass sich eine vergleichbare maximale Flussgeschwindigkeit wie in der *Arteria saphena* während der Systole ergibt.
Aufgrund der Lichtbrechung an sphärischen Oberflächen erscheint das Lumen der kreisrunden Kapillare in den OCT-Schnittbildern verbreitert. Diese optische Verzerrung wurde in erster Ordnung durch eine lineare Skalierung der Breite des entsprechenden Bildauschnitts mit einem empirisch ermittelten Faktor von 0,76 korrigiert. Raytracing-Simulationen (OSLO Light Edition 6.4, Lambda Research, USA) des resultierenden Strahlengangs durch die Kapillare zeigten, dass die verbleibende laterale und axiale Bildverzerrung für die hier vorgenommene Analyse der Intensitätsverteilung im Gefäßlumen vernachlässigbar klein ist.
Wie in Abb. 6.26 zu erkennen ist, tritt das charakteristische, doppelfächerförmige Intensitätsmuster in beiden Kapillaren nur bei fließendem Blut auf. Bei ruhendem Blut oder fließender Intralipid-Emulsion ist der Effekt nicht zu beobachten. Dies bestätigt wiederum die Annahme, dass die flussabhängige Ausrichtung der RBZ und eine damit verbundene Modulation des Rückstreuquerschnitts im Gefäß verantwortlich für dieses Phänomen ist. Da der Effekt auch in der quadratischen Kapillare mit planoptischen Oberflächen deutlich ausgeprägt ist, kann er zudem nicht durch eine Katakaustik verursacht sein. Neben dem doppelfächerförmigen Intensitätsmuster ist bei strömendem Blut auch die Ausprägung eines signifikanten Doppler-Schattens an der Kapillarrückwand unterhalb des Lumens zu beobachten. Dieser kontrovers diskutierte Effekt wird dem hohen Anteil an vorwärts gestreutem Licht zugeschrieben, der bei der Passage von Blut entsteht, und die Detektion darunterliegender Strukturen beeinflusst [189].
Die Rückstreuverteilung der in Abb. 6.26 gezeigten Aufnahme von strömendem Blut wurde in Abb. 6.27 genauer betrachtet. Zunächst sind die Intensitätsprofile entlang der vertikalen und horizontalen Symmetrielinie beider Kapillaren dargestellt. In den Kapillarzentren ist darin jeweils ein Intensitätsabfall im vertikalen (axialen) Profil sowie eine Intensitätsspitze im horizontalen (lateralen) Profil zu erkennen. Dieses Phänomen wird, wie bereits im Zuge der *in vivo* Messungen in Abschnitt 6.2.3 erwähnt, möglicherweise durch die Taumelbewegung der RBZ infolge der geringen Scherkräfte an dieser Stelle verursacht. In vertikaler Richtung wird angenommen, dass die RBZ mit ihren großen Stirnflächen nahezu senkrecht zum einfallenden Probenstrahl ausgerichtet sind, und so ein hohes Rückstreusignal liefern. Im Gefäßzentrum sind die RBZ aufgrund der Taumelbewegung dagegen zufällig orientiert. Daher muss an dieser Stelle die mittlere zurückgestreute Intensität geringer sein als in den darüber und

darunterliegenden Regionen, was durch den lokalen Intensitätsabfall im axialen Profil wiedergegeben wird.

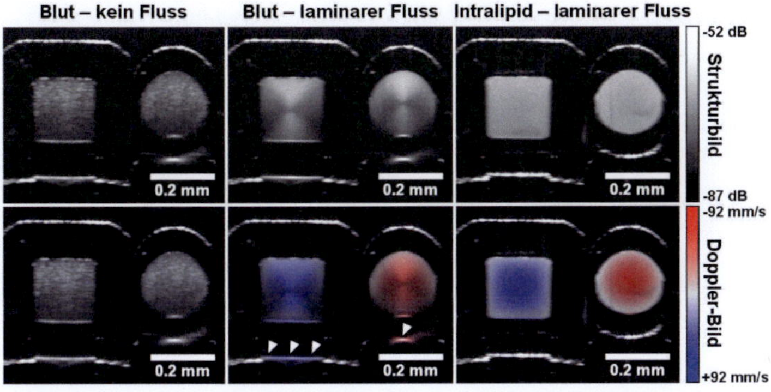

Abb. 6.26 Strukturelle OCT- und funktionelle Doppler-OCT-Bildgebung einer quadratischen und kreisrunden Glaskapillare, die in entgegengesetzter Richtung mit humanem Vollblut und 1 % Intralipid-Emulsion perfundiert wurden. Die dargestellten Schnittbilder wurden durch Mittelung von 256 B-Scans erhalten. Die Ausprägung des doppelfächerförmigen Intensitätsmusters ist in beiden Kapillaren nur bei strömendem Blut (Mitte) zu beobachten. Bei ruhendem Blut (links) oder strömendem Intralipid (rechts) tritt der Effekt nicht auf. Auffällig ist zudem der Doppler-Schatten, der bei strömendem Blut an der Kapillarrückwand (Pfeilspitzen) sichtbar wird.

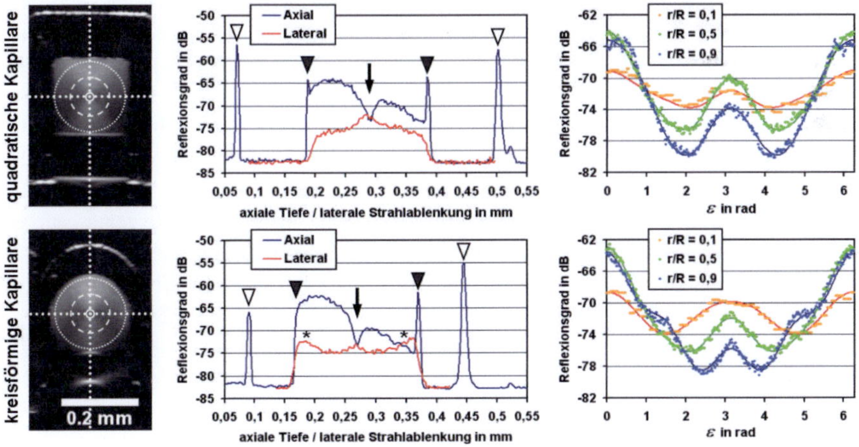

Abb. 6.27 Untersuchung der Rückstreuverteilung von strömendem Blut in der quadratischen (oben) und kreisförmigen Kapillare (unten). Die linken Diagramme zeigen die Intensitätsprofile entlang der vertikalen (axialen) und horizontalen (lateralen) Symmetrielinie der Kapillaren (gepunktete Linien in den OCT-Schnittbildern links). Die hellen und dunklen Pfeilspitzen markieren den äußeren und inneren Kapillardurchmesser. Im Zentrum der Kapillaren ist ein Intensitätsabfall im axialen Profil sowie ein Intensitätsanstieg im lateralen Profil (Pfeile) zu beobachten. In den seitlichen Zonen der kreisförmigen Kapillare treten zudem Intensitätsseitenbänder auf (*). In den rechten Diagrammen sind die zirkulare Intensitätsmodulation entlang drei verschiedener Kreisbahnen mit 10 %, 50 % und 90 % des Gesamtdurchmessers der Kapillaren (durchgezogener, gestrichelter und gepunkteter Kreis in den OCT-Schnittbildern links) sowie das an die Datenpunkte angefittete Modell (durchgezogene Kurven) dargestellt. Weitere Erläuterungen im Text.

Im Gegensatz dazu wird bei den RBZ, die sich auf der horizontalen Symmetrielinie befinden, angenommenen, dass nur ihre wesentlich kleineren Seitenflächen zu sehen sind, was schließlich zu einem geringen Rückstreusignal führt. Im Vergleich dazu muss die mittlere Rückstreuintensität der zufällig orientierten RBZ im Zentrum höher sein, wodurch die Intensitätsspitze im lateralen Profil zustande kommt. Bei Mittelung des Terms $\cos(2\varepsilon)$ über alle RBZ-Orientierungen in drei Raumrichtungen ergibt sich ein Wert von -⅓. Folglich ist bei zufällig orientierten RBZ die Wahrscheinlichkeit zweimal größer ihre Seitenfläche zu sehen als ihre Stirnfläche. Das erklärt warum die Amplitude der Intensitätsspitze im lateralen Profil nur annähernd halb so groß ist wie die des Intensitätsabfalls im axialen Profil.

Vergleicht man die Rückstreuprofile beider Kapillaren, so kann eine erhöhte Intensität in seitlichen Bereichen der kreisförmigen Kapillare festgestellt werden. Diese Seitenbänder kommen durch eine geringere Signalabschwächung in den seitlichen Zonen verglichen zur Kapillarmitte infolge der kürzeren optischen Pfadlänge durch das stark streuende Blut zustande. In der quadratischen Kapillare ist die optische Pfadlänge durch das Blut dagegen überall nahezu identisch, sodass keine Intensitätsseitenbänder auftreten.

Des Weiteren sind in Abb. 6.27 die ermittelten Intensitätsverläufe entlang drei verschiedener Kreisbahnen um die Mittelpunkte der Kapillaren dargestellt. Diese Kreisbahnen wurden anhand des relativen Radius definiert, welcher der Quotienten aus dem geometrischen Radius r der Messung und dem Gesamtradius R der Kapillarlumens ist. Die Daten wurden zusammen mit dem angefitteten Kosinusmodell nach Gl. (6.15) aufgetragen. Es ist zu erkennen, dass eine zirkulare Intensitätsmodulation auch unter *in vitro* Bedingungen auftritt, und diese zu den *in vivo* Experimenten vergleichbar ist. Ebenfalls zeigt das gefundene Modell sowohl für die quadratische als auch für die kreisförmige Kapillare wiederum eine gute Übereinstimmung zu den erhaltenen Daten.

Die zirkulare Intensitätsmodulation ist dabei hauptsächlich durch die Koeffizienten 1. Ordnung (eine Oszillation pro Periode) und 2. Ordnung (zwei Oszillationen pro Perioden) bestimmt, die den linearen Intensitätsabfall über die Tiefe und die winkelabhängige Änderung des Rückstreuvermögens der RBZ unter Berücksichtigung ihrer Symmetrie repräsentieren. Ein positiver Koeffizient 4. Ordnung deutet in diesem Zusammenhang darauf hin, dass die Lichtreflexion an den RBZ gerichteter verläuft, als es durch den Koeffizienten 2. Ordnung allein beschrieben werden kann.

Um ein Maß für die Ausprägung des doppelfächerförmigen Intensitätsmusters zu finden, wurden in Abb. 6.28 die ermittelten Koeffizienten 2. und 4. Ordnung über den relativen Radius der Kreisbahn aufgetragen. Dabei ist zu erkennen, dass der dominante Koeffizient 2. Ordnung in beiden Kapillaren zunächst mit zunehmendem Radius steigt und bei ca. 40 % bis 50 % sein Maximum erreicht. In der quadratischen Kapillare bleibt der erreichte Wert dann zu größeren Radien hin bestehen. In der kreisförmigen Kapillare nimmt der Koeffizient 2. Ordnung dagegen wieder ab, während gleichzeitig der Koeffizient 4. Ordnung signifikant ansteigt. Dies ist vermutlich jedoch kein tatsächlicher Effekt der RBZ-Ausrichtung sondern ein Artefakt, der durch die Intensitätsseitenbänder in der kreisförmigen Kapillare verursacht wird. Für die weiteren Messungen erfolgt die Analyse der Intensitätsmodulation daher bei einem relativen Gefäßradius von 50 %, so wie es bereits bei den *in vivo* Experimenten in Abschnitt 6.2.3 vorgeschlagen wurde. Für die Quantifizierung wird der Koeffizient

2. Ordnung des angefitteten Modells verwendet. So soll eine maximale Sensitivität gegenüber dem Auftreten des doppelfächerförmigen Intensitätsmusters sichergestellt werden.

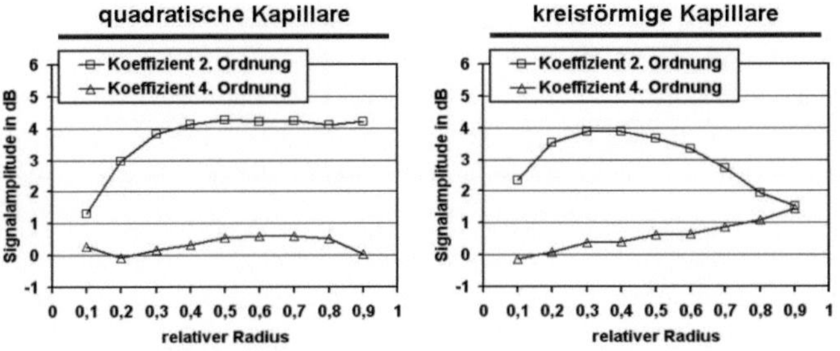

Abb. 6.28 Koeffizienten 2. und 4. Ordnung des an die zirkulare Intensitätsmodulation gefitteten Modells nach Gl. (6.15) in Abhängigkeit des relativen Kreisbahnradius für die quadratische (links) und kreisförmige Kapillare (rechts). Weitere Erläuterungen im Text.

Flussabhängiges Verhalten

In einem nächsten Schritt wurde die Abhängigkeit der intravaskularen Rückstreuverteilung von der Flussgeschwindigkeit untersucht. Da aus der vorhergehenden Messung bekannt ist, dass das doppelfächerförmige Intensitätsmuster in der quadratischen und kreisförmigen Kapillare eine ähnliche Ausprägung zeigt, rechteckige Blutgefäße aber unter physiologischen *in vivo* Bedingungen nicht vorkommen, wurde diese Messung nur in der runden Kapillare durchgeführt.

In Abb. 6.29(a) sind die OCT-Schnittbilder der kreisförmigen Kapillare, welche mit humanem Vollblut bei verschiedenen Flussgeschwindigkeiten perfundiert wurde, dargestellt. Diese Bilder wurden wiederum durch Mittelung von 256 B-Scans zur Unterdrückung des Speckle-Rauschens erhalten. Die A-Scan-Rate betrug 36 kHz. Die angegebene Werte für die mittlere Flussgeschwindigkeit und die Scherrate bei halbem Gefäßradius ($r/R = 0,5$) wurden unter Voraussetzung eines laminaren Flusses mit Hilfe der phasenausgelösten Doppler-OCT gemäß Abschnitt 6.2.2 ermittelt. In allen Bildern ist die Ausprägung eines doppelfächerförmigen Intensitätsmuster zu erkennen, außer in der Aufnahme bei 0 mm/s. In dieser Situation weist das abgebildete Blut trotz Mittelung über eine Vielzahl von B-Scans ein Speckle-Muster auf, da es sich infolge des nicht vorhandenen Flusses um eine quasistatische Probe handelt, in der nur noch kleine Bewegungen wie die Brown'sche Molekularbewegung ablaufen. Alle Bilder wurden entsprechend der obigen Beschreibung analysiert. In Abb. 29(b) ist die ermittelte zirkulare Intensitätsmodulation bei halbem Gefäßradius in Kombination mit dem angefitteten Modell nach Gl. (6.15) für verschiedene Flussgeschwindigkeiten aufgetragen. Erneut zeigt das angenommene Modell eine gute Übereinstimmung zu den Messdaten. Um sicherzustellen, dass die lokalen Minima der zirkularen Intensitätsmodulation nach unten nicht durch die limitierte Sensitivität des OCT-Systems beschnitten werden, wurde zudem das Rauschniveau des Bildhintergrundes erfasst. Es ist zu erkennen, dass alle aufgenommenen Intensitätswerte von Interesse deutlich oberhalb dieses Rauschniveaus liegen.

In Abb. 29(c) ist schließlich der Koeffizient 2. Ordnung des angefitteten Modells als direktes Maß für die Ausprägung des doppelfächerförmigen Intensitätsmusters über die mittlere Flussgeschwindigkeit in der Kapillare und die entsprechende Scherrate bei halbem Gefäßradius dargestellt. Mit größer werdender Flussgeschwindigkeit steigt der Effekt zunächst erwartungsgemäß an, da sich die RBZ zunehmend bezüglich des Scherflusses ausrichten. Bei einer Scherrate von ca. 300 s^{-1} auf halbem Gefäßradius erreicht der Effekt sein Maximum, bevor er zu höheren mittleren Flussgeschwindigkeiten oberhalb von 12 mm/s langsam wieder abfällt. Eine erste Annahme, dass dieser Abfall möglicherweise durch eine geschwindigkeitsabhängige Signaldämpfung infolge von *Fringe washout* (vgl. Abschnitt 2.3.3 und 5.7.3) verursacht wird, musste jedoch verworfen werden. Da die Intensität entlang einer Kreisbahn um den Gefäßmittelpunkt erfasst wird, sollten die lokale Flussgeschwindigkeit und der entsprechende Signalabfall für jede Position identisch sein. Folglich wird in diesem Fall nur ein konstanter Wert von der Intensität auf der Kreisbahn abgezogen, was aber keinen Einfluss auf die Modulation selbst hat, solange sie nicht durch die limitierte Sensitivität des OCT-Systems beschränkt ist.

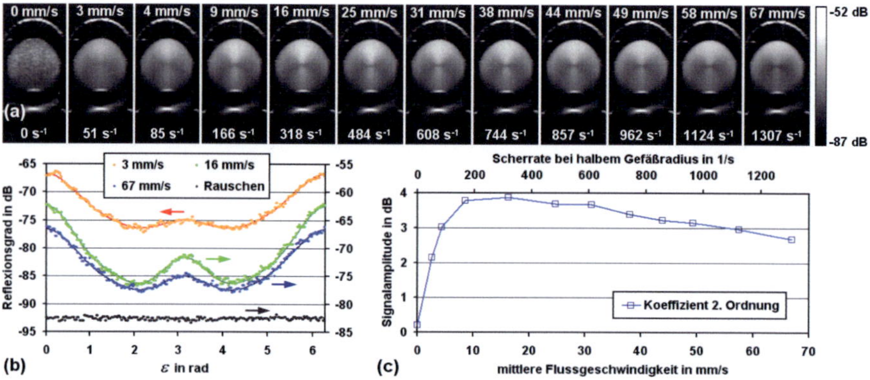

Abb. 6.29 (a) OCT-Schnittbilder der kreisrunden Kapillare, die mit humanem Vollblut bei verschiedenen mittleren Flussgeschwindigkeiten perfundiert wurde. Die angegebenen Werte für die Scherrate beziehen sich auf den halben Gefäßradius ($r = 0{,}5 \cdot R$). Der Innendurchmesser der Kapillare wurde mittels OCT auf 0,205 mm bestimmt. (b) Exemplarische Darstellung der zirkularen Intensitätsmodulation bei halbem Gefäßradius und des angefitteten Modells (durchgezogenen Kurven) für drei verschiedene mittlere Flussgeschwindigkeiten. Ergänzend zu den erfassten Intensitätsdaten ist das Rauschniveau des Bildhintergrundes in identischer Tiefe außerhalb der Kapillare aufgetragen. (c) Ermittelter Koeffizient 2. Ordnung des angefitteten Modells in Abhängigkeit der mittleren Flussgeschwindigkeit sowie der Scherrate bei halbem Gefäßradius. Weitere Erläuterungen im Text.

Das dies nicht der Fall ist, wurde bereits anhand der zirkularen Intensitätswerte in Abb. 6.29(b) gezeigt, welche sich selbst bei der höchsten betrachteten Flussgeschwindigkeit von 67 mm/s deutlich oberhalb des Rauschniveaus befinden. Folglich müssen weitere Untersuchungen angestellt werden, um die Ursache für die Abnahme des doppelfächerförmigen Intensitätsmusters bei hohen Flussgeschwindigkeiten zu klären. Zu diesem Zweck wurden erneut die Intensitätsprofile entlang der vertikalen und horizontalen

Symmetrielinie der kreisförmigen Kapillare analysiert, diesmal jedoch in Abhängigkeit der Flussgeschwindigkeit. Die entsprechenden Profile sind in Abb. 6.30 dargestellt.

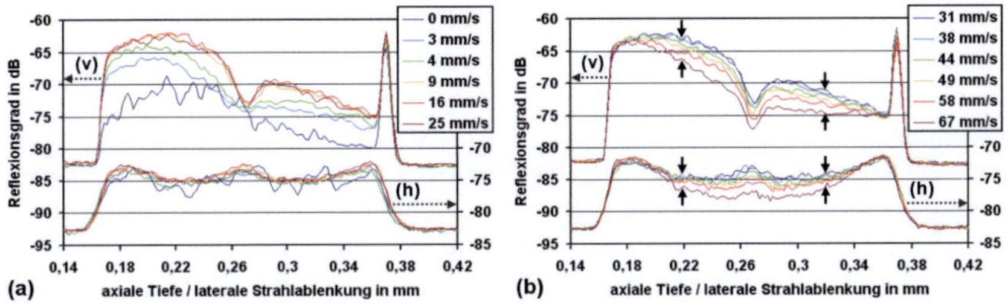

Abb. 6.30 Geschwindigkeitsabhängige Rückstreuprofile von humanem Vollblut in der kreisförmigen Kapillare aus Abb. 6.29(a). Dargestellt sind die erfassten Intensitätsverläufe entlang der vertikalen (v) und horizontalen (h) Gefäßsymmetrielinie für niedrige (a) und hohe Flussgeschwindigkeiten (b). Der geschwindigkeitsabhängige Signalabfall ist vertikaler Richtung stärker ausgeprägt als in horizontaler Richtung (Pfeile). Weitere Erläuterungen im Text.

Darin ist bei niedrigen mittleren Flussgeschwindigkeiten im Bereich von 0 mm/s bis 25 mm/s ein gleichmäßiger Anstieg der vertikalen Intensität über die Tiefe mit Ausprägung eines lokalen Signaleinbruchs im Zentrum, wo die Intensität nahezu auf ihrem Anfangswert verbleibt, zu beobachten. Dies ist konsistent zu dem theoretischen Modell. Die RBZ richten sich zunehmend mit ihrer Stirnfläche zum einfallenden Licht aus, im Gefäßzentrum bleiben sie aber aufgrund der geringen Scherkräfte zufällig orientiert. In den horizontalen Intensitätsprofilen können in diesem Geschwindigkeitsbereich abgesehen von der Ausprägung einer kleinen zentralen Intensitätsspitze keine signifikanten Veränderungen festgestellt werden. Bei höheren mittleren Flussgeschwindigkeiten von 31 mm/s bis 67 mm/s kann in beiden Profilen eine radiusabhängige Signaldämpfung aufgrund von *Fringe washout* beobachtet werden. Die höchste Signaldämpfung ist dabei im Kapillarzentrum zu finden, wo die Flussgeschwindigkeit am größten ist. Auffällig ist jedoch, dass die horizontalen Profile im linken und rechten Drittel des Kapillarlumens einen geringeren Intensitätsabfall als die vertikalen Profile im oberen und unteren Drittel aufweisen, wie es durch die Pfeile in Abb. 6.30(b) angedeutet ist. Eine mögliche Erklärung für dieses Phänomen ist, dass die geschwindigkeitsabhängige Signaldämpfung aufgrund des *Fringe washout* von einem zweiten Signalabfallmechanismus überlagert ist, der durch die Elongation der RBZ bei hohen Scherraten bedingt ist. Wenn eine einzelne RBZ elongiert, also gestreckt wird, dann muss ihr Rückstreuquerschnitt abnehmen, da die Zellfläche, die sich im OCT-Probenstrahl befindet, reduziert wird. Wie in Abschnitt 5.5.3 erwähnt, beträgt der Durchmesser des Probenstrahls im Fokus 10,9 µm (FWHM) für das hier verwendete 1250 nm-Band. Unter Vernachlässigung der Aberrationen, die durch die sphärischen Oberflächen der runden Kapillare verursacht werden können, ist der Strahldurchmesser im Flussmedium Blut annähernd genauso groß. Er liegt damit in der Größenordnung des Durchmessers einer nicht elongierten RBZ, welcher 7 µm bis 8 µm beträgt [188]. Die Deformation und Änderung des Streuquerschnittes durch Elongation wird daher bei den RBZ besonders groß sein, deren Stirnfläche senkrecht zum einfallenden

Licht ausgerichtet ist. Folglich vermindert sich in diesem Fall die Rückstreuung in den oberen und unteren Regionen der Kapillare stärker als in den seitlichen Zonen, wodurch es zu der beobachteten Abnahme des doppelfächerförmigen Intensitätsmusters bei hohen Flussgeschwindigkeiten kommt. Dieser Erklärungsansatz stellt gegenwärtig jedoch nur eine Vermutung dar, deren Richtigkeit noch nicht vollständig überprüft werden konnte.

Dynamisches Verhalten

In einem letzten Schritt wurde das dynamische Verhalten des doppelfächerförmigen Intensitätsmusters analysiert. Dazu wurde in der kreisförmigen Kapillare ein konstanter laminarer Blutfluss mit einer mittleren Strömungsgeschwindigkeit von 19 mm/s erzeugt. Anschließend wurde ein zeitlich aufgelöster B-Scan-Stapel mit 25 fps bei einer A-Scan-Rate von 12 kHz über eine Zeitdauer von ca. 40 s aufgezeichnet. Die geringere Aufnahmegeschwindigkeit im Vergleich zu den vorherigen Messungen wurde gewählt, um im Hinblick auf den begrenzten Pufferspeicher der Datenerfassung eine längere Messzeit zu ermöglichen. Um das dynamische Abklingverhalten des Effektes zu beobachten, wurde der Blutfluss in der Glaskapillare ca. 6 s nach dem Start der Aufnahme abrupt gestoppt. Dies gelang durch manuelles Verschließen des zuführenden Silikonschlauchs zwischen Infusionsspritzenpumpe und Kapillare mittels einer chirurgischen Gefäßklemme. Nach der Aufnahme erfolgte die Analyse des doppelfächerförmigen Intensitätsmusters nach dem oben beschrieben Verfahren, jedoch mit der Ausnahme, dass ein gleitender Mittelwert von lediglich 5 B-Scans auf den Bildstapel angewendet wurde. Diese Filtergröße wurde gewählt, um einen guten Kompromiss zwischen Speckle-Rauschunterdrückung und zeitlicher Auflösung zu finden. Um die strukturelle Rückstreuinformation mit der zeitlichen Änderung des Flusses vergleichen zu können, wurde ebenfalls die maximale Strömungsgeschwindigkeit im Zentrum der Kapillare anhand der Doppler-OCT-Daten ausgewertet.

Die Ergebnisse sind in Abb. 6.31 dargestellt. Darin ist zu erkennen, dass der Koeffizient 2. Ordnung, der die Stärke des doppelfächerförmigen Intensitätsmusters repräsentiert, nach dem Abklemmen des Silikonschlauches wesentlich langsamer abfällt als die Flussgeschwindigkeit. Um das Abklingverhalten beider Größen zu beschreiben, wurde eine Exponentialfunktion der Form

$$I(t) = \hat{I} \cdot e^{-\frac{t-t_0}{\tau}} + I_0 \tag{6.19}$$

an die Datenpunkte gefittet. Dabei ist τ die Zeitkonstante und t_0 der Zeitpunkt, an dem der Silikonschlauch abgeklemmt wurde. Nachdem die Zeitspanne τ vergangen ist, sind nur noch 37 % der anfänglichen Größe vorhanden. Die so ermittelten Zeitkonstanten für den Koeffizienten 2. Ordnung und die maximale Flussgeschwindigkeit betragen 4,02 s bzw. 0,35 s. Folglich dauert die Rückbildung des doppelfächerförmigen Intensitätsmusters ca. 12-mal länger als die Zeitspanne, die verstreicht bis der Fluss vollständig zum Erliegen kommt.

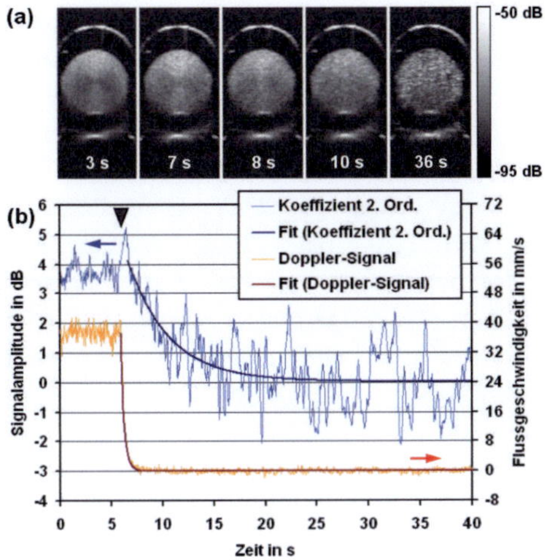

Abb. 6.31 Dynamisches Verhalten der inhomogenen Rückstreuverteilung von strömendem Blut. (a) OCT-Schnittbilder der mit humanem Vollblut perfundierten, kreisförmigen Glaskapillare bei fünf verschiedenen Zeitpunkten. Der Fluss wurde ca. 6 s nach dem Start der Aufnahme gestoppt. Die dargestellten Schnittbilder wurden durch Mittelung von fünf aufeinander folgenden B-Scans erhalten. (b) Koeffizient 2. Ordnung und Flussgeschwindigkeit im Kapillarzentrum in Abhängigkeit der Zeit. Die dunkle Pfeilspitze markiert den Zeitpunkt zu dem der zuführende Silikonschlauch abgeklemmt wurde. Das Abklingen des doppelfächerförmigen Intensitätsmusters im Anschluss dauerte deutlich länger als der Abfall des Flusses. Die entsprechenden Zeitkonstanten, die durch Anfitten einer Exponentialfunktion nach Gl. (6.19) ermittelt wurden, betragen 4,02 s für den Koeffizienten 2. Ordnung und 0,35 s für die Flussgeschwindigkeit. Das gesteigerte Rauschen des Koeffizienten 2. Ordnung nach dem Anhalten des Flusses ist durch das ausgeprägte Speckle-Muster bedingt, welches infolge der verminderten Bewegung der erfassten Streuzentren zunehmend in den OCT-Schnittbildern (a) auftritt. Weitere Erläuterungen im Text.

6.2.5 Diskussion

Die Ergebnisse der *in vitro* Messungen bestätigen die Beobachtungen, die in den *in vivo* Experimenten gemacht werden konnten. Dabei gibt es mehrere Fakten, die dafür sprechen, dass die scherflussinduzierte Ausrichtung der RBZ im Gefäß verantwortlich für das beobachtete Phänomen des doppelfächerförmigen Intensitätsmusters ist. So tritt der Effekt erstens nur bei fließendem Blut auf, wie in Abb. 6.26 dargestellt. Er kommt dagegen nicht bei ruhendem Blut oder fließender 1 % Intralipid-Emulsion vor. Da diese Feststellung für Gefäße mit kreisrundem und rechteckigem Querschnitt gilt, kann der Effekt zudem nicht durch eine Katakaustik verursacht sein.

Zweitens weist der Effekt eine starke Abhängigkeit von der Flussgeschwindigkeit, und dementsprechend auch von der Scherrate auf, so wie in Abb. 6.29 gezeigt. Dabei wächst der Effekt zunächst mit größer werdender Scherrate an, was sich mit einer zunehmenden Ausrichtung der RBZ erklären lässt. Das Maximum, d. h. eine vollständige Ausrichtung der RBZ, stellt sich bei einer Scherrate zwischen 200 s^{-1} und 300 s^{-1} ein, was gut mit der gegenwärtigen Literatur [182] übereinstimmt. Für den erneuten Abfall des Effekts zu höheren

Scherraten oberhalb von 300 s^{-1} wird dagegen eine zusätzliche, scherspannungsinduzierte Elongation der RBZ als Ursache vermutet. Beide Phasen, der Anstieg und der Abfall der Effekts mit zunehmender Scherrate, konnten durch das anisotrope Rückstreuverhalten von strömendem Blut entlang der axialen und lateralen OCT-Scanrichtung, welches in Abb. 6.30 dargestellt ist, bestätigt werden.

Ein dritter Punkt ist die relativ langsame Rückbildung des Effekts nach einem plötzlichen Anhalten des Flusses, wie es in Abb. 6.31 gezeigt ist. Dies kann durch einen langsam ablaufenden Prozess, in dem die ausgerichteten RBZ in scherspannungsfreier Umgebung nur allmählich in den Zustand der zufälligen Orientierung übergehen, erklärt werden. Obwohl die Brown'sche Molekularbewegung zu einer zufälligen Orientierung beiträgt, wird die gravitationsbedingte Sedimentierung der RBZ als Hauptprozess für eine Neuausrichtung angesehen. In physiologischem Blut beträgt die mittlere Sinkgeschwindigkeit der RBZ bei Männern unter fünfzig ca. 5 mm/h [190]. Bei der ermittelten Zeitkonstante von 4,02 s für die Effektrückbildung entspricht dies einer Wegstrecke von rund 6 µm, also näherungsweise einem Zelldurchmesser. Diese langsame Regression erklärt auch, warum das doppelfächerförmige Intensitätsmuster in den *in vivo* Messungen über den gesamten Herzzyklus beobachtet werden konnte, selbst während des Equilibrium, wenn kurzzeitig kein Fluss vorhanden war (Abb. 6.23 und Abb. 6.24). Die Neuausrichtung der RBZ in eine zufällige Orientierung dauert länger als der Herzzyklus der untersuchten Maus.

Obwohl das verwendete Modell der zirkularen Intensitätsmodulation nach Gl. (6.15) zur Beschreibung des winkelabhängigen Rückstreuvermögens der RBZ und der Signaldämpfung über die Tiefe sehr einfach ist, eignet es sich doch um den fundamentalen Zusammenhang zwischen der Ausrichtung der RBZ im Scherfluss, der entsprechend angenommenen Verteilung des Rückstreuquerschnittes im Gefäß und dem resultierenden OCT-Signal aufzuzeigen.

6.2.6 Zusammenfassung

Die inhomogene Rückstreuverteilung von kurzkohärentem Licht in Blutgefäßen, welche in OCT-Schnittbildern als doppelfächerförmiges Intensitätsmuster erscheint, wurde *in vivo* in einem Mausmodell und *in vitro* anhand von Flussphantommessungen untersucht. Dabei kam das 1250 nm-Band des entwickelten Dualband-OCT-Systems zum Einsatz, welches eine hohe Eindringtiefe in Blut sowie ein hohes axiales Auflösungsvermögen besitzt. Basierend auf der angenommenen Ausrichtung der RBZ in einem laminaren Scherfluss und der tiefenabhängigen Dämpfung des OCT-Signals durch Absorption und Streuung wurde ein einfaches Modell zur Beschreibung der intravaskularen Intensitätsmodulation um die Gefäßachse abgeleitet. In einem ersten Schritt konnte die Eignung des Modells anhand von *in vivo* Messungen in der murinen *Arteria saphena* demonstriert werden. In einem zweiten Schritt konnte das charakteristische Intensitätsmuster *in vitro* in einer kreisförmigen und einer quadratischen Glaskapillare, die mit humanem Vollblut perfundiert wurden, nachgebildet und die stationären und dynamischen Eigenschaften des Effekts untersucht werden.

Dabei zeigte der Effekt, der nur bei strömendem Blut auftrat, eine deutliche Abhängigkeit von der Flussgeschwindigkeit in Verbindung mit einer anisotropen Änderung der Rückstreuintensität, welche bei Messungen der Streu- und Absorptionseigenschaften von Blut berücksichtigt werden muss.

Die Ergebnisse, die in den *in vitro* Messungen erhalten wurden, bestätigen die Beobachtungen, die während der *in vivo* Experimente gemacht werden konnten. Folglich kann geschlussfolgert werden, dass die scherflussinduzierte Ausrichtung der scheibenförmigen, bikonkaven RBZ im Gefäß verantwortlich für die inhomogene, intravaskulare Rücksteuverteilung in OCT-Schnittbildern ist. Die Untersuchung des Intensitätsmusters in Blutgefäßen kann daher ein nützliches Werkzeug für die Bewertung der Strömungscharakteristik hinsichtlich Laminarität und Turbulenz oder die Diagnose von pathologisch verformten Erythrozyten, wie sie beispielsweise bei der Sichelzellanämie oder der Sphärozytose auftreten, sein. Des Weiteren kann die Flussabhängigkeit des Effektes als Grundlage für eine alternative Methode zur Messung der Strömungsgeschwindigkeit und der Scherrate dienen. Für eine abschließende Evaluierung des Effekts sind zukünftig genauere Berechnungsmodelle zur winkelabhängigen Rückstreuung der komplex geformten Erythrozyten notwendig, insbesondere im Hinblick auf die Auswirkung der RBZ-Elongation auf das OCT-Signal bei höheren Scherraten.

Die hier vorgestellten Untersuchungen zur optischen Inhomogenität von strömendem Blut konnten bereits veröffentlicht werden [191;192].

7 Erweiterte Methoden der Bildgebung

In diesem vorletzten Abschnitt der vorliegenden Arbeit soll auf erweiterte Methoden der Bildgebung eingegangen werden, die über die bisher vorgestellten Verfahren hinausgehen und eine Weiterentwicklung ihnen gegenüber darstellen. Dabei handelt es sich zum einen um die Fusion der spektralen Dualband-OCT-Daten zur weiteren Erhöhung des axialen Auflösungsvermögens, und zum anderen um die Kombination der OCT mit der ICG-Fluoreszenzbildgebung für eine multimodale Erfassung von Blutgefäßen.

7.1 Auflösungssteigerung durch spektrale Fusion der Dualband-OCT-Daten

7.1.1 Einleitung

Die Methode der hochauflösenden, simultanen Dualband-OCT im Frequenzbereich [80] wurde kürzlich in die wissenschaftliche Gemeinschaft der biomedizinischen Optik und Bildgebung – auch im Zuge der vorliegenden Arbeit [141] – eingeführt. Generell erlauben diese Systeme die parallele Bildgebung in zwei verschiedenen Wellenlängenbereichen um 800 nm und 1300 nm, die von einer breitbandigen Superkontinuum-Laserlichtquelle stammen. So können, wie bereits oben erwähnt, die Vorteile der hohen Auflösung im Kurzwelligen und der erhöhten Eindringtiefe im Langwelligen miteinander kombiniert, das Speckle-Rauschen durch inkohärente Mittelung der Bilddaten vermindert, sowie wellenlängenabhängige Rückstreueigenschaften der Probe als zusätzlicher Kontrast gewonnen werden. Da beide Wellenlängenbänder von einer gemeinsamen, kurzkohärenten Lichtquelle ausgehen, kam die Frage auf, ob sich das axiale Auflösungsvermögen durch adäquate Kombination bzw. Fusion der parallel erfassten, disjunkten Spektraldatensätze weiter steigern ließe. Dieser Fragestellung soll im folgenden Abschnitt nachgegangen werden.

7.1.2 Material und Methoden

Versuchsaufbau

Alle hier aufgeführten Versuche wurden an aufgenommenen Datensätzen des in Abschnitt 5 vorgestellten Dualband-OCT-Systems in Spektrometerkonfiguration A durchgeführt. In dieser Konfiguration besitzt das System seine größte spektrale Bandbreite (vgl. Tabelle 5.1), sodass ein höchstmögliches axiales Auflösungsvermögen zu erwarten ist.

Theoretische Betrachtungen

In der spektrometerbasierten OCT werden die spektralen Intensitätsmodulationen, welche durch abwechselnde konstruktive und destruktive Interferenz der jeweiligen Wellenlängen zustande kommen, genutzt um optische Pfaddifferenzen und somit axiale Rückstreutiefen zu bestimmen. Diese spektrale Modulation wird im Wellenzahlraum (*k*-Raum) durch harmonische Kosinusfunktionen gemäß Gl. (2.19) beschrieben. Die Länge einer Oszillationsperiode Δk in Abhängigkeit einer bestimmten axialen Tiefe z ergibt sich zu

$$\Delta k = \frac{\pi}{n \cdot z}. \tag{7.1}$$

Da die Oszillationsperiode Δk somit nur von der optischen Pfaddifferenz, d. h. der axialen Tiefe z und dem Brechungsindex n abhängt, muss sie für das 800 nm- und das 1250 nm-Band identisch sein. Folglich müssen die spektralen Daten beider Wellenlängenbänder während der Signalverarbeitung in einen gemeinsamen, äquidistant abgetasteten k-Raum überführt werden, um die axiale Auflösung zu steigern.

Die axiale Auflösung ergibt sich wiederum aus der maximalen Oszillationsperiode Δk_{max}, die mit Hilfe des Spektrometers erfasst werden kann. Sie ist gemäß Gl. (2.21) von der Zentralwellenlänge und der Bandbreite des abgebildeten Spektrums abhängig. Bei Verwendung eines Hann-Fensters vor der Fouriertransformation besitzt das registrierte Interferenzspektrum eine Halbwertsbreite (FWHM), die der Hälfte der insgesamt auf die Zeilenkamera abgebildeten spektralen Breite entspricht. Mit der Zentralwellenlänge des Bandes λ_0 und der vollen, auf den Detektor abgebildeten spektralen Breite $\Delta\Lambda$ ergibt sich für Δk_{max} dann

$$\Delta k_{\max}(FWHM) = \frac{\pi \cdot \Delta\Lambda}{\lambda_0^2}. \tag{7.2}$$

Als Konsequenz gilt für eine Kombination aus zwei Wellenlängenbändern

$$\Delta k_{\max}(FWHM) = \pi \cdot \left(\frac{\Delta\Lambda_1}{\lambda_{01}^2} + \frac{\Delta\Lambda_2}{\lambda_{02}^2} \right). \tag{7.3}$$

Unter Verwendung von Gl. (7.1) kann die axiale Auflösung Δz dann berechnet werden zu

$$\Delta z = \frac{\pi}{n \cdot \Delta k_{\max}(FWHM)}. \tag{7.4}$$

Mit den in Tabelle 5.1 aufgeführten Parametern für die Spektrometerkonfiguration A des Dualband-OCT-Systems (λ_{01} = 800 nm, $\Delta\Lambda_1$ = 200 nm; λ_{02} = 1250 nm, $\Delta\Lambda_2$ = 300 nm) ist bei einer idealen Kombination der beiden Wellenlängenbänder eine axiale Auflösung von Δz = 1,98 µm in Luft (n = 1) zu erwarten.

Signalverarbeitung

Um das axiale Auflösungsvermögen zu verbessern, müssen die zwei separaten Spektren zu einem kontinuierlichen Datensatz zusammengefasst werden, der keinerlei Lücken oder

Abschnitte ohne Interferenzinformation enthält. Daher wurde jedes Einzelspektrum gemäß Abschnitt 5.4 zunächst einem Weißabgleich zur Unterdrückung der spektralen Form der Lichtquelle sowie einer Neuabtastung und Interpolation zur Überführung der Daten in den *k*-Raum (*DeChirp*) unterzogen, wobei die individuellen Kalibrierungskurven der beiden Spektrometer zur Anwendung kamen. Während der Interpolation an einer festgelegten Anzahl von N äquidistanten Stützstellen wurde auf das 1250 nm-Band ein Zero-Padding angewendet, um die auftretenden Oszillationsfrequenzen auf die entsprechenden Frequenzbereiche im 800 nm-Band hochzuskalieren. Dies ist notwendig, da die Oszillationsperiode Δk für individuelle axiale Tiefen gemäß der obigen theoretischen Betrachtungen für beide Wellenlängenbereiche identisch sein muss. Nach dieser Operation liegen zwei äquidistant abgetastete Interferenzspektren im *k*-Raum vor, deren Abtastintervalle näherungsweise übereinstimmen.

In einem zweiten Schritt wurden die so behandelten Daten des 1250 nm-Bandes an die des 800 nm-Bandes angehängt. Der neue vereinigte Datensatz wurde anschließend mittels eines Hochpasses gefiltert, um den Gleichanteil des Signals zu entfernen. Infolge des disjunkten Charakters der beiden Wellenlängenbereiche tritt an deren Verbindungspunkt eine Diskontinuität der Oszillationsamplitude und -phase auf, durch die das OCT-Signal beeinträchtigt wird. Daher wurde die Phase und die Amplitude der beiden Interferenzsignale am Verbindungspunkt mittels einer Kurzzeit-Fouriertransformation (short-time Fourier transform – STFT) bestimmt. Da die Bestimmung aufgrund der verwendeten Fensterbreite der STFT von 64 Kanälen nicht bis zum Rand der Datensätze erfolgen kann, wurden jeweils die letzten 64 Kanäle des 800 nm-Bandes und die ersten 64 Kanäle der 1250 nm-Bandes entfernt. Mit der nun bekannten frequenzabhängigen Phasen- und Amplitudeninformation konnte das Signal des 1250 nm-Bandes an das Signal des 800 nm-Bandes am neu entstandenen Verbindungspunkt angepasst werden. Für Proben mit mehreren Schichten wie beispielsweise biologisches Gewebe muss diese Anpassungsprozedur für jede axiale Tiefe, d. h. Modulationsfrequenz durchgeführt werden, da es aufgrund der Dispersion innerhalb der Probe und der wellenlängenanhängigen Rückstreuung keinen linearen Zusammenhang zwischen dem 800 nm-Band und dem 1250 nm-Band bezüglich Phase und Amplitude gibt. Um dabei eine ungewollte Verstärkung des Rauschhintergrundes zu vermeiden, wurde der Faktor, mit dem die Amplitude des 1250 nm-Bandes auf die des 800 nm-Bandes skaliert wird, auf einen bestimmten Wertebereich begrenzt. Da die Signalamplitude und das Rauschniveau des 800 nm-Bandes in Konfiguration A ca. 10 dB bis 15 dB unterhalb des 1250 nm-Bandes liegen (vgl. Abb. 5.9(a)), wurde für den Skalierungsfaktor ein typischer Bereich von 0,001 bis 1 gewählt.

In einem dritten Schritt erfolgte eine erneute Abtastung des nun fusionierten Datensatzes in den *k*-Raum anhand einer gemeinsamen Kalibrierungskurve, um auf diese Weise verbliebene Restabweichungen im Verlauf der Oszillationsfrequenz zu unterdrücken. Schließlich wurde vor der Fensterung und der abschließenden FFT eine zusätzliche Glättung der Signaleinhüllenden durchgeführt. Die dafür benötigte Korrekturfunktion konnte durch eine Tiefpassfilterung der fusionierten Interferenzspektren erhalten werden.

7.1.3 Ergebnisse und Diskussion

Axiale Bildgebung an einer reflektierenden Oberfläche

Zur Überprüfung des Funktionsprinzips wurde die simultane Dualband-Bildgebung und anschließende spektrale Datenfusion in einem ersten Schritt an einer einzelnen reflektierenden Schicht erprobt. An Abb. 7.1 sind die entsprechenden disjunkten Interferenzspektren des 800 nm- und des 1250 nm-Bandes mit der frequenzkodierten Tiefeninformation der Oberfläche eines Glassubstrats in Luft abgebildet. Darin ist zu erkennen, dass sich die Oszillationsfrequenz zwischen beiden Wellenlängenbändern deutlich unterscheidet. Nach der Überführung in den *k*-Raum, dem Abgleich der Frequenzen durch Zero-Padding und der Anpassung der Amplitude und Phase am Verbindungspunkt kann dagegen ein fusioniertes Interferenzsignal mit einem spektral glatten Frequenzverlauf erhalten werden, wie es in Abb. 7.2(a,b) dargestellt ist. Die geringen, verbliebenen Abweichungen in der Oszillationsfrequenz wurden durch eine zweite Neuabtastung des Signals mit Hilfe der ermittelten Polynomfunktion in Abb. 7.2(c) entfernt.

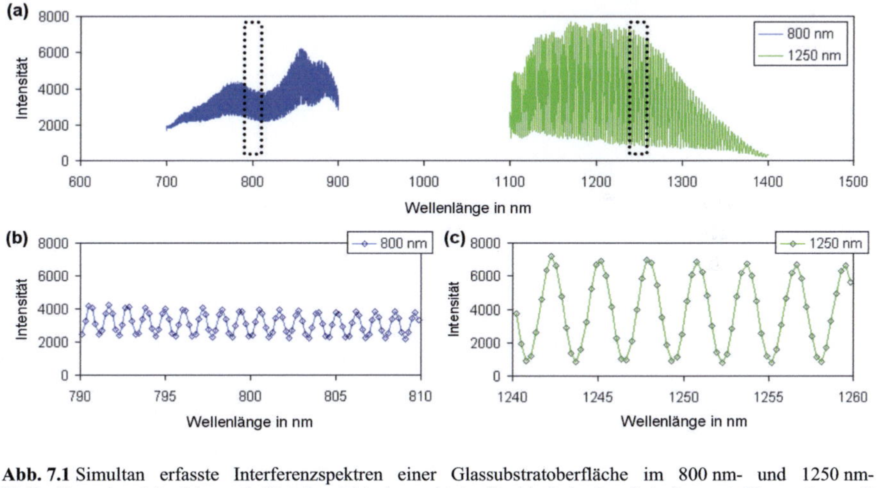

Abb. 7.1 Simultan erfasste Interferenzspektren einer Glassubstratoberfläche im 800 nm- und 1250 nm-Wellenlängenbereich (a), und Detailansicht (gepunktete Rechtecke) des Interferenzstreifenmusters mit unterschiedlichen Oszillationsfrequenzen um 800 nm (b) und 1250 nm (c). Die Intensitätsangabe an der Ordinate entspricht dem Grauwert der Bilddaten, die die Zeilenkameras liefern. Weitere Erläuterungen im Text.

Die resultierenden A-Scans der Glassubstratoberfläche, die durch simultane Erfassung im 800 nm- und 1250 nm-Band sowie durch anschließende spektrale Fusion der Datensätze erhalten werden konnten, sind in Abb. 7.3 dargestellt. Darin ist zu erkennen, dass der A-Scan der fusionierten Daten eine gute Schärfe mit einer Seitenbandunterdrückung von 30 dB aufweist, was für die Bildgebung von Proben mit geringem Dynamikbereich ausreichend ist. Die axiale Auflösung wurde analog zu Abschnitt 5.5.3 als Breite der A-Scan-Spitze 6 dB unterhalb des Maximums (Halbwertsbreite) bestimmt, und beträgt 3,1 μm für das 800 nm-Band und 5,3 μm für das 1250 nm-Band.

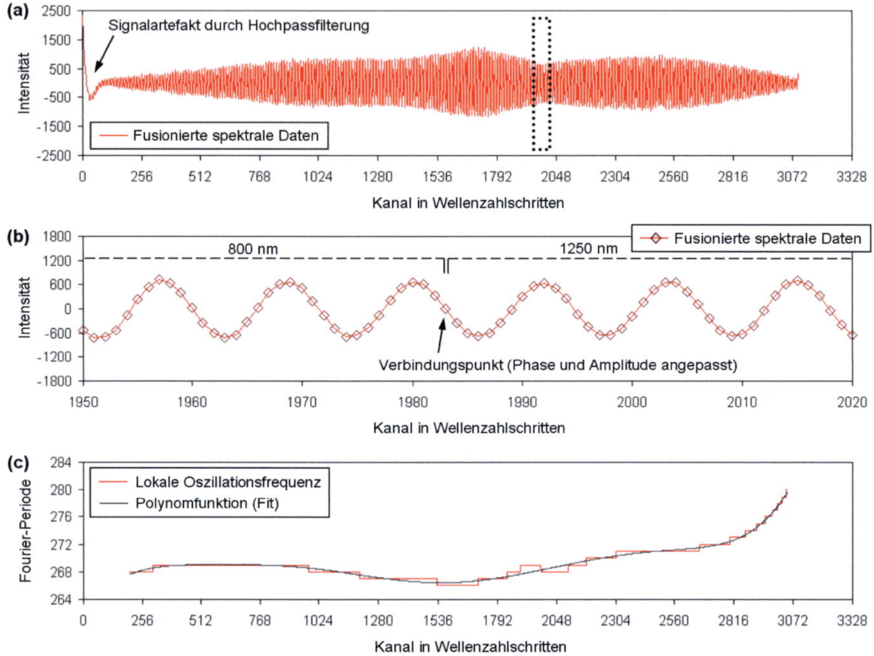

Abb. 7.2 In den Wellenzahlraum überführter, fusionierter Dualband-Datensatz der Glassubstratoberfläche (a). Das gepunktete Rechteck markiert die Detailansicht (b), die die Umgebung des Verbindungspunktes der beiden Spektralbereiche darstellt. Am Verbindungspunkt wurde die Phase und Amplitude des 1250 nm-Signals auf das 800 nm-Signal angepasst. Die lokale Verteilung der Oszillationsfrequenz des zusammengefügten Interferenzsignals wurde anschließend mittels STFT analysiert (c). Zur Entfernung der verbliebenen Frequenzabweichungen um einen konstanten Wert, wurde ein Polynom 12. Grades an die Verteilung gefittet, und dieses als Kalibierfunktion für eine erneute Abtastung der Daten verwendet. Weitere Erläuterungen im Text.

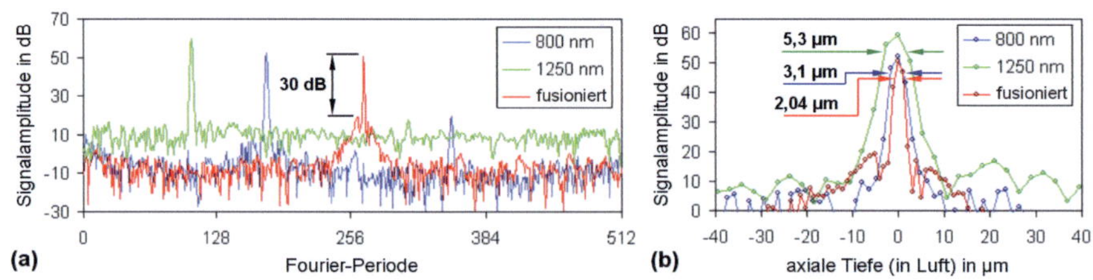

Abb. 7.3 A-Scans einer Glassubstratoberfläche, die im 800 nm-Band, 1250 nm-Band sowie durch spektrale Fusion beider Wellenlängenbänder erhalten wurden (a). Der A-Scan des fusionierten Datensatzes weist eine scharfe Spitze mit einer Seitenbandunterdrückung von 30 dB auf. Die axiale Auflösung der A-Scans (Halbwertsbreite der A-Scan-Spitze) beträgt 3,1 µm für das 800 nm-Band, 5,1 µm für das 1250 nm-Band und 2,04 µm für den fusionierten Datensatz (b). Weitere Erläuterungen im Text.

Diese Werte stimmen gut mit den theoretischen Werten aus Tabelle 5.1 überein. Die geringfügigen Abweichungen gegenüber den bereits in Abschnitt 5.5.3 ermittelten axialen Auflösungswerten kommen durch aktualisierte Kalibrier-funktionen zur Transformation der Detektordaten in den *k*-Raum (*DeChirp*) zustande. Für die spektral fusionierten Daten beträgt die axiale Auflösung 2,04 µm. Dieser Wert liegt sehr dicht an der theoretisch ermittelten Auflösung von 1,98 µm (vgl. Abschnitt 7.1.2). Folglich konnte durch die spektrale Fusion der Dualband-OCT-Daten die axiale Auflösung um 52 % gegenüber dem 800 nm-Band mit konventioneller Signalverarbeitung verbessert werden.

Schnittbildgebung in biologischem Gewebe

Abb. 7.4 zeigt OCT-Schnittbilder einer isolierten, in 1,5 % Glutaraldehyd- und 1,5 % Formaldehyd-Lösung fixierten Kaninchenlunge (vgl. Abb. 5.24), die durch konventionelle Signalverarbeitung der Einzelbänder und durch spektrale Fusion beider Wellenlängenbereiche erhalten wurden. Darin ist eine durch spektrale Datenfusion hervorgerufene Verbesserung der axialen Auflösung anhand schärfer abgebildeter Strukturen in den oberflächennahen Regionen der Pleura und der subpleuralen Alveolen sowie in den tiefer gelegenen Bereichen des Schnittbildes zu erkennen. Somit besitzt die vorgestellte Methode zur spektralen Fusion der Dualband-OCT-Daten auch die Fähigkeit das axiale Auflösungsvermögen in Schnittbildern biologischen Gewebes zu steigern.

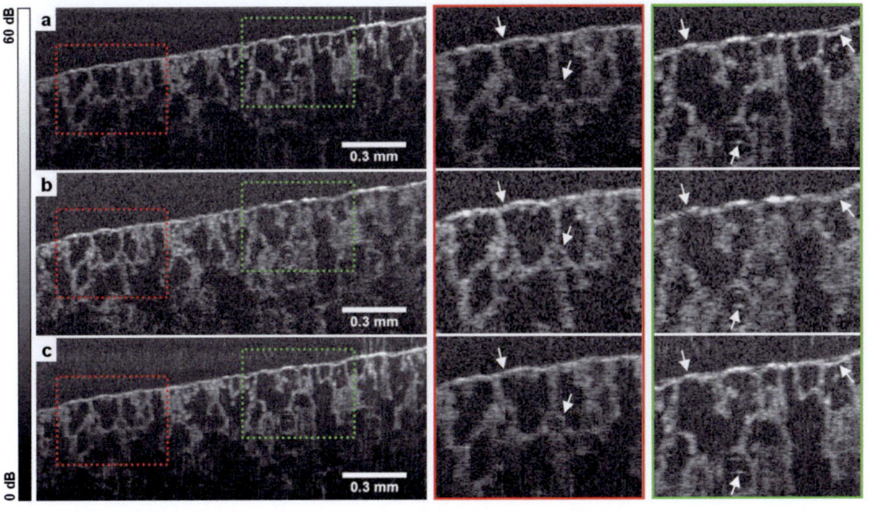

Abb. 7.4 OCT-Bildgebung einer isolierten Kaninchenlunge mit konventioneller Signalverarbeitung im 800 nm-Band (a) und 1250 nm-Band (b), sowie erweiterter Datenverarbeitung zur spektralen Fusion beider Wellenlängenbänder (c). Die rot und grün gepunkteten Rechtecke in den Schnittbildern links geben den Bereich der vergrößerten Ansichten rechts an. Eine Verbesserung des axialen Auflösungsvermögens durch spektrale Datenfusion ist darin sowohl in oberflächennahen als auch in tiefer gelegenen Regionen (Pfeile) zu erkennen.

7.1.4 Zusammenfassung

Es wurde eine Methode zur Verbesserung des axialen Auflösungsvermögens durch adäquate Fusion zweier parallel erfasster, disjunkter, spektraler Datensätze im Bereich der simultanen Dualband-OCT vorgestellt. Trotz des vorläufigen Charakters dieser Methode lieferten erste Versuche an einzelnen A-Scans einer Glassubstratoberfläche sowie an vollständigen Schnittbildern biologischen Gewebes bereits viel versprechende Ergebnisse mit einer Auflösungssteigerung von 52 %. Dennoch sind weitere Untersuchungen für ein vollständiges Verständnis des physikalischen Hintergrundes sowie des Einflusses der verwendeten Signalverarbeitungsparameter notwendig. Des Weiteren ist die Genauigkeit der Amplituden- und Phasenanpassung aufgrund der festen Fensterbreite der verwendeten STFT gegrenzt. Bei hohen Modulationsfrequenzen, d. h. großen axialen Tiefen, muss die spektrale Auflösung der STFT hoch und die Fensterbreite dementsprechend klein sein. Demgegenüber ist bei langen Oszillationen, d. h. kleinen axialen Tiefen, eine große Fensterbreite erforderlich, um die kleinen Modulationsfrequenzen auflösen zu können. Daher wäre eine STFT mit variabler Fenstergröße möglicherweise ein besser geeigneter Ansatz. Da in der vorgestellten Methode zudem ein sehr großer Spektralbereich für die Bildgebung genutzt wird, könnte eine zusätzliche numerische Dispersionskompensation, wie sie beispielsweise von Wojtkowski et al. [24] vorgeschlagen wird, ebenfalls zu einer weiteren Verbesserung der Bildqualität beitragen.

Auch diese Ergebnisse zur spektralen Fusion der Dualband-OCT-Daten konnten bereits veröffentlicht werden [193].

7.2 Multimodale Bildgebung: OCT und Fluoreszenzvideoangiografie

Im Vergleich zu anderen optischen Bildgebungsverfahren wie der Fluoreszenzmikroskopie ist die OCT eine eher unspezifische Modalität, welche basierend auf Lichtstreuung nur allgemeine Informationen über die Gewebestruktur liefert. Für die Hervorhebung spezifischer Substanzen oder Moleküle und die gleichzeitige dreidimensionale Erfassung des umgebenden Gewebes ist daher eine Kombination aus OCT und Fluoreszenzbildgebung sinnvoll [194;195]. In der biomedizinischen Bildgebung kommt häufig die ICG-Fluoreszenzangiografie (ICGA) zur Darstellung der Blutgefäße des Augenhintergrundes [116] oder des Gehirns während neurochirurgischer Operationen [196;197] zum Einsatz. Da die ICGA ebenfalls im Nahinfrarotbereich um 800 nm arbeitet, zeichnet sie sich durch eine erhöhte Eindringtiefe in biologisches Gewebe aus. Für die Detektion des Fluoreszenzsignals in einem größeren Messareal genügt eine flächige Beleuchtung mit dem Anregungslicht und eine Videokamera mit vorgelagertem Emissionsfilter [198]. Die entsprechende Technik ist in einigen modernen Operationsmikroskopen bereits erhältlich. Zur Kennzeichnung, dass die örtliche und zeitliche Erfassung des Fluoreszenzsignals mittels einer Flächenkamera und nicht durch einen Einzeldetektor wie in der Konfokalmikroskopie erfolgt, bezeichnet man dieses Verfahren auch als Fluoreszenzvideoangiografie.

Aufgrund des flexiblen und modularen Aufbaus des entwickelten Dualband-OCT-Systems kann dieses mit geringem Aufwand um eine parallele ICG-Fluroszenzvideobildgebung erweitert werden. Dazu wurde der Standardmesskopf gemäß Abb. 7.5(a) um einen mit 12 NIR-LEDs ($\lambda_0 = 780$ nm, $P_{optisch} = 18$ mW, LED780-33AU, Roithner Lasertechnik, Österreich) bestückten Beleuchtungsring, einen dichroitischen Spiegel (Laseroptik HT VIS HR1320nm/45°, Deutschland) zur Trennung zwischen OCT- und Fluoreszenzlicht, einen RG850- und einen RG830-Farbglasfilter (Edmund Optics 32-759 und 32-758) als Emissionsfiltersatz, einen Achromaten ($f = 30$ mm, Edmund Optics 47-633) als Kameraobjektiv sowie eine nahinfrarotsensitive, monochrome Videokamera (1,3 Megapixel CMOS, Sumix SMX-M71M, USA) erweitert. Das Spektrum des LED-Anregungslichtes (gemessen mit faseroptischem Spektrometer Avantes AvaSpec-2048, Niederlande) und die Transmissionskurve des kombinierten RG850- und RG830-Emissionsfiltersatzes (gemessen mit Tischspektrometer Bruker IFS 28, USA) sind in Abb. 7.5(b) dargestellt.

Für die kombinierte ICGA- und OCT-Bildgebung kann aufgrund des verwendeten dichroitischen Spiegels nur das langwellige 1250 nm-Band des Dualband-OCT-Systems verwendet werden. Das kurzwellige 800 nm-Band wurde zur Vermeidung von Übersprechen in den ICGA-Kanal mit Hilfe der mechanischen Schlitzblende in der Prismen-Linsensequenz (vgl. Abb. 5.1) vollständig geblockt. Eine Beeinträchtigung des 1250 nm-Bandes durch das Vorhandensein von ICG in der Probe ist infolge der in Abb. 5.30 dargestellten Messergebnisse nicht zu erwarten. Ebenfalls kann aufgrund der begrenzten spektralen Sensitivität der Videokamera, in der Silizium als Detektormaterial verwendet wird, davon ausgegangen werden, dass die Beeinflussung des ICGA-Kanals durch das 1250 nm-Band vernachlässigbar klein ist.

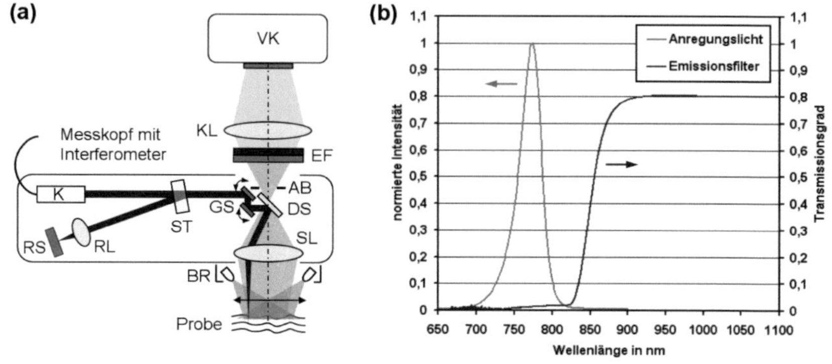

Abb. 7.5 (a) Schematische Darstellung des modifizierten Messkopfes für die kombinierten OCT-Bildgebung und ICG-Fluoreszenzvideoangiografie. Der OCT-Strahl wird über den Faserkollimator (K) eingekoppelt. Anschließend wird das Licht über den Strahlteiler (ST) in den Referenzarm mit Referenzlinse (RL) und -spiegel (RS), und den Probenarm mit den Galvanometerscannern (GS) und der Scanlinse (SL) aufgespaltet. Für die Fluoreszenzbildgebung wird die Probe mittels eines Beleuchtungsrings (BR) bestehend aus 12 NIR-LEDs (λ_0 = 780 nm) beleuchtet. Zusätzlich sind in dem Beleuchtungsring 12 Weißlicht-LEDs für die konventionelle Videoerfassung im Sichtbaren verbaut. Die Trennung zwischen Fluoreszenz- bzw. Weißlicht- und OCT-Kanal erfolgt über einen phasenoptimierten dichroitischen Spiegel (DS), welcher im Sichtbaren und kurzwelligen Nahinfraroten transparent und im langwelligen Nahinfraroten (1180 nm - 1470 nm) reflektierend ist, ohne den Polarisationszustand des abgelenkten Lichtes zu verändern. Der Emissionsfiltersatz (EF) für die Fluoreszenzdetektion besteht aus einem RG850- und einem RG830-Farbglasfilter, welche einzeln in den Strahlgang geschwenkt werden können. Über die Kameralinse (KL) wird das zu detektierende Licht von der Probenoberfläche auf die Videokamera (VK) fokussiert. Um den sphärischen Abbildungsfehler zu reduzieren, wurde zudem eine Aperturblende (AB) mit einer Öffnung von 4 mm im rückwärtigen Fokus der Scanlinse (SL) eingebracht. (b) Gemessenes Emissionsspektrum der NIR-LEDs und gemessene Transmissionskurve des Emissionsfiltersatzes (RG850- und RG830-Filter) zur Anregung bzw. Detektion der Fluoreszenz von ICG. Die Halbwertsbreite (FWHM) des LED-Spektrums beträgt ca. 30 nm. Weitere Erläuterungen im Text.

Zur Erprobung des Aufbaus wurde ein Flussphantom bestehend aus einer Glaskapillare (Innendurchmesser 300 µm) vor dem Hintergrund eines weißen Blatt Papiers verwendet. Analog zur in Abb. 5.30 dargestellten Absorptionsmessung wurde die Kapillare mit handelsüblicher Milch und ICG in verschiedenen Konzentrationen bei einem konstanten Volumenstrom von 10 ml/h perfundiert. Für die Fluoreszenzdetektion wurde die Konzentration jedoch reduziert, damit sie im Bereich der klinisch verwendeten Menge an ICG (ca. 21 mg pro Injektion, entspricht 25 mg ICG-Natriumiodit zur Herstellung einer gebrauchsfertigen Injektionslösung, ICG-Pulsion, Pulsion Medical Systems, Deutschland) liegt, die sich nach Applikation als Bolus allmählich im gesamten Blutplasma verteilt. Die Ergebnisse der parallelen OCT- und ICGA-Bildgebung am Flussphantom sind in Abb. 7.6 dargestellt.

Die Aufnahmen zeigen eine mit zunehmender Konzentration steigende Helligkeit des Kapillarlumens im ICGA-Kanal bei gleichzeitig guter Unterdrückung des nicht fluoreszierenden Hintergrundes. Zwischen den Konzentrationen 42 mg/l und 84 mg/l ist kein weiterer Anstieg der Fluoreszenzintensität zu verzeichnen, was vermutlich auf Quenching-Effekte zurückzuführen ist. Dabei handelt es sich um fluoreszenzlöschende Konkurrenzprozesse, die im Zusammenhang mit der Konzentration die Fluoreszenzausbeute herabsetzen.

So führt ein Anstieg der Konzentration zum einen zu einer verstärkten Bildung von Dimeren und größeren Aggregaten, welche eine geringere Fluoreszenzausbeute aufweisen als die bei kleineren Konzentrationen vorherrschende monomere Form des ICG [128]. Zum anderen nimmt mit wachsender Konzentration auch die Absorption zu, sodass die Eindringtiefe des Anregungslichtes und somit die Dicke der fluoreszierenden Schicht geringer wird. Die optimale Konzentration bei der die Fluoreszenzintensität von ICG maximal wird, hängt vom umgebenden Medium ab. Sie beträgt für Humanblut 80 mg/l [199]. Der oben genannte Konzentrationsbereich, bei dem die höchste Fluoreszenzintensität am Flussphantom auftritt, stimmt gut mit diesem Wert überein.

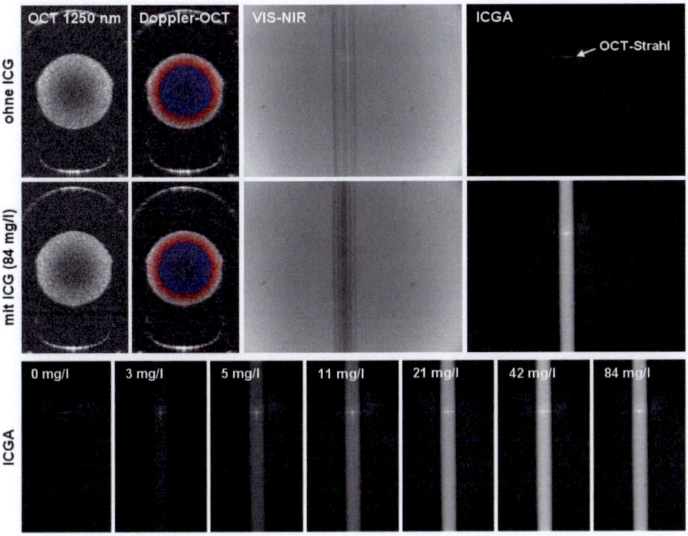

Abb. 7.6 Oben: Parallele OCT- und ICG-Fluoreszenzvideobildgebung am Flussphantom. Die Bilder zeigen eine mit Milch und verschiedenen Konzentrationen von ICG perfundierte Glaskapillare mit einem Innendurchmesser von 300 µm. Das ICG-markierte Kapillarlumen ist gut im Fluoreszenzkanal (ICGA) zu erkennen. Die zeitnah ohne Emissionsfilter im kombinierten Weißlicht- / NIR-Kanal aufgenommenen Videobilder (VIS-NIR) der Kapillare zeigen dagegen nur einen geringen Kontrast mit einer leicht verminderten Intensität im Kapillarzentrum bei einer ICG-Konzentration von 84 mg/l, was auf die Absorption des Farbstoffes zurückzuführen ist. Die strukturelle OCT- und funktionelle Doppler-OCT-Bildgebung der Kapillare im 1250 nm-Band (A-Scan-Rate 12 kHz) weist keine Veränderung in Abhängigkeit der ICG-Konzentration auf. Die OCT-Bilder wurden durch Mittelung von drei aufeinander folgenden B-Scans erhalten. Unten: ICG-Fluoreszenzvideobildgebung der Kapillare bei verschiedenen Farbstoffkonzentrationen (1 mg/l = 1,3 µM). Ab einer Konzentration von 42 mg/l steigt die Fluoreszenzintensität nicht weiter an, was auf ein einsetzendes Quenching (Fluoreszenzlöschung) hindeutet. Weitere Erläuterungen im Text.

Die zeitnah ohne Emissionsfilter unter kombinierter Weißlicht- / NIR-Beleuchtung aufgenommen Videobilder (VIS-NIR-Kanal) zeigen dagegen nur eine geringe Veränderung in Abhängigkeit der ICG-Konzentration, die durch die Absorption des Farbstoffes bedingt ist. Die Videobilder wurden mit einer Belichtungszeit von 38 ms aufgenommen, um eine Bildrate von mindestens 25 fps für die Erfassung dynamischer Vorgänge wie dem Einströmvorgang des Farbstoffes erreichen zu können. Für die Aufnahmen ohne Emissionsfilter (VIS-NIR) wurde die Helligkeit des Beleuchtungsrings und die Empfindlichkeit der Kamera entsprechend reduziert. Im OCT 1250 nm-Kanal, welcher wiederum die Schnittbilddarstellung der Kapillare sowie die Visualisierung des Flusses mittels Doppler-Auswertung erlaubt, ist keine Beeinflussung durch ICG zu beobachten.

Folglich können durch die parallele OCT- und ICG-Fluoreszenzbildgebung sich gegenseitig bestätigende oder ergänzende Informationen über die untersuchten Blutgefäße gewonnen werden, wodurch zuverlässigere Aussagen über deren Lage, Ausdehnung und Funktion möglich sind. Als biomedizinische Anwendung für die kombinierte OCT-Bildgebung und ICG-Fluoreszenzvideoangiografie ist die Untersuchung vaskulärer Veränderungen oder Neubildungen wie beispielsweise der Ausbildung von Kolateralgefäßen als Folge einer Durchblutungsstörung vorstellbar. Diese Gefäße, die zur Umgehung eines verengten oder verschlossenen Leitungsgefäßes dienen, und deren Erscheinungsort nur grob vorhergesagt werden kann, könnten mittels ICG-Fluoreszenzvideoangiografie großflächig lokalisiert und anschließend mittels OCT detailliert hinsichtlich ihrer Größe, Form und Durchblutung untersucht werden. In diesem Zusammenhang sind zukünftig weitere *in vivo* Untersuchungen geplant.

8 Zusammenfassung und Ausblick

In der vorliegenden Arbeit wurde die Entwicklung eines neuartigen, spektrometerbasierten Dualband-OCT-Systems und dessen Anwendung in der biomedizinsichen Bildgebung vorgestellt. Ziel war es, die individuellen Vorteile des 800 nm-Bandes und des 1300 nm-Bandes – die beiden Wellenlängenbereiche, die typischerweise in der biomedizinischen OCT verwendet werden – miteinander zu kombinieren, und so eine Verbesserung der Bildgebung mit gegebenenfalls zusätzlichem spektralen Kontrast zu erreichen. Als gemeinsame Lichtquelle für beide Spektralbereiche sollte ein extrem breitbandiger Superkontinuum-Laser zum Einsatz kommen, der erst seit Kurzem kommerziell verfügbar ist. Gleichzeitig sollte das System unter Ausnutzung der großen spektralen Breite der Lichtquelle über ein hohes axiales Auflösungsvermögen für eine detailreiche Bildgebung verfügen, sowie durch eine genügend hohe Aufnahmegeschwindigkeit die Betrachtung von bewegten biologischen Proben unter *in vivo* Bedingungen erlauben.

Nachdem eine Recherche zu bisher vorgestellten Dualband-OCT-Systemen durchgeführt wurde, konnte ein optimierter Aufbau zur spektralen Formung der Lichtquelle, faseroptischen Ankopplung an den OCT-Messkopf und parallelen Detektion zweier Spektralbereiche um 800 nm und 1250 nm mit Hilfe einer Anordnung aus zwei Spektrometern erarbeitet werden. Der verwendete SC-Laser ist für die hochauflösende OCT-Bildgebung mit A-Scan-Raten im Bereich von 12 kHz bis 36 kHz gut geeignet, solange das intensitätsabhängige Rauschen (RIN) der Lichtquelle durch entsprechend lange Belichtungszeiten der Detektorzeilen unterdrückt wird. Die simultane Dualband-Bildgebung über eine gemeinsame Öffnung (Singlemode-Faser) gewährleistet eine in beiden Spektralbereichen zeitlich wie örtlich übereinstimmende Abtastung der Probe, wodurch – innerhalb der Auflösungsgrenzen – ein punktgenauer Vergleich des Rückstreuvermögens ermöglicht wird. Wie erwartet besitzt das kurzwellige 800 nm-Band eine höhere Auflösung und das langwellige 1250 nm-Band eine erhöhte Eindringtiefe in optisch trübes Gewebe. Diese Vorteile können durch Bildung des Mittelwertbildes aus beiden Bändern miteinander kombiniert werden. Das Mittelwertbild weist zudem eine vermindertes Speckle-Rauschen und somit eine verbesserte Bildqualität gegenüber den Einzelbändern auf. Da der Fokus für beide Wellenlängenbänder in einer leicht unterschiedlichen Tiefe liegt (multifokales System), besitzt das Mittelwertbild zudem einen erweiterten Schärfentiefebereich. Die spektrale Information, die als zusätzlicher Kontrast durch die parallele Bildgebung in zwei verschiedenen Wellenlängenbändern gewonnen werden kann, wurde mit Hilfe eines farbkodierten Differenzbildes dargestellt. Die spektrale Empfindlichkeit des Dualband-OCT-Systems konnte technisch anhand verschiedener Farbglasfilter sowie mittels des Nahinfrarotfarbstoffes ICG erfolgreich nachgewiesen werden. Dabei muss jedoch beachtet werden, dass die spektrale Sensitivität des Systems gegenüber wellenlängenabhängiger Absorption und Streuung durch weitere Faktoren wie der Änderung der Polarisation in doppelbrechenden Proben, dem *Fringe washout* in bewegten Proben und dem Farbfehler der Messoptik beeinflusst wird.

Die Tauglichkeit des Systems für die *in vivo* Bildgebung konnte in zahlreichen tierexperimentellen Untersuchungen, die in Kooperation mit biologischen und medizinischen

Forschungsgruppen des Universitätsklinikums und der TU Dresden durchgeführt wurden, erfolgreich nachgewiesen werden. So konnten neue Einsichten und Erkenntnisse über den zeitlichen Verlauf der retinalen Degeneration und die Behandlungsreaktion auf eine neuartige Stammzelltherapie im *in vivo* Rattenmodell gewonnen werden. Die dabei gesammelten Erfahrungen zur technischen Umsetzung wurden zudem für die Erweiterung der retinalen Bildgebung auf andere Kleintiermodelle wie Maus und Zebrafisch genutzt. Des Weiteren konnte das System erfolgreich zur Aufklärung der optischen Inhomogenität von strömendem Blut angewendet werden, die in OCT-Schnittbildern von Gefäßen beobachtet werden kann. Als Ursache für diesen bislang ungeklärten Effekt wurden die scherspannungsinduzierte Ausrichtung der scheibenförmigen roten Blutzellen im durchströmten Gefäß und eine daraus resultierende Modulation des Rückstreuquerschnittes identifiziert.
Darüber hinaus konnten erweiterte Methoden entwickelt werden, die über die klassische OCT-Bildgebung hinausgehen. So wurde ein Verfahren vorgestellt, mit dem das axiale Auflösungsvermögen durch adäquate Fusion der disjunkten Dualband-OCT-Datensätze zu einem pseudokontinuierlichen Interferenzspektrum weiter verbessert werden kann. Außerdem wurde eine multimodale Bildgebung mittels OCT und ICG-Fluoreszenzvideoangiografie für die großflächige Detektion und detaillierte Analyse von Blutgefäßen demonstriert, die in der biomedizinischen Forschung eine Vielzahl von potentiellen Anwendungsmöglichkeiten zur Untersuchung vaskulärer Veränderungen besitzt.
Bezüglich der Wellenlängenabhängigkeit der OCT-Bildgebung zeigte sich, dass die Gewebeinformation im 800 nm- und 1250 nm-Band bei einem Großteil der untersuchten biologischen Proben wie Haut, Zahn oder Lungengewebe ähnlich ist. Somit sind beide konventionell verwendeten Spektralbereiche, abgesehen von der erhöhten Eindringtiefe im Langwelligen, gleichermaßen für die Erfassung der allgemeinen Gewebemorphologie geeignet. In diesem Zusammenhang ist für die Gewährleistung der maximalen Bildqualität mit erweitertem Schärfentiefebereich daher die Verwendung des Mittelwertbildes aus beiden Bändern zu empfehlen.
Daneben konnten in anderen Regionen wie der Nagelfalz und des Fingernagels sowie erstmals in der Retina auch signifikante spektrale Unterschiede im OCT-Signal beobachtet werden. So weisen die Nagelfalz und insbesondere die Nagelplatte eine über die Tiefe abwechselnde spektrale Blau- und Rotverschiebung auf, die durch die doppelbrechenden Eigenschaften dieser Gewebestrukturen zustande kommt. In der Retina ist hingegen eine spektrale Rotverschiebung unterhalb des pigmentierten RPE charakteristisch, was auf die Eigenschaft des Farbstoffes Melanin zurückzuführen ist, kurzwelliges Licht stärker zu absorbieren als Langwelliges. Diese Beobachtungen zeigen deutlich das Potential der Dualband-OCT zur Gewinnung eines zusätzlichen und reproduzierbaren, spektroskopischen Gewebekontrastes auf. Somit stellt das hier vorgestellte Dualband-OCT-System eine entscheidende Neuerung auf dem Gebiet der biomedizinschen Optik und Bildgebung dar.

Aufgrund der hohen Auflösung und der gesteigerten Eindringtiefe, mit der sich die Mikrostruktur der Retina und der darunterliegenden Choroidea besonders gut erfassen lässt, sind zukünftig weitere *in vivo* Studien zur Untersuchung retinaler De- und Regenerationsprozesse mit dem entwickelten Dualband-OCT-System geplant. Dabei soll neben dem

Hauptaugenmerk des nichtinvasiven Monitorings der Retina bezüglich Krankheitsverlauf und Behandlungserfolg auch untersucht werden, wie verschiedene Degenerationsprozesse, die mit dem Verlust spezifischer retinaler Zellschichten einhergehen, im OCT-Bild abgebildet werden, um so die Interpretation dieses nichtinvasiven optischen Biopsieverfahrens weiter zu verbessern.

Für die weitere Entwicklung auf dem Gebiet der spektroskopischen Dualband-OCT sollte in einem nächsten Schritt die Minimierung der chromatischen Aberrationen des OCT-Messkopfes, insbesondere des Farblängsfehlers, durch Konstruktion einer breitbandigen, achromatischen Scanoptik angestrebt werden. Als Alternative dazu sind auch separate Einstellmöglichkeiten für die Brennpunkte beider Wellenlängenbänder durch getrennte Strahlengänge im Messkopf vorstellbar.

Zur Erhöhung des spektroskopischen Informationsgehalts bei gleichzeitiger Beibehaltung der Vorteile einer hohen Auflösung und einer gesteigerten Eindringtiefe sollte darüber hinaus eine Erweiterung des kurzwelligen Bandes bis in den sichtbaren Spektralbereich (VIS) in Betracht gezogen werden. Dies könnte infolge der enormen spektralen Breite der Lichtquelle ebenfalls mit dem zur Verfügung stehenden SC-Laser realisiert werden. So sind im sichtbaren Bereich deutlich höhere Absorptionsbanden endogener Chromophore wie Hämoglobin oder Melanin vorhanden, wodurch die spektroskopische Bildgebung mittels SOCT sicher erleichtert werden würde. Die im Gegenzug geringere Eindringtiefe würde vermutlich dennoch die Untersuchung von biologischen Proben wie der Retina oberhalb der absorbierenden RPE-Schicht zulassen. Bei geeigneter Anpassung des optischen Aufbaus würden die bisherigen Spektralbereiche um 800 nm und 1250 nm weiterhin erhalten bleiben und parallel für die typische OCT- und Doppler-OCT-Bildgebung im NIR-Bereich zur Verfügung stehen. Im Anschluss ist in weiteren Untersuchungen zu klären, ob sich mittels spektroskopischer OCT im VIS-NIR-Bereich biologisch bzw. klinisch interessante Parameter wie die Oxygenierung von Hämoglobin tiefenaufgelöst detektieren lassen, und so zukünftig neue Diagnoseverfahren, beispielsweise zur Ermittlung der Sauerstoffsättigungsverteilung im Gewebe, entwickelt werden können.

Literaturverzeichnis

1. D. Huang, E. A. Swanson, C. P. Lin, J. S. Schuman, W. G. Stinson, W. Chang, M. R. Hee, T. Flotte, K. Gregory, C. A. Puliafito, J. G. Fujimoto, "Optical Coherence Tomography," Science 254, 1178-1181 (1991).

2. J. G. Fujimoto, "Optical coherence tomography for ultrahigh resolution in vivo imaging," Nat Biotech 21, 1361-1367 (2003).

3. F. Pedrotti, L. Pedrotti, W. Bausch, H. Schmidt, *Optik - Eine Einführung*, Prentice Hall Verlag - München (1996).

4. P. H. Tomlins und R. K. Wang, "Theory, developments and applications of optical coherence tomography," Journal of Physics D: Applied Physics 38, 2519 (2005).

5. A. F. Fercher, W. Drexler, C. K. Hitzenberger, T. Lasser, "Optical coherence tomography - principles and applications," Reports on Progress in Physics 66, 239 (2003).

6. J. A. Izatt, M. D. Kulkarni, W. Hsing-Wen, K. Kobayashi, M. V. Sivak, Jr., "Optical coherence tomography and microscopy in gastrointestinal tissues," IEEE J. Quantum Electron. 2, 1017-1028 (1996).

7. J. P. Ritz, A. Roggan, C. Isbert, G. Müller, H. J. Buhr, C. T. Germer, "Optical properties of native and coagulated porcine liver tissue between 400 and 2400 nm," Lasers Surg. Med. 29, 205-212 (2001).

8. A. N. Bashkatov, E. A. Genina, V. I. Kochubey, V. V. Tuchin, "Optical properties of human skin, subcutaneous and mucous tissues in the wavelength range from 400 to 2000 nm," Journal of Physics D: Applied Physics 38, 2543 (2005).

9. S. Farsiu, J. Christofferson, B. Eriksson, P. Milanfar, B. Friedlander, A. Shakouri, R. Nowak, "Statistical detection and imaging of objects hidden in turbid media using ballistic photons," Appl. Opt. 46, 5805-5822 (2007).

10. A. M. Rollins, M. D. Kulkarni, S. Yazdanfar, R. Ung-arunyawee, J. A. Izatt, "In vivo video rate optical coherence tomography," Opt. Express 3, 219-229 (1998).

11. A. F. Fercher, C. K. Hitzenberger, G. Kamp, S. Y. El-Zaiat, "Measurement of intraocular distances by backscattering spectral interferometry," Opt. Commun. 117, 43-48 (1995).

12. G. Hausler und M. W. Lindner, "``Coherence Radar" and ``Spectral Radar"---New Tools for Dermatological Diagnosis," J. Biomed. Opt. 3, 21-31 (1998).

13. R. Leitgeb, C. Hitzenberger, A. Fercher, "Performance of fourier domain vs. time domain optical coherence tomography," Opt. Express 11, 889-894 (2003).

14. J. F. de Boer, B. Cense, B. H. Park, M. C. Pierce, G. J. Tearney, B. E. Bouma, "Improved signal-to-noise ratio in spectral-domain compared with time-domain optical coherence tomography," Opt. Lett. 28, 2067-2069 (2003).

15. T. Schmoll, C. Kolbitsch, R. A. Leitgeb, "Ultra-high-speed volumetric tomography of human retinal blood flow," Opt. Express 17, 4166-4176 (2009).

16. B. Potsaid, I. Gorczynska, V. J. Srinivasan, Y. Chen, J. Jiang, A. Cable, J. G. Fujimoto, "Ultrahigh speed Spectral / Fourier domain OCT ophthalmic imaging at 70,000 to 312,500 axial scans per second," Opt. Express 16, 15149-15169 (2008).

17. B. Vakoc, S. Yun, J. de Boer, G. Tearney, B. Bouma, "Phase-resolved optical frequency domain imaging," Opt. Express 13, 5483-5493 (2005).

18. E. C. Lee, J. F. de Boer, M. Mujat, H. Lim, S. H. Yun, "In vivo optical frequency domain imaging of human retina and choroid," Opt. Express 14, 4403-4411 (2006).

19. R. Huber, M. Wojtkowski, J. G. Fujimoto, J. Y. Jiang, A. E. Cable, "Three-dimensional and C-mode OCT imaging with a compact, frequency swept laser source at 1300 nm," Opt. Express 13, 10523-10538 (2005).

20. I. Grulkowski, J. J. Liu, B. Potsaid, V. Jayaraman, C. D. Lu, J. Jiang, A. E. Cable, J. S. Duker, J. G. Fujimoto, "Retinal, anterior segment and full eye imaging using ultrahigh speed swept source OCT with vertical-cavity surface emitting lasers," Biomed. Opt. Express 3, 2733-2751 (2012).

21. R. Huber, M. Wojtkowski, J. G. Fujimoto, "Fourier Domain Mode Locking (FDML): A new laser operating regime and applications for optical coherence tomography," Opt. Express 14, 3225-3237 (2006).

22. W. Wieser, B. R. Biedermann, T. Klein, C. M. Eigenwillig, R. Huber, "Multi-Megahertz OCT: High quality 3D imaging at 20 million A-scans and 4.5 GVoxels per second," Opt. Express 18, 14685-14704 (2010).

23. M. Szkulmowski, M. Wojtkowski, T. Bajraszewski, I. Gorczynska, P. Targowski, W. Wasilewski, A. Kowalczyk, C. Radzewicz, "Quality improvement for high resolution in vivo images by spectral domain optical coherence tomography with supercontinuum source," Opt. Commun. 246, 569-578 (2005).

24. M. Wojtkowski, V. Srinivasan, T. Ko, J. Fujimoto, A. Kowalczyk, J. Duker, "Ultrahigh-resolution, high-speed, Fourier domain optical coherence tomography and methods for dispersion compensation," Opt. Express 12, 2404-2422 (2004).

25. P. Koch, D. Boller, E. Koch, J. Welzel, G. Hüttmann, "Ultrahigh-resolution FDOCT system for dermatology," Proc. SPIE 5690, 24-30 (2005).

26. E. Götzinger, M. Pircher, R. Leitgeb, C. Hitzenberger, "High speed full range complex spectral domain optical coherence tomography," Opt. Express 13, 583-594 (2005).

27. B. Baumann, M. Pircher, E. Götzinger, C. K. Hitzenberger, "Full range complex spectral domain optical coherence tomography without additional phase shifters," Opt. Express 15, 13375-13387 (2007).

28. S. Makita, T. Fabritius, Y. Yasuno, "Full-range, high-speed, high-resolution 1-µm spectral-domain optical coherence tomography using BM-scan for volumetric imaging of the human posterior eye," Opt. Express 16, 8406-8420 (2008).

29. Y. Zahid, M. Emily, W. Jigang, H. Xin, F. Jeff, Y. Changhuei, "Molecular contrast optical coherence tomography: a pump-probe scheme using indocyanine green as a contrast agent," J. Biomed. Opt. 11, 054017 (2006).

30. B. E. Applegate und J. A. Izatt, "Molecular imaging of endogenous and exogenous chromophores using ground state recovery pump-probe optical coherence tomography," Opt. Express 14, 9142-9155 (2006).

31. D. C. Adler, S. W. Huang, R. Huber, J. G. Fujimoto, "Photothermal detection of gold nanoparticlesusing phase-sensitive optical coherencetomography," Opt. Express 16, 4376-4393 (2008).

32. A. L. Oldenburg, J. R. Gunther, S. A. Boppart, "Imaging magnetically labeled cells with magnetomotive optical coherence tomography," Opt. Lett. 30, 747-749 (2005).

33. A. Oldenburg, F. Toublan, K. Suslick, A. Wei, S. Boppart, "Magnetomotive contrast for in vivo optical coherence tomography," Opt. Express 13, 6597-6614 (2005).

34. A. L. Oldenburg, V. Crecea, S. A. Rinne, S. A. Boppart, "Phase-resolved magnetomotive OCT for imaging nanomolar concentrations of magnetic nanoparticles in tissues," Opt. Express 16, 11525-11539 (2008).

35. Y. Jiang, I. Tomov, Y. Wang, Z. Chen, "Second-harmonic optical coherence tomography," Opt. Lett. 29, 1090-1092 (2004).

36. U. Morgner, W. Drexler, F. X. Kärtner, X. D. Li, C. Pitris, E. P. Ippen, J. G. Fujimoto, "Spectroscopic optical coherence tomography," Opt. Lett. 25, 111-113 (2000).

37. R. Leitgeb, M. Wojtkowski, A. Kowalczyk, C. K. Hitzenberger, M. Sticker, A. F. Fercher, "Spectral measurement of absorption by spectroscopic frequency-domain optical coherence tomography," Opt. Lett. 25, 820-822 (2000).

38. A. L. Oldenburg, X. Chenyang, S. A. Boppart, "Spectroscopic Optical Coherence Tomography and Microscopy," IEEE J. Quantum Electron. 13, 1629-1640 (2007).

39. M. R. Hee, D. Huang, E. A. Swanson, J. G. Fujimoto, "Polarization-sensitive low-coherence reflectometer for birefringence characterization and ranging," J. Opt. Soc. Am. B 9, 903-908 (1992).

40. C. Hitzenberger, E. Goetzinger, M. Sticker, M. Pircher, A. Fercher, "Measurement and imaging of birefringence and optic axis orientation by phase resolved polarization sensitive optical coherence tomography," Opt. Express 9, 780-790 (2001).

41. E. Götzinger, M. Pircher, M. Sticker, A. F. Fercher, C. K. Hitzenberger, "Measurement and imaging of birefringent properties of the human cornea with phase-resolved, polarization-sensitive optical coherence tomography," J. Biomed. Opt. 9, 94-102 (2004).

42. B. Cense, T. C. Chen, B. H. Park, M. C. Pierce, J. F. de Boer, "Thickness and Birefringence of Healthy Retinal Nerve Fiber Layer Tissue Measured with Polarization-Sensitive Optical Coherence Tomography," Invest. Ophthalmol. Vis. Sci. 45, 2606-2612 (2004).

43. B. Park, M. C. Pierce, B. Cense, S. H. Yun, M. Mujat, G. Tearney, B. Bouma, J. de Boer, "Real-time fiber-based multi-functional spectral-domain optical coherence tomography at 1.3 µm," Opt. Express 13, 3931-3944 (2005).

44. S. J. Matcher, C. P. Winlove, S. V. Gangnus, "The collagen structure of bovine intervertebral disc studied using polarization-sensitive optical coherence tomography," Phys. Med. Biol. 49, 1295 (2004).

45. M. Mogensen, J. B. Thomsen, L. T. Skovgaard, G. B. E. Jemec, "Nail thickness measurements using optical coherence tomography and 20-MHz ultrasonography," British Journal of Dermatology 157, 894-900 (2007).

46. D. Fried, J. Xie, S. Shafi, J. D. B. Featherstone, T. M. Breunig, C. Le, "Imaging caries lesions and lesion progression with polarization sensitive optical coherence tomography," J. Biomed. Opt. 7, 618-627 (2002).

47. M. C. Pierce, R. L. Sheridan, B. Hyle Park, B. Cense, J. F. de Boer, "Collagen denaturation can be quantified in burned human skin using polarization-sensitive optical coherence tomography," Burns 30, 511-517 (2004).

48. S. D. Giattina, B. K. Courtney, P. R. Herz, M. Harman, S. Shortkroff, D. L. Stamper, B. Liu, J. G. Fujimoto, M. E. Brezinski, "Assessment of coronary plaque collagen with polarization sensitive optical coherence tomography (PS-OCT)," Int. J. Cardiol. 107, 400-409 (2006).

49. J. Walther, G. Mueller, H. Morawietz, E. Koch, "Analysis of in vitro and in vivo bidirectional flow velocities by phase-resolved Doppler Fourier-domain OCT," Sens. Actuator A-Phys. 156, 14-21 (2009).

50. J. Walther, G. Mueller, H. Morawietz, E. Koch, "Signal power decrease due to fringe washout as an extension of the limited Doppler flow measurement range in spectral domain optical coherence tomography," J. Biomed. Opt. 15, 041511 (2010).

51. R. K. Wang, S. L. Jacques, Z. Ma, S. Hurst, S. R. Hanson, A. Gruber, "Three dimensional optical angiography," Opt. Express 15, 4083-4097 (2007).

52. R. K. Wang und S. Hurst, "Mapping of cerebro-vascular blood perfusion in mice with skin and skull intact by Optical Micro-AngioGraphy at 1.3 µm wavelength," Opt. Express 15, 11402-11412 (2007).

53. Y. K. Tao, A. M. Davis, J. A. Izatt, "Single-pass volumetric bidirectional blood flow imaging spectral domain optical coherence tomography using a modified Hilbert transform," Opt. Express 16, 12350-12361 (2008).

54. Y. K. Tao, K. M. Kennedy, J. A. Izatt, "Velocity-resolved 3D retinal microvessel imaging using single-pass flow imaging spectral domain optical coherence tomography," Opt. Express 17, 4177-4188 (2009).

55. S. H. Yun, G. Tearney, J. de Boer, B. Bouma, "Motion artifacts in optical coherence tomography with frequency-domain ranging," Opt. Express 12, 2977-2998 (2004).

56. J. Walther, A. Krüger, M. Cuevas, E. Koch, "Effects of axial, transverse, and oblique sample motion in FD OCT in systems with global or rolling shutter line detector," J. Opt. Soc. Am. A 25, 2791-2802 (2008).

57. J. Walther und E. Koch, "Transverse motion as a source of noise and reduced correlation of the Doppler phase shift in spectral domain OCT," Opt. Express 17, 19698-19713 (2009).

58. G. Maguluri, M. Mujat, B. H. Park, K. H. Kim, W. Sun, N. V. Iftimia, R. D. Ferguson, D. X. Hammer, T. C. Chen, J. F. de Boer, "Three dimensional tracking for volumetric spectral-domain optical coherence tomography," Opt. Express 15, 16808-16817 (2007).

59. M. Yamanari, "Phase retardation measurement of retinal nerve fiber layer by polarization-sensitive spectral-domain optical coherence tomography and scanning laser polarimetry," J. Biomed. Opt. 13, 014013 (2008).

60. T. Xie, S. Guo, Z. Chen, D. Mukai, M. Brenner, "GRIN lens rod based probe for endoscopic spectral domain optical coherence tomography with fast dynamic focus tracking," Opt. Express 14, 3238-3246 (2006).

61. T. Ko, D. Adler, J. Fujimoto, D. Mamedov, V. Prokhorov, V. Shidlovski, S. Yakubovich, "Ultrahigh resolution optical coherence tomography imaging with a broadband superluminescent diode light source," Opt. Express 12, 2112-2119 (2004).

62. B. E. Bouma, G. J. Tearney, I. P. Bilinsky, B. Golubovic, J. G. Fujimoto, "Self-phase-modulated Kerr-lens mode-locked Cr:forsterite laser source for optical coherence tomography," Opt. Lett. 21, 1839-1841 (1996).

63. W. Drexler, U. Morgner, F. X. Kärtner, C. Pitris, S. A. Boppart, X. D. Li, E. P. Ippen, J. G. Fujimoto, "In vivo ultrahigh-resolution optical coherence tomography," Opt. Lett. 24, 1221-1223 (1999).

64. R. Leitgeb, W. Drexler, A. Unterhuber, B. Hermann, T. Bajraszewski, T. Le, A. Stingl, A. Fercher, "Ultrahigh resolution Fourier domain optical coherence tomography," Opt. Express 12, 2156-2165 (2004).

65. B. Povazay, K. Bizheva, A. Unterhuber, B. Hermann, H. Sattmann, A. F. Fercher, W. Drexler, A. Apolonski, W. J. Wadsworth, J. C. Knight, P. S. Russell, M. Vetterlein, E. Scherzer, "Submicrometer axial resolution optical coherence tomography," Opt. Lett. 27, 1800-1802 (2002).

66. J. M. Dudley, G. Genty, S. Coen, "Supercontinuum generation in photonic crystal fiber," Rev. Mod. Phys. 78, 1135-1184 (2006).

67. G. Genty, S. Coen, J. M. Dudley, "Fiber supercontinuum sources (Invited)," J. Opt. Soc. Am. B 24, 1771-1785 (2007).

68. A. Aguirre, N. Nishizawa, J. Fujimoto, W. Seitz, M. Lederer, D. Kopf, "Continuum generation in a novel photonic crystal fiber for ultrahigh resolution optical coherence tomography at 800 nm and 1300 nm," Opt. Express 14, 1145-1160 (2006).

69. H. Wang und A. M. Rollins, "Optimization of dual-band continuum light source for ultrahigh-resolution optical coherence tomography," Appl. Opt. 46, 1787-1794 (2007).

70. J. M. Schmitt et al, "Optical-coherence tomography of a dense tissue: statistics of attenuation and backscattering," Phys. Med. Biol. 39, 1705 (1994).

71. Y. Pan und D. L. Farkas, "Noninvasive Imaging of Living Human Skin with Dual-Wavelength Optical Coherence Tomography in Two and Three Dimensions," J. Biomed. Opt. 3, 446-455 (1998).

72. F. Feldchtein, V. Gelikonov, R. Iksanov, G. Gelikonov, R. Kuranov, A. Sergeev, N. Gladkova, M. Ourutina, D. Reitze, J. Warren, "In vivo OCT imaging of hard and soft tissue of the oral cavity," Opt. Express 3, 239-250 (1998).

73. M. Pircher, E. Gotzinger, R. Leitgeb, A. F. Fercher, C. Hitzenberger, "Speckle reduction in optical coherence tomography by frequency compounding," J. Biomed. Opt. 8, 565-569 (2003).

74. J. M. Schmitt, S. H. Xiang, K. M. Yung, "Differential absorption imaging with optical coherence tomography," J. Opt. Soc. Am. A 15, 2288-2296 (1998).

75. M. Pircher, E. Götzinger, R. Leitgeb, A. Fercher, C. Hitzenberger, "Measurement and imaging of water concentration in human cornea with differential absorption optical coherence tomography," Opt. Express 11, 2190-2197 (2003).

76. T. Støren, A. Røyset, L. O. Svaasand, T. Lindmo, "Functional imaging of dye concentration in tissue phantoms by spectroscopic optical coherence tomography," J. Biomed. Opt. 10, 024037 (2005).

77. T. Støren, A. Røyset, L. O. Svaasand, T. Lindmo, "Measurement of dye diffusion in scattering tissue phantoms using dual-wavelength low-coherence interferometry," J. Biomed. Opt. 11, 014017 (2006).

78. F. Spöler, S. Kray, P. Grychtol, B. Hermes, J. Bornemann, M. Först, H. Kurz, "Simultaneous dual-band ultra-high resolution optical coherence tomography," Opt. Express 15, 10832-10841 (2007).

79. D. Sacchet, J. Moreau, P. Georges, A. Dubois, "Simultaneous dual-band ultra-high resolution full-field optical coherence tomography," Opt. Express 16, 19434-19446 (2008).

80. S. Kray, F. Spöler, M. Först, H. Kurz, "High-resolution simultaneous dual-band spectral domain optical coherence tomography," Opt. Lett. 34, 1970-1972 (2009).

81. D. Adler, T. Ko, P. Herz, J. Fujimoto, "Optical coherence tomography contrast enhancement using spectroscopic analysis with spectral autocorrelation," Opt. Express 12, 5487-5501 (2004).

82. A. Dubois, J. Moreau, C. Boccara, "Spectroscopic ultrahigh-resolution full-field optical coherence microscopy," Opt. Express 16, 17082-17091 (2008).

83. A. E. Desjardins, B. J. Vakoc, G. J. Tearney, B. E. Bouma, "Backscattering spectroscopic contrast with angle-resolved optical coherence tomography," Opt. Lett. 32, 3158-3160 (2007).

84. C. Xu, P. Carney, S. Boppart, "Wavelength-dependent scattering in spectroscopic optical coherence tomography," Opt. Express 13, 5450-5462 (2005).

85. D. J. Faber, E. G. Mik, M. C. G. Aalders, T. G. van Leeuwen, "Light absorption of (oxy-)hemoglobin assessed by spectroscopic optical coherence tomography," Opt. Lett. 28, 1436-1438 (2003).

86. D. J. Faber, E. G. Mik, M. C. G. Aalders, T. G. van Leeuwen, "Toward assessment of blood oxygen saturation by spectroscopic optical coherence tomography," Opt. Lett. 30, 1015-1017 (2005).

87. C. W. Lu, C. K. Lee, M. T. Tsai, Y. M. Wang, C. C. Yang, "Measurement of the hemoglobin oxygen saturation level with spectroscopic spectral-domain optical coherence tomography," Opt. Lett. 33, 416-418 (2008).

88. X. Liu und J. U. Kang, "Depth-Resolved Blood Oxygen Saturation Assessment Using Spectroscopic Common-Path Fourier Domain Optical Coherence Tomography," Biomedical Engineering, IEEE Transactions on 57, 2572-2575 (2010).

89. J. Yi und X. Li, "Estimation of oxygen saturation from erythrocytes by high-resolution spectroscopic optical coherence tomography," Opt. Lett. 35, 2094-2096 (2010).

90. W. Drexler, "Ultrahigh-resolution optical coherence tomography," J. Biomed. Opt. 9, 47-74 (2004).

91. L. Kagemann, G. Wollstein, M. Wojtkowski, H. Ishikawa, K. A. Townsend, M. L. Gabriele, V. J. Srinivasan, J. G. Fujimoto, J. S. Schuman, "Spectral oximetry assessed with high-speed ultra-high-resolution optical coherence tomography," J. Biomed. Opt. 12, 041212 (2007).

92. C. Yang, "Molecular Contrast Optical Coherence Tomography: A Review," Photochem. Photobiol. 81, 215-237 (2005).

93. C. Xu, J. Ye, D. L. Marks, S. A. Boppart, "Near-infrared dyes as contrast-enhancing agents for spectroscopic optical coherence tomography," Opt. Lett. 29, 1647-1649 (2004).

94. H. Cang, T. Sun, Z. Y. Li, J. Chen, B. J. Wiley, Y. Xia, X. Li, "Gold nanocages as contrast agents for spectroscopic optical coherence tomography," Opt. Lett. 30, 3048-3050 (2005).

95. P. Parsa, S. L. Jacques, N. S. Nishioka, "Optical properties of rat liver between 350 and 2200 nm," Appl. Opt. 28, 2325-2330 (1989).

96. C. Yang, L. E. L. McGuckin, J. D. Simon, M. A. Choma, B. Applegate, J. A. Izatt, "Spectral triangulation molecular contrast optical coherence tomography with indocyanine green as the contrast agent," Opt. Lett. 29, 2016-2018 (2004).

97. J. Yi, J. Gong, X. Li, "Analyzing absorption and scattering spectra of micro-scale structures with spectroscopic optical coherence tomography," Opt. Express 17, 13157-13167 (2009).

98. A. Kartakoullis, E. Bousi, C. Pitris, "Scatterer size-based analysis of optical coherence tomography images using spectral estimation techniques," Opt. Express 18, 9181-9191 (2010).

99. B. Povazay, K. Bizheva, B. Hermann, A. Unterhuber, H. Sattmann, A. Fercher, W. Drexler, C. Schubert, P. Ahnelt, M. Mei, R. Holzwarth, W. Wadsworth, J. Knight, P. S. Russell, "Enhanced visualization of choroidal vessels using ultrahigh resolution ophthalmic OCT at 1050 nm," Opt. Express 11, 1980-1986 (2003).

100. Y. Chen, D. L. Burnes, M. de Bruin, M. Mujat, J. F. de Boer, "Three-dimensional pointwise comparison of human retinal optical property at 845 and 1060 nm using optical frequency domain imaging," J. Biomed. Opt. 14, 024016 (2009).

101. A. Alex, B. Poavzay, B. Hofer, S. Popov, C. Glittenberg, S. Binder, W. Drexler, "Multispectral in vivo three-dimensional optical coherence tomography of human skin," J. Biomed. Opt. 15, 026025 (2010).

102. J. A. Curcio und C. C. Petty, "The Near Infrared Absorption Spectrum of Liquid Water," J. Opt. Soc. Am. 41, 302 (1951).

103. A. Roggan, M. Friebel, K. Dörschel, A. Hahn, G. Müller, "Optical Properties of Circulating Human Blood in the Wavelength Range 400-2500 nm," J. Biomed. Opt. 4, 36 (1999).

104. M. H. Smith, "Optimum Wavelength Combinations for Retinal Vessel Oximetry," Appl. Opt. 38, 258-267 (1999).

105. M. L. Landsman, G. Kwant, G. A. Mook, W. G. Zijlstra, "Light-absorbing properties, stability, and spectral stabilization of indocyanine green," J Appl Physiol 40, 575-583 (1976).

106. C. Hicks, M. Kalatsky, R. A. Metzler, A. O. Goushcha, "Quantum Efficiency of Silicon Photodiodes in the Near-Infrared Spectral Range," Appl. Opt. 42, 4415-4422 (2003).

107. R. Cernat, G. M. Dobre, I. Trifanov, L. Neagu, A. Bradu, M. Hughes, A. Gh. Podoleanu, "Investigations of OCT imaging performance using a unique source providing several spectral wavebands," Proc. SPIE 6847, 68470U (2008).

108. S. Meissner, L. Knels, A. Krueger, T. Koch, E. Koch, "Simultaneous three-dimensional optical coherence tomography and intravital microscopy for imaging subpleural pulmonary alveoli in isolated rabbit lungs," J. Biomed. Opt. 14, 054020 (2009).

109. M. Seefeldt, A. Heuer, R. Menzel, "Compact white-light source with an average output power of 2.4 W and 900 nm spectral bandwidth," Opt. Commun. 216, 199-202 (2003).

110. T. Schreiber, J. Limpert, H. Zellmer, A. Tünnermann, K. P. Hansen, "High average power supercontinuum generation in photonic crystal fibers," Opt. Commun. 228, 71-78 (2003).

111. C. Dorrer, N. Belabas, J. P. Likforman, M. Joffre, "Spectral resolution and sampling issues in Fourier-transform spectral interferometry," J. Opt. Soc. Am. B 17, 1795-1802 (2000).

112. C. M. Eigenwillig, B. R. Biedermann, G. Palte, R. Huber, "K-space linear Fourier domain mode locked laser and applications for optical coherence tomography," Opt. Express 16, 8916-8937 (2008).

113. S. Yun, G. Tearney, B. Bouma, B. Park, J. de Boer, "High-speed spectral-domain optical coherence tomography at 1.3 ?m wavelength," Opt. Express 11, 3598-3604 (2003).

114. N. Nassif, B. Cense, B. Park, M. Pierce, S. Yun, B. Bouma, G. Tearney, T. Chen, J. de Boer, "In vivo high-resolution video-rate spectral-domain optical coherence tomography of the human retina and optic nerve," Opt. Express 12, 367-376 (2004).

115. T. Bajraszewski, M. Wojtkowski, M. Szkulmowski, A. Szkulmowska, R. Huber, A. Kowalczyk, "Improved spectral optical coherence tomography using optical frequency comb," Opt. Express 16, 4163-4176 (2008).

116. A. Hassenstein und C. H. Meyer, "Clinical use and research applications of Heidelberg retinal angiography and spectral-domain optical coherence tomography – a review," Clinical & Experimental Ophthalmology 37, 130-143 (2009).

117. P. D. Woolliams, R. A. Ferguson, C. Hart, A. Grimwood, P. H. Tomlins, "Spatially deconvolved optical coherence tomography," Appl. Opt. 49, 2014-2021 (2010).

118. B. Liu und M. E. Brezinski, "Theoretical and practical considerations on detection performance of time domain, Fourier domain, and swept source optical coherence tomography," J. Biomed. Opt. 12, 044007 (2007).

119. M. Choma, M. Sarunic, C. Yang, J. Izatt, "Sensitivity advantage of swept source and Fourier domain optical coherence tomography," Opt. Express 11, 2183-2189 (2003).

120. J. M. Schmitt, S. H. Xiang, K. M. Yung, "Speckle in Optical Coherence Tomography," J. Biomed. Opt. 4, 95-105 (1999).

121. S. Meissner, G. Muller, J. Walther, H. Morawietz, E. Koch, "In-vivo Fourier domain optical coherence tomography as a new tool for investigation of vasodynamics in the mouse model," J. Biomed. Opt. 14, 034027 (2009).

122. J. Walther, G. Mueller, S. Meissner, P. Cimalla, H. Homann, H. Morawietz, E. Koch, "Time-resolved blood flow measurement in the in vivo mouse model by optical frequency domain imaging," Proc. SPIE 7372, 73720J (2009).

123. Institute of Laboratory Animal Resources (US), *Guide for the care and use of laboratory animals*, National Academies Press - (1996).

124. I. K. Jang, B. E. Bouma, D. H. Kang, S. J. Park, S. W. Park, K. B. Seung, K. B. Choi, M. Shishkov, K. Schlendorf, E. Pomerantsev, S. L. Houser, H. T. Aretz, G. J. Tearney, "Visualization of coronary atherosclerotic plaques in patients using optical coherence tomography: comparison with intravascular ultrasound," J. Am. Coll. Cardiol. 39, 604-609 (2002).

125. G. F. Mitchell, A. Jeron, G. Koren, "Measurement of heart rate and Q-T interval in the conscious mouse," American Journal of Physiology - Heart and Circulatory Physiology 274, H747-H751 (1998).

126. R. Liang, *Optical Design for Biomedical Imaging*, SPIE Press - Bellingham, Washington USA (2011).

127. A. I. Kholodnykh, I. Y. Petrova, K. V. Larin, M. Motamedi, R. O. Esenaliev, "Precision of Measurement of Tissue Optical Properties with Optical Coherence Tomography," Appl. Opt. 42, 3027-3037 (2003).

128. T. Desmettre, J. M. Devoisselle, S. Mordon, "Fluorescence Properties and Metabolic Features of Indocyanine Green (ICG) as Related to Angiography," Survey of Ophthalmology 45, 15-27 (2000).

129. K. Kogure, N. J. David, U. Yamanouchi, E. Choromokos, "Infrared Absorption Angiography of the Fundus Circulation," Arch Ophthalmol 83, 209-214 (1970).

130. T. L. Troy und S. N. Thennadil, "Optical properties of human skin in the near infrared wavelength range of 1000 to 2200 nm," J. Biomed. Opt. 6, 167-176 (2001).

131. M. Friebel, J. Helfmann, U. Netz, M. Meinke, "Influence of oxygen saturation on the optical scattering properties of human red blood cells in the spectral range 250 to 2000 nm," J. Biomed. Opt. 14, 034001-034006 (2009).

132. B. Park, M. Pierce, B. Cense, J. de Boer, "Real-time multi-functional optical coherence tomography," Opt. Express 11, 782-793 (2003).

133. J. Barton und S. Stromski, "Flow measurement without phase information in optical coherence tomography images," Opt. Express 13, 5234-5239 (2005).

134. A. Mariampillai, B. A. Standish, E. H. Moriyama, M. Khurana, N. R. Munce, M. K. K. Leung, J. Jiang, A. Cable, B. C. Wilson, I. A. Vitkin, V. X. D. Yang, "Speckle variance detection of microvasculature using swept-source optical coherence tomography," Opt. Lett. 33, 1530-1532 (2008).

135. A. Mariampillai, M. K. Leung, M. Jarvi, B. A. Standish, K. Lee, B. C. Wilson, A. Vitkin, V. X. Yang, "Optimized speckle variance OCT imaging of microvasculature," Opt. Lett. 35, 1257-1259 (2010).

136. M. Young, *Optik, Laser, Wellenleiter*, Springer-Verlag - Berlin, Heidelberg, New York (1997).

137. M. Daimon und A. Masumura, "Measurement of the refractive index of distilled water from the near-infrared region to the ultraviolet region," Appl. Opt. 46, 3811-3820 (2007).

138. T. G. van Leeuwen, D. J. Faber, M. C. Aalders, "Measurement of the axial point spread function in scattering media using single-mode fiber-based optical coherence tomography," IEEE J. Quantum Electron. 9, 227-233 (2003).

139. D. Faber, F. van der Meer, M. Aalders, T. van Leeuwen, "Quantitative measurement of attenuation coefficients of weakly scattering media using optical coherence tomography," Opt. Express 12, 4353-4365 (2004).

140. P. Cimalla, M. Mehner, M. Cuevas, J. Walther, E. Koch, "Simultaneous dual-band spectral domain optical coherence tomography using a supercontinuum laser light source," Proc. SPIE 7372, 73720Z (2009).

141. P. Cimalla, J. Walther, M. Mehner, M. Cuevas, E. Koch, "Simultaneous dual-band optical coherence tomography in the spectral domain for high resolution in vivo imaging," Opt. Express 17, 19486-19500 (2009).

142. P. Cimalla, J. Walther, W. Goettsch, S. Meissner, H. Morawietz, E. Koch, "Simultaneous dual-band optical coherence tomography as new tool for imaging vascular structure and function in the in vivo mouse model," Biomed. Tech. 55, 33-36 (2010).

143. W. Drexler und J. G. Fujimoto, "State-of-the-art retinal optical coherence tomography," Prog. Retin. Eye Res. 27, 45-88 (2008).

144. U. E. K. Wolf-Schnurrbusch, L. Ceklic, C. K. Brinkmann, M. E. Iliev, M. Frey, S. P. Rothenbuehler, V. Enzmann, S. Wolf, "Macular Thickness Measurements in Healthy Eyes Using Six Different Optical Coherence Tomography Instruments," Invest. Ophthalmol. Vis. Sci. 50, 3432-3437 (2009).

145. N. Horio, S. Kachi, K. Hori, Y. Okamoto, E. Yamamoto, H. Terasaki, Y. Miyake, "Progressive Change of Optical Coherence Tomography Scans in Retinal Degeneration Slow Mice," Arch Ophthalmol 119, 1329-1332 (2001).

146. Q. Li, A. M. Timmers, K. Hunter, C. Gonzalez-Pola, A. S. Lewin, D. H. Reitze, W. W. Hauswirth, "Noninvasive Imaging by Optical Coherence Tomography to Monitor Retinal Degeneration in the Mouse," Invest. Ophthalmol. Vis. Sci. 42, 2981-2989 (2001).

147. V. J. Srinivasan, T. H. Ko, M. Wojtkowski, M. Carvalho, A. Clermont, S. E. Bursell, Q. H. Song, J. Lem, J. S. Duker, J. S. Schuman, J. G. Fujimoto, "Noninvasive Volumetric Imaging and Morphometry of the Rodent Retina with High-Speed, Ultrahigh-Resolution Optical Coherence Tomography," Invest. Ophthalmol. Vis. Sci. 47, 5522-5528 (2006).

148. O. P. Kocaoglu, S. R. Uhlhorn, E. Hernandez, R. A. Juarez, R. Will, J. M. Parel, F. Manns, "Simultaneous Fundus Imaging and Optical Coherence Tomography of the Mouse Retina," Invest. Ophthalmol. Vis. Sci. 48, 1283-1289 (2007).

149. M. Ruggeri, H. Wehbe, S. Jiao, G. Gregori, M. E. Jockovich, A. Hackam, Y. Duan, C. A. Puliafito, "In Vivo Three-Dimensional High-Resolution Imaging of Rodent Retina with Spectral-Domain Optical Coherence Tomography," Invest. Ophthalmol. Vis. Sci. 48, 1808-1814 (2007).

150. K. H. Kim, M. Puoris'haag, G. N. Maguluri, Y. Umino, K. Cusato, R. B. Barlow, J. F. de Boer, "Monitoring mouse retinal degeneration with high-resolution spectral-domain optical coherence tomography," J. Vision 8, 1701-11 (2008).

151. A. Nagata, T. Higashide, S. Ohkubo, H. Takeda, K. Sugiyama, "In Vivo Quantitative Evaluation of the Rat Retinal Nerve Fiber Layer with Optical Coherence Tomography," Invest. Ophthalmol. Vis. Sci. 50, 2809-2815 (2009).

152. G. Huber, S. C. Beck, C. Grimm, A. Sahaboglu-Tekgoz, F. Paquet-Durand, A. Wenzel, P. Humphries, T. M. Redmond, M. W. Seeliger, M. D. Fischer, "Spectral Domain Optical Coherence Tomography in Mouse Models of Retinal Degeneration," Invest. Ophthalmol. Vis. Sci. 50, 5888-5895 (2009).

153. S. Hariri, A. A. Moayed, A. Dracopoulos, C. Hyun, S. Boyd, K. Bizheva, "Limiting factors to the OCT axial resolution for in-vivo imaging of human and rodent retina in the 1060nm wavelength range," Opt. Express 17, 24304-24316 (2009).

154. A. A. Moayed, S. Hariri, C. Hyun, B. Doran, T. W. Kraft, S. Boyd, K. Bizheva, "Combined optical coherence tomography and electroretinography system for in vivo simultaneous morphological and functional imaging of the rodent retina," J. Biomed. Opt. 15, 040506 (2010).

155. A. Hughes, "A schematic eye for the rat," Vision Research 19, 569-588 (1979).

156. A. Chaudhuri, P. E. Hallett, J. A. Parker, "Aspheric curvatures, refractive indices and chromatic aberration for the rat eye," Vision Research 23, 1351-1363 (1983).

157. C. K. Hitzenberger, A. Baumgartner, W. Drexler, A. F. Fercher, "Dispersion Effects in Partial Coherence Interferometry: Implications for Intraocular Ranging," J. Biomed. Opt. 4, 144-151 (1999).

158. L. Wang, B. Hofer, Y. P. Chen, J. A. Guggenheim, W. Drexler, B. Povazay, "Highly reproducible swept-source, dispersion-encoded full-range biometry and imaging of the mouse eye," J. Biomed. Opt. 15, 046004 (2010).

159. T. Schmoll, C. Kolbitsch, R. A. Leitgeb, "In vivo functional retinal optical coherence tomography," J. Biomed. Opt. 15, 041513 (2010).

160. P. Thevenaz, U. E. Ruttimann, M. Unser, "A pyramid approach to subpixel registration based on intensity," Image Processing, IEEE Transactions on 7, 27-41 (1998).

161. S. Remtulla und P. E. Hallett, "A schematic eye for the mouse, and comparisons with the rat," Vision Research 25, 21-31 (1985).

162. R. Dahm, H. B. Schonthaler, A. S. Soehn, J. van Marle, G. F. J. M. Vrensen, "Development and adult morphology of the eye lens in the zebrafish," Experimental Eye Research 85, 74-89 (2007).

163. Y. Verma, K. D. Rao, M. K. Suresh, H. S. Patel, P. K. Gupta, "Measurement of gradient refractive index profile of crystalline lens of fisheye in vivo using optical coherence tomography," Appl. Phys. B 87, 607-610 (2007).

164. U. Bartsch, W. Oriyakhel, P. F. Kenna, S. Linke, G. Richard, B. Petrowitz, P. Humphries, G. J. Farrar, M. Ader, "Retinal cells integrate into the outer nuclear layer and differentiate into mature photoreceptors after subretinal transplantation into adult mice," Experimental Eye Research 86, 691-700 (2008).

165. D. Eberle, S. Schubert, K. Postel, D. Corbeil, M. Ader, "Increased Integration of Transplanted CD73-Positive Photoreceptor Precursors into Adult Mouse Retina," Invest. Ophthalmol. Vis. Sci. 52, 6462-6471 (2011).

166. M. M. Humphries, D. Rancourt, G. J. Farrar, P. Kenna, M. Hazel, R. A. Bush, P. A. Sieving, D. M. Sheils, P. Creighton, A. Erven, A. Boros, K. Gulya, M. R. Capecchi, P. Humphries, "Retinopathy induced in mice by targeted disruption of the rhodopsin gene," Nat Genet 15, 216-219 (1997).

167. R. L. Bernardos, L. K. Barthel, J. R. Meyers, P. A. Raymond, "Late-Stage Neuronal Progenitors in the Retina Are Radial Müller Glia That Function as Retinal Stem Cells," The Journal of Neuroscience 27, 7028-7040 (2007).

168. S. Hochmann, J. Kaslin, S. Hans, A. Weber, A. Machate, M. Geffarth, R. H. W. Funk, M. Brand, "Fgf Signaling is Required for Photoreceptor Maintenance in the Adult Zebrafish Retina," PLoS ONE 7, e30365 (2012).

169. J. G. Fujimoto, C. Pitris, S. A. Boppart, M. E. Brezinski, "Optical coherence tomography: an emerging technology for biomedical imaging and optical biopsy," Neoplasia 2, 9-25 (2000).

170. Yamauchi Y., Yagi H., Usui Y., Kimura K., Agawa T., Tsukahara R., Yamakawa N., Goto H., "Biological activity is the likely origin of the intersection between the photoreceptor inner and outer segments of the rat retina as determined by optical coherence tomography," Clinical Ophthalmology 5, 1649-1653 (2011).

171. M. Akimoto, H. Cheng, D. Zhu, J. A. Brzezinski, R. Khanna, E. Filippova, E. C. T. Oh, Y. Jing, J. L. Linares, M. Brooks, S. Zareparsi, A. J. Mears, A. Hero, T. Glaser, A. Swaroop, "Targeting of GFP to newborn rods by Nrl promoter and temporal expression profiling of flow-sorted photoreceptors," Proceedings of the National Academy of Sciences of the United States of America 103, 3890-3895 (2006).

172. M. D. Fischer, G. Huber, Y. Feng, N. Tanimoto, R. Mühlfriedel, S. C. Beck, E. Tröger, C. Kernstock, M. N. Preising, B. Lorenz, H. P. Hammes, M. W. Seeliger, "In Vivo Assessment of Retinal Vascular Wall Dimensions," Invest. Ophthalmol. Vis. Sci. 51, 5254-5259 (2010).

173. S. L. Jacques, R. D. Glickman, J. A. Schwartz, "Internal absorption coefficient and threshold for pulsed laser disruption of melanosomes isolated from retinal pigment epithelium," Proc. SPIE 2681, 468-477 (1996).

174. P. Cimalla, A. Burkhardt, J. Walther, A. Hoefer, D. Wittig, R. Funk, E. Koch, "Retina imaging in the rat model using optical coherence tomography for non-invasive photoreceptor cell layer thickness measurement," Biomed. Tech. 55, 63-66 (2010).

175. P. Cimalla, A. Burkhardt, J. Walther, A. Hoefer, D. Wittig, R. Funk, E. Koch, "Non-invasive imaging and monitoring of rodent retina using simultaneous dual-band optical coherence tomography," Proc. SPIE 7889, 788909 (2011).

176. M. Szkulmowski, A. Szkulmowska, T. Bajraszewski, A. Kowalczyk, M. Wojtkowski, "Flow velocity estimation using joint Spectral and Time domain Optical Coherence Tomography," Opt. Express 16, 6008-6025 (2008).

177. A. Szkulmowska, M. Szkulmowski, A. Kowalczyk, M. Wojtkowski, "Phase-resolved Doppler optical coherence tomography – limitations and improvements," Opt. Lett. 33, 1425-1427 (2008).

178. M. Meinke, G. Müller, J. Helfmann, M. Friebel, "Optical properties of platelets and blood plasma and their influence on the optical behavior of whole blood in the visible to near infrared wavelength range," J. Biomed. Opt. 12, 014024 (2007).

179. G. B. Jeffery, "The Motion of Ellipsoidal Particles Immersed in a Viscous Fluid," Royal Society of London Proceedings Series A 102, 161-179 (1922).

180. H. Schmid-Schönbein und R. Wells, "Fluid drop-like transition of erythrocytes under shear," Science (New York, NY) 165, 288-291 (1969).

181. M. Bitbol, "Red blood cell orientation in orbit C= 0," Biophysical journal 49, 1055-1068 (1986).

182. M. Friebel, J. Helfmann, G. Müller, M. Meinke, "Influence of shear rate on the optical properties of human blood in the spectral range 250 to 1100nm," J. Biomed. Opt. 12, 054005 (2007).

183. V. S. Lee und L. Tarassenko, "Absorption and multiple scattering by suspensions of aligned red blood cells," J. Opt. Soc. Am. A 8, 1135-1141 (1991).

184. L.-G. Lindberg und P. A. Öberg, "Optical properties of blood in motion," Opt. Eng. 32, 253-257 (1993).

185. R. Bayer, S. Caglayan, B. Guenther, "Discrimination between orientation and elongation of RBC in laminar flow by means of laser diffraction," Proc. SPIE 2136, 105-113 (1994).

186. J. Moger, S. J. Matcher, C. P. Winlove, A. Shore, "Measuring red blood cell flow dynamics in a glass capillary using Doppler optical coherence tomography and Doppler amplitude optical coherence tomography," J. Biomed. Opt. 9, 982-994 (2004).

187. V. J. Srinivasan, J. Y. Jiang, M. A. Yaseen, H. Radhakrishnan, W. Wu, S. Barry, A. E. Cable, D. A. Boas, "Rapid volumetric angiography of cortical microvasculature with optical coherence tomography," Opt. Lett. 35, 43-45 (2010).

188. T. R. Gregory, "Animal Genome Size Database," http://www. genomesize. com/cellsize/ 22.08.2011, (2001).

189. J. Kalkman, V. A. Bykov, G. J. Streekstra, T. G. van Leeuwen, "Multiple scattering effects in Doppler optical coherence tomography of flowing blood," Phys. Med. Biol. 57, 1907-1917 (2012).

190. L. E. Böttiger und C. A. Svedberg, "Normal erythrocyte sedimentation rate and age," Br Med J 2, 85-87 (1967).

191. P. Cimalla, J. Walther, E. Koch, "Investigations of the intravascular backscattering distribution of light in optical coherence tomography," Proc. SPIE 7554, 755406 (2010).

192. P. Cimalla, J. Walther, M. Mittasch, E. Koch, "Shear flow-induced optical inhomogeneity of blood assessed in vivo and in vitro by spectral domain optical coherence tomography in the 1.3 µm wavelength range," J. Biomed. Opt. 16, 116020 (2011).

193. P. Cimalla, M. Gaertner, J. Walther, E. Koch, "Axial resolution improvement by spectral data fusion in simultaneous dual-band optical coherence tomography," Proc. SPIE 8091, 80911N (2011).

194. G. M. Dobre, A. G. Podoleanu, R. B. Rosen, "Simultaneous optical coherence tomography-IndocyanineGreen dye fluorescence imaging system for investigationsof the eye's fundus," Opt. Lett. 30, 58-60 (2005).

195. A. G. Podoleanu, G. M. Dobre, R. Cernat, J. A. Rogers, J. Pedro, R. B. Rosen, P. Garcia, "Investigations of the eye fundus using a simultaneous optical coherence tomography/indocyanine green fluorescence imaging system," J. Biomed. Opt. 12, 014019 (2007).

196. A. Raabe, J. Beck, V. Seifert, "Technique and Image Quality of Intraoperative Indocyanine Green Angiography During Aneurysm Surgery Using Surgical Microscope Integrated Near-Infrared Video Technology," Zentralbl Neurochir 66, 1-6 (2005).

197. A. Raabe, P. Nakaji, J. Beck, L. J. Kim, F. P. Hsu, J. D. Kamerman, V. Seifert, R. F. Spetzler, "Prospective evaluation of surgical microscope-integrated intraoperative near-infrared indocyanine green videoangiography during aneurysm surgery," J Neurosurg 103, 982-989 (2005).

198. A. Raabe, J. Beck, R. Gerlach, M. Zimmermann, V. Seifert, "Near-infrared Indocyanine Green Video Angiography: A New Method for Intraoperative Assessment of Vascular Flow," Neurosurgery 52, 132-139 (2003).

199. R. C. Benson und H. A. Kues, "Fluorescence properties of indocyanine green as related to angiography," Phys. Med. Biol. 23, 159-163 (1978).

Publikationsverzeichnis

Journalartikel

1.) C. Weichelt, P. Duscha, R. Steinmeier, T. Meyer, J. Kuß, **P. Cimalla**, M. Kirsch, S. Sobottka, E. Koch, G. Schackert, U. Morgenstern "Quantitative fluorescence angiography for neurosurgical interventions", *Biomedizinische Technik/Biomedical Engineering* 58(3), S. 269 – 279 (2013).

2.) F. Köttig, **P. Cimalla**, M. Gärtner, E. Koch "An advanced algorithm for dispersion encoded full range frequency domain optical coherence tomography", *Optics Express* 20(22), S. 24925 – 24948, (2012).

3.) M. Gaertner, **P. Cimalla**, S. Meissner, W. M. Kuebler, E. Koch "3D simultaneous optical coherence tomography and confocal fluorescence microscopy for investigation of lung tissue", *Journal of Biomedical Optics* 17(7), 071310, (2012).

4.) A. Burkhardt, J. Walther, **P. Cimalla**, M. Mehner, E. Koch "Endoscopic optical coherence tomography device for forward imaging with broad field of view", *Journal of Biomedical Optics* 17(7), 071302, (2012).

5.) **P. Cimalla**, J. Walther, M. Mittasch, E. Koch "Shear flow-induced optical inhomogeneity of blood assessed in vivo and in vitro by spectral domain optical coherence tomography in the 1.3 µm wavelength range", *Journal of Biomedical Optics* 16(11), 116020, (2011).

6.) J. Walther*, M. Gärtner*, **P. Cimalla**, A. Burkhardt, L. Kirsten, S. Meissner, E. Koch "Optical coherence tomography in biomedical research", *Analytical and Bioanalytical Chemistry* 400, S. 2721 – 2743, (2011).

7.) **P. Cimalla**, J. Walther, M. Mehner, M. Cuevas, E. Koch "Simultaneous dual-band optical coherence tomography in the spectral domain for high resolution in vivo imaging", *Optics Express* 17(22), S. 19486 – 19500, (2009).

Konferenzbeiträge (Proceedings)

1.) **P. Cimalla**, M. Carido, S. Babu, T. Santos-Ferreira, M. Gaertner, S. Kordowich, D.Wittig, M. Ader, M. Karl, E. Koch "High-resolution optical coherence tomography in mouse models of genetic and induced retinal degeneration", *Proceedings of SPIE* 8802, 88020I, (2013).

2.) **P. Cimalla**, T. Werner, M. Gaertner, C. Mueller, J. Walther, D. Wittig, M. Ader, M. Karl, E. Koch "Magnetomotive imaging of iron oxide nanoparticles as cellular contrast agents for optical coherence tomography", *Proceedings of SPIE* 8802, 88020M, (2013).

3.) M. Gärtner, C. Schnabel, S. Meissner, S. Geissler, **P. Cimalla**, M. Mehner, W.M. Kübler, E. Koch "3D Bildgebung der Struktur und Dynamik von alveolärem Gewebe mittels optischer Kohärenztomografie und konfokaler Fluoreszenzmikroskopie", *Dresdner Beiträge zur Medizintechnik Band 14: 4. Dresdner Medizintechnik-Symposium,* J. Füssel, E. Koch, H. Malberg, W. Vonau Ed., TUDpress, Dresden, S. 159 - 162, (2012).

4.) **P. Cimalla***, M. Gaertner*, A. Weber, S. Geissler, M. Mehner, M. Brand, E. Koch "A hybrid imaging system for simultaneous ophthalmic optical coherence tomography and dual-channel fluorescence detection in small animal models", *Biomed Tech* 57 *(Suppl. 1)*, S. 515 – 518, (2012).

5.) M. Gaertner, **P. Cimalla**, S. Geissler, S. Meissner, C. Schnabel, W.M. Kübler, E. Koch "Multimodal imaging of lung tissue using optical coherence tomography and two photon microscopy", *Proceedings of SPIE* 8207, 82073C, (2012).

6.) **P. Cimalla**, M. Gaertner, J. Walther, E. Koch "Resolution improvement in dual-band OCT by filling the spectral gap", *Proceedings of SPIE* 8213, 82132M, (2012).

7.) **P. Cimalla**, M. Gaertner, J. Walther, E. Koch "Axial resolution improvement by spectral data fusion in simultaneous dual-band optical coherence tomography", *Proceedings of SPIE* 8091, 80911N, (2011).

8.) M. Gaertner, **P. Cimalla**, L. Knels, S. Meissner, C. Schnabel, W. M. Kuebler, E. Koch "Investigation of alveolar tissue deformations using OCT combined with fluorescence microscopy", *Proceedings of SPIE* 8091, 80911P, (2011).

9.) L. Kirsten, J. Walther, **P. Cimalla**, M. Gaertner, S. Meissner, E. Koch "Optical coherence tomography for imaging of subpleural alveolar structure using a Fourier domain mode locked laser", *Proceedings of SPIE* 8091, 809118, (2011).

10.) A. Burkhardt, J. Walther, **P. Cimalla**, M. Bornitz, E. Koch "Endoscopic optical coherence tomography for imaging the tympanic membrane", *Proceedings of SPIE* 8091, 80910Y, (2011).

11.) J. Walther, **P. Cimalla**, E. Koch "Lateral resonant Doppler imaging for quantitative flow extraction in spectral-domain optical coherence tomography", *Proceedings of SPIE* 7889, 788914, (2011).

12.) M. Gärtner, **P. Cimalla**, L. Knels, S. Meissner, C. Schnabel, W.M. Kübler, E. Koch "Optical coherence tomography and confocal fluorescence microscopy as a combined method for studying morphological changes in lung dynamics", *Proceedings of SPIE* 7893 , 789312, (2011).

13.) M. Gärtner, **P. Cimalla**, L. Knels, S. Meissner, E. Koch "Three-dimensional functional imaging of lung parenchyma using optical coherence tomography combined with confocal fluorescence microscopy", *Proceedings of SPIE* 7889 , 78890C, (2011).

14.) **P. Cimalla**, A. Burkhardt, J. Walther, A. Hoefer, D. Wittig, R. Funk, E. Koch "Non-invasive imaging and monitoring of rodent retina using simultaneous dual-band optical coherence tomography", *Proceedings of SPIE* 7889, 788909, (2011).

15.) M. Gaertner, **P. Cimalla**, S. Meissner, L. Knels, E. Koch "Experimentelle und numerische Untersuchung strömungsinduzierter Spannungen an der Grenzfläche Alveolarepithel-Surfactant-Luft; Teilprojekt: Simultane Optische Kohärenztomografie und Laser Scanning Konfokalmikroskopie zur strukturellen Untersuchung der Lunge", in *Dresdner Beiträge zur Medizintechnik: 3. Dresdner Medizintechnik-Symposium*, J. Füssel, E. Koch, H. Malberg Ed. , TUDpress, Dresden, S. 65 – 70, (2010).

16.) C. Weichelt, J. Kuß, **P. Cimalla**, P. Duscha, R. Steinmeier, U. Morgenstern "Verifizierung der Auswertesoftware zur Quantifizierung zerebraler Blutvolumenflüsse aus ICG-Fluoreszenzvideos während neurochirurgischer Operationen, Verification of a new software to allow quantitative analysis of the blood flow during neurovascular operations by ICG-fluorescence video angiography", *Biomed Tech* 55 *(Suppl. 1)*, S. 20 – 22, (2010).

17.) M. Gaertner, **P. Cimalla**, S. Meissner, L. Knels, E. Koch "Simultaneous Optical Coherence Tomography and Laser Scanning Confocal Microscopy for structural investigation of lung tissue", *Biomed Tech* 55 *(Suppl. 1)*, S. 51 – 54, (2010).

18.) J. Walther, S. Meissner, **P. Cimalla**, N. Kaiser, E. Koch "Segmentation algorithm for the analysis of the murine vessel parameters in images acquired with optical coherence tomography", *Biomed Tech* 55 *(Suppl. 1)*, S. 249 – 251, (2010).

19.) J. Walther, **P. Cimalla**, E. Koch "Flow velocity measurement by using the Doppler effect in the spectral domain optical coherence tomography", *Biomed Tech* 55 *(Suppl. 1)*, S. 59 – 62, (2010).

20.) M. Mittasch, **P. Cimalla**, J. Walther, E. Koch "Investigations of shear flow induced backscattering properties of blood using optical coherence tomography (OCT)", *Biomed Tech* 55 *(Suppl. 1)*, S. 67 – 70, (2010).

21.) **P. Cimalla**, A. Burkhardt, J. Walther, A. Hoefer, D. Wittig, R. Funk, E. Koch "Retina imaging in the rat model using optical coherence tomography for non-invasive photoreceptor cell layer thickness measurement", *Biomed Tech* 55 *(Suppl. 1)*, S. 63 – 66, (2010).

22.) **P. Cimalla**, J. Walther, W. Goettsch, S. Meissner, H. Morawietz, E. Koch "Simultaneous dual-band optical coherence tomography as new tool for imaging vascular structure and function in the in vivo mouse model", *Biomed Tech* 55 *(Suppl. 1)*, S. 33 – 36, (2010).

23.) L. Kirsten, J. Walther, **P. Cimalla**, S. Meißner, M. Mehner, E. Koch "Fourier Domain Mode Locked Laser for high-speed Optical Coherence Tomography", *Biomed Tech* 55 *(Suppl. 1)*, S. 48 – 50, (2010).

24.) M. Gaertner, **P. Cimalla**, L. Knels, S. Meissner, E. Koch "Combining optical coherence tomography with fluorescence microscopy: a closer look into tissue," *Proceedings of SPIE* 7715, 77152M (2010).

25.) A. Burkhardt, S. Geissler, **P. Cimalla**, J. Walther, E. Koch "Minimal invasive localization of the germinal disc in ovo for subsequent chicken sexing using optical coherence tomography", *Proceedings of SPIE* 7554, 75542N (2010).

26.) J. Walther, **P. Cimalla**, E. Koch "The role of a detector dead time in phase-resolved Doppler analysis using spectral domain optical coherence tomography", *Proceedings of SPIE* 7554, 75542B (2010).

27.) **P. Cimalla**, J. Walther, E. Koch "Investigations of the intravascular backscattering distribution of light in optical coherence tomography", *Proceedings of SPIE* 7554, 755406 (2010).

28.) **P. Cimalla**, M. Mehner, M. Cuevas, J. Walther, E. Koch "Spektroskopische in vivo Bildgebung mittels simultaner Optischer Dualband-Kohärenztomographie", *XXIII. Messtechnisches Symposium des Arbeitskreises der Hochschullehrer für Messtechnik e.V*, S. 163 – 179, (2009).

29.) **P. Cimalla**, M. Mehner, M. Cuevas, J. Walther, E. Koch "Simultaneous dual-band spectral domain optical coherence tomography using a supercontinuum laser light source", *Proceedings of SPIE* 7372, 73720Z, (2009).

30.) J. Walther, G. Mueller, S. Meißner, **P. Cimalla**, H. Homann, H. Morawietz, E. Koch "Time-resolved blood flow measurement in the in vivo mouse model by optical frequency domain imaging", *Proceedings of SPIE* 7372, 73720J, (2009).

31.) **P. Cimalla**, D. Graf, P. Duscha, T. Meyer, J. Kuß, R. Steinmeier, E. Koch, U. Morgenstern "Methods for determining the blood flow velocity in cerebral vessels using intraoperative Indocyanine Green fluorescence video angiography", *IFMBE Proceedings* 22, S. 1446 – 1449, (2008).

Danksagung

An dieser Stelle möchte ich mich bei allen, die zum Gelingen dieser Arbeit beigetragen haben, herzlich bedanken.

Dies ist an erster Stelle mein Betreuer Herr Prof. Edmund Koch, der mir die Möglichkeit gegeben hat, dieses für mich persönlich sehr interessante Thema unter seiner hervorragenden Anleitung und mit seiner uneingeschränkten Unterstützung zu bearbeiten. Ebenso bedanke ich mich bei Herrn Prof. Martin Hofmann von der Ruhr-Universität Bochum, der sich bereit erklärt hat, diese Arbeit neben Herrn Prof. Koch zu begutachten.

Weiterhin möchte ich mich herzlich bei meinen Kolleginnen und Kollegen Dr. Maria Gärtner, Dr. Julia Walther, Anke Burkhardt, Christian Schnabel, Lars Kirsten, Dr. Sven Meißner, Julia Schweizer, Julia Hollmach, Roberta Galli und Dr. Gerald Steiner für ihre Unterstützung, fachliche Beratung, tatkräftige Zusammenarbeit bei Experimenten sowie für ihre Anregungen und Hinweise bedanken.

Ebenso herzlich bedanke ich mich bei unseren Entwicklungsingenieuren Mirko Mehner und Stefan Geißler, die mit maßgeschneiderten Konstruktionslösungen und viel technischem Sachverstand und Ideenreichtum entscheidend zur erfolgreichen Umsetzungen der Versuchsaufbauten beigetragen haben.

Besonders möchte ich mich auch bei meinen ehemaligen Kollegen Dr. Maximiliano Cuevas, Hanno Homann und Dr. Alexander Krüger bedanken, die mir in meiner Anfangszeit das Prinzip und die praktische Funktionsweise der optischen Kohärenztomografie nahe gebracht haben.

Ebenso bedanke ich mich bei Dana Müller-Niegsch für das gewissenhafte Korrekturlesen der Publikationstexte sowie für ihre unentbehrliche Unterstützung bei organisatorischen Fragen und Dingen des dienstlichen Alltags.

Darüber hinaus gebührt mein großer Dank unseren Kooperationspartnern, die die biologischen Proben für diese Arbeit zur Verfügung gestellt haben, und durch die ich in zahlreichen Gesprächen und Diskussionen viele neue Einblicke in die Biologie und Medizin gewinnen konnte.
Ich bedanke mich im Folgenden daher bei Dr. Gregor Müller, Dr. Winfried Göttsch, Heike Langbein und der Arbeitsgruppe *Gefäßendothel und Mikrozirkulation* unter Leitung von Prof. Henning Morawietz für die Bereitstellung des *in vivo* Mausmodells zur Untersuchung der Vasodynamik,
Dr. Dierk Wittig, Aline Höfer, Dr. Simon Kordowich und Claudia Müller von der Arbeitsgruppe *Mesentech*, sowie Dr. Lilla Knels und Felix Karich vom Institut für Anatomie unter

Leitung von Prof. Richard Funk für die Bereitstellung des RCS-Rattenmodells und verschiedener Mausmodelle zur Untersuchung der Retina.
Madalena Carido, Tiago Santos-Ferreira, Kai Postel, Dominic Eberle und der Arbeitsgruppe *Retinal Regeneration* unter Leitung von Dr. Marius Ader sowie Sheik Pran Babu Pasha und der Arbeitsgruppe *Retinal Development and Regeneration* unter Leitung von Dr. Mike Karl am Center for Regenerative Therapies Dresden (CRTD) für die Bereitstellung verschiedener Mausmodelle zur Untersuchung der retinalen Degeneration,
Anke Weber und der Arbeitsgruppe *Patterning and Regeneration of the Vertebrate Brain* unter Leitung von Prof. Michael Brand am CRTD für die Bereitstellung des Zebrafischmodells, und
Björn Fischer vom Fraunhofer-Institut für Zerstörungsfreie Prüfverfahren Dresden (IZFP-D) für die Bereitstellung der Zahnproben.

Des Weiteren bedanke ich mich bei Dr. Iryna Parshyna für die Betreuung im Rahmen des internationalen Doktorandenprogramms *Endothelium in Health and Disease* an der Medizinischen Fakultät Carl Gustav Carus der TU Dresden.

Ferner bedanke ich mich bei meinen Studenten Matthäus Mittasch, Tobias Schneider und Theresa Werner, die mich mit ihren Arbeiten sehr unterstützt haben.

Schließlich möchte ich mich bei allen Mitarbeitern der Arbeitsgruppe Klinisches Sensoring und Monitoring sowie der Medizinischen Physik für die sehr gute Zusammenarbeit in einer sehr angenehmen und freundschaftlich geprägten Atmosphäre bedanken.

Nicht zuletzt danke ich meiner Familie, meinen Freunden und besonders meiner lieben Katrin für ihre fortwährende Unterstützung und die beständige Motivation bei der Anfertigung dieser Arbeit.

Anhang

A Konstruktion der Systemkomponenten

A.1 Prismen-Linsensequenz

Auswahl eines geeigneten Dispersionsprismas

Für die Auswahl eines geeigneten Dispersionsprismas für die spektrale Zerlegung und Zusammenführung des SC-Laserlichtes ist dessen Transmissions-, Polarisierungs- und Dispersionsverhalten ausschlaggebend.

Die Transmission des Prismas kann für s- (senkrecht zur Einfallsebene) und p-polarisiertes Licht (parallel zur Einfallsebene) über das Brechungsgesetz und die Fresnelschen Gleichungen berechnet werden [3]. Das Brechungsgesetz lautet

$$n \cdot \sin\alpha = n' \cdot \sin\alpha', \tag{A.1}$$

wobei α und n den Winkel und den Brechungsindex in der Umgebung des einfallenden Strahls, sowie α' und n' den Winkel und den Brechungsindex in der Umgebung des ausfallenden Strahls darstellen. Die Fresnelschen Gleichungen für den Reflexionsfaktor r an einer optischen Oberfläche lauten für die TE-Welle (s-Polarisation) und die TM-Welle (p-Polarisation)

$$r_{TE} = -\frac{\sin(\alpha - \alpha')}{\sin(\alpha + \alpha')}, \tag{A.2}$$

$$r_{TM} = \frac{\tan(\alpha - \alpha')}{\tan(\alpha + \alpha')}. \tag{A.3}$$

Der Reflexionsgrad R und der Transmissionsgrad T als lichtintensitätsbezogene Größen lassen sich für transparente Medien ohne Absorptionsverluste wie folgt bestimmen

$$R = r^2, \tag{A.4}$$

$$T = 1 - R. \tag{A.5}$$

Die am Prisma geltenden Winkelbeziehungen sind in Abb. A.1 dargestellt.

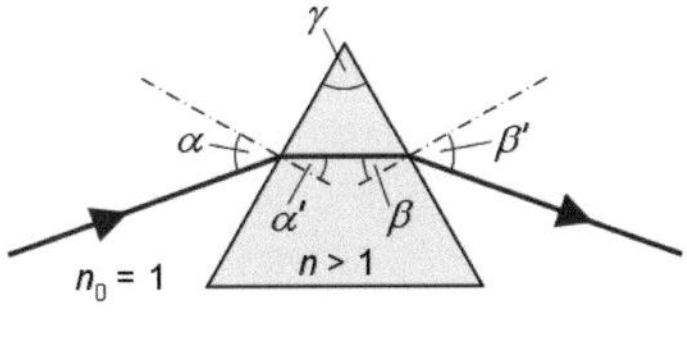

Abb. A.1 Winkelbeziehungen am Prisma

Bei Kenntnis das Einfallswinkels α, des Dachwinkels γ und des Brechungsindexes n des Prismas, sowie unter Annahme eines Brechungsindexes der umgebenden Luft von $n_0 = 1$, kann über Gl. (A.1) und die am Dreieck geltenden Winkelbeziehungen die restlichen Winkel berechnet werden zu

$$\alpha' = \arcsin\left(\frac{\sin\alpha}{n}\right), \tag{A.6}$$

$$\beta = \gamma - \alpha', \tag{A.7}$$

$$\beta' = \arcsin(n \cdot \sin\beta) = \arcsin\left\{n \cdot \sin\left[\gamma - \arcsin\left(\frac{\sin\alpha}{n}\right)\right]\right\}. \tag{A.8}$$

Für den Transmissionsgrad T_{TE} für s-polarisiertes Licht und T_{TM} für p-polarisiertes Licht kann für ein Prisma folglich geschrieben werden

$$T_{TE} = 1 - \left(-\frac{\sin\left[\alpha - \arcsin\left(\frac{\sin\alpha}{n}\right)\right]}{\sin\left[\alpha + \arcsin\left(\frac{\sin\alpha}{n}\right)\right]}\right)^2 \cdot \left(-\frac{\sin\left\{\gamma - \arcsin\left(\frac{\sin\alpha}{n}\right) - \arcsin\left[n \cdot \sin\left(\gamma - \arcsin\left(\frac{\sin\alpha}{n}\right)\right)\right]\right\}}{\sin\left\{\gamma - \arcsin\left(\frac{\sin\alpha}{n}\right) + \arcsin\left[n \cdot \sin\left(\gamma - \arcsin\left(\frac{\sin\alpha}{n}\right)\right)\right]\right\}}\right)^2, \tag{A.9}$$

$$T_{TM} = 1 - \left(\frac{\tan\left[\alpha - \arcsin\left(\frac{\sin\alpha}{n}\right)\right]}{\tan\left[\alpha + \arcsin\left(\frac{\sin\alpha}{n}\right)\right]}\right)^2 \cdot \left(\frac{\tan\left\{\gamma - \arcsin\left(\frac{\sin\alpha}{n}\right) - \arcsin\left[n \cdot \sin\left(\gamma - \arcsin\left(\frac{\sin\alpha}{n}\right)\right)\right]\right\}}{\tan\left\{\gamma - \arcsin\left(\frac{\sin\alpha}{n}\right) + \arcsin\left[n \cdot \sin\left(\gamma - \arcsin\left(\frac{\sin\alpha}{n}\right)\right)\right]\right\}}\right)^2. \tag{A.10}$$

Die Ergebnisse dieser Berechnung sind in Abb. A.2(a) für verschiedene kommerziell verfügbare Dispersionsprismen dargestellt. Als Arbeitspunktwellenlänge wurde $\lambda = 1014$ nm verwendet, da sie ungefähr in der Mitte des interessierenden Spektralbereichs von 700 nm bis 1400 nm liegt und der Brechungsindex technischer Gläser an dieser Stelle sehr gut durch den Hersteller (Schott, Deutschland) bekannt ist.

Neben der Transmission bzw. Polarisierung ist auch die Dispersion von entscheidender Bedeutung, da sie die Stärke der spektralen Auffächerung und somit das Filterverhalten in Kombination mit der mechanischen Schlitzblende bestimmt. Die Wellenlängenabhängigkeit des Brechungsindexes technischer Gläser kann empirisch durch die Sellmeier-Gleichung beschrieben werden

$$n(\lambda)=\sqrt{1+\frac{B_1\cdot\lambda^2}{\lambda^2-C_1}+\frac{B_2\cdot\lambda^2}{\lambda^2-C_2}+\frac{B_3\cdot\lambda^2}{\lambda^2-C_3}}\,, \tag{A.11}$$

wobei deren Koeffizienten B_1 bis B_3 und C_1 bis C_3 ebenfalls durch den Hersteller Schott bekannt sind. Somit kann der Ausfallswinkel β' für jede Wellenlänge nach Gl. (A.8) berechnet werden. Für die Berechnung wird der Winkel der geringsten Gesamtablenkung als Einfallswinkel verwendet, da für minimale Gesamtablenkung der Lichtstrahl symmetrisch durch das Prisma verläuft [3], und die Reflexionsverluste und Polarisationseffekte minimal werden. Unter der Bedingung, dass der Lichtstrahl das Prisma symmetrisch, d. h. im Falle eines gleichseitigen Prismas parallel zur Grundfläche durchläuft, gilt die Beziehung

$$\alpha_0'=90^\circ-\frac{180^\circ-\gamma}{2}=\frac{\gamma}{2}=\beta_0\,. \tag{A.12}$$

Der Einfallswinkel α_0 für minimale Gesamtablenkung kann somit aus Gl. (A.1) und Gl. (A.12) berechnet werden zu

$$\alpha_0=\arcsin\left[n\cdot\sin\left(\frac{\gamma}{2}\right)\right]. \tag{A.13}$$

Für den Ausfallswinkel β' in Abhängigkeit der Wellenlänge kann mit α_0 analog zu Gl. (A.8) geschrieben werden

$$\beta'(\lambda)=\arcsin\left\{n(\lambda)\cdot\sin\left[\gamma-\arcsin\left(\frac{\sin\alpha_0}{n(\lambda)}\right)\right]\right\}. \tag{A.14}$$

Jede so aufgespaltete Spektralfarbe wird durch die Zylinderlinse auf eine Brennebene fokussiert, in der sich die mechanische Schlitzblende befindet. Da sich das Dispersionsprisma im rückwärtigen Fokus der Zylinderlinse befindet, kann in der Brennebene der Abstand r jeder Spektralfarbe von der optischen Achse des Linsen-Blenden-Systems mit der Brennweite f der Zylinderlinse bestimmt werden zu

$$r(\lambda)=f\cdot\tan\left(\beta'(\lambda)-\beta'_{opt}\right). \tag{A.15}$$

Dabei gibt β'_{opt} den Winkel zwischen dem Lot der hinteren Prismenfläche und der optischen Achse des Linsen-Blenden-Systems an. Dieser wurde aus dem mittleren Austrittswinkel über den Spektralbereich von 600 nm bis 1500 nm bestimmt zu

$$\beta'_{opt} = \frac{\beta'(\lambda = 600\,nm) - \beta'(\lambda = 1500\,nm)}{2} + \beta'(\lambda = 1500\,nm). \qquad \text{(A.16)}$$

Die Ergebnisse dieser Berechnung sind für eine minimale Gesamtablenkung bei $\lambda = 1014$ nm und eine Brennweite der Zylinderlinse von $f = 100$ mm in Abb. A.2(b) ebenfalls für verschiedene Dispersionsprismen dargestellt. Die Brennweite wurde dabei auf 100 mm begrenzt, um den optischen Aufbau möglichst kompakt zu halten.

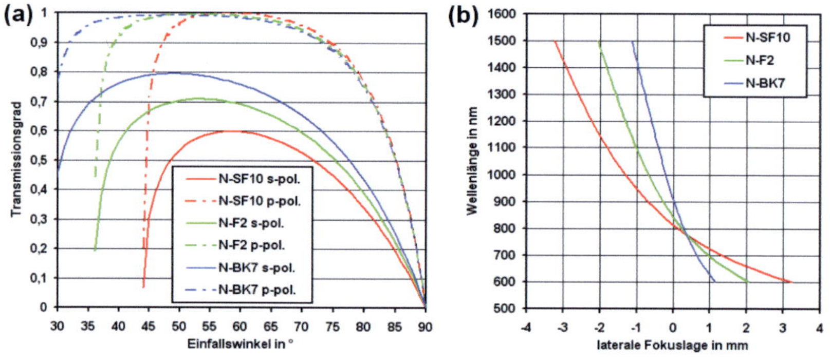

Abb. A.2 (a) Berechneter Transmissionsgrad für Prismen aus verschiedenen technischen Gläsern in Abhängigkeit vom Einfallswinkel eines Strahlbündels mit einer Wellenlänge von 1014 nm. Der Dachwinkel der Prismen beträgt jeweils 60°. Die abrupt endenden Kurven bei kleineren Einfallswinkeln weisen auf Totalreflexion an der hinteren Prismenfläche hin. (b) Laterale Verteilung der Wellenlänge in der Brennebene der Zylinderlinse mit einer Brennweite von $f = 100$ mm für verschiedene Dispersionsprismen (Dachwinkel 60°).

Die Ergebnisse der Berechnungen zeigen, dass es einen Kompromiss zwischen Transmissionsgrad (weniger Reflexionsverluste und Polarisationseffekte) und Dispersion (stärkere spektrale Auffächerung und somit schärfere räumliche Filterung) zu finden gilt. Die entsprechenden Parameter sind daher in Tabelle A.1 nochmals für alle drei betrachteten Dispersionsprismen gegenübergestellt.

Tabelle A.1 Dispersions- und Transmissionsparameter für verschiedene Prismen

Glas	γ	n*	α_0*	β'_{opt}**	$r_{max} - r_{min}$**	T_{TE}*	T_{TM}*
N-SF10	60°	1,7034	58,4°	59,13°	6,46 mm	0,5985	0,9995
N-F2	60°	1,60261	53,26°	53,62°	4,12 mm	0,7086	0,9948
N-BK7	60°	1,50731	48,91°	49°	2,29 mm	0,7938	0,991

* $\lambda = 1014$ nm, ** bezogen auf den Spektralbereich 600 nm bis 1500 nm

Ausgehend von diesen Daten wurde ein Dispersionsprisma aus N-F2-Glas mit einem Dachwinkel von 60° für die Prismen-Linsensequenz ausgewählt. Diese Variante besitzt einen besseren Transmissionsgrad als hochbrechendes N-SF10, bei gleichzeitig vertretbarer spektraler Abbildung des Wellenlängenbereichs von 600 nm bis 1500 nm auf eine Strecke von ca. 4 mm.

Weitere optische Komponenten

Die weiteren in der Prismen-Linsensequenz verbauten optischen Komponenten sind in Tabelle A.2 aufgeführt. Die sich in der Verbindung mit dem ausgewählten Dispersionsprisma ergebenden Maße des Aufbaus sind in Abb. A.3 dargestellt. Der Laboraufbau der Prismen-Linsensequenz wurde auf einer optischen Lochrasterplatte realisiert.

Tabelle A.2 Optische Komponenten der Prismen-Linsensequenz

Bezeichnung in Abb. 5.1	Komponente	Typ	Hersteller / Vertrieb	Bestell-nummer	Bemerkung
NF	Notch-Filter	1064 nm; OD > 3; Ø 25,4 mm x 2,54 mm	Edmund Optics	NT46-567	FWHM 53,2 nm
DP	Dispersionsprisma	N-F2 60°; 30 mm x 30 mm	Linos	G336642000	
ZL	Zylinderlinse	f = 100 mm; BK7; 25 mm x 50 mm	Edmund Optics	NT48-366	Breitbandentspiegelung MgF_2
RP	Retroreflektorprisma	N-BK7 90°; 20 mm x 20 mm	Linos	G339913000	

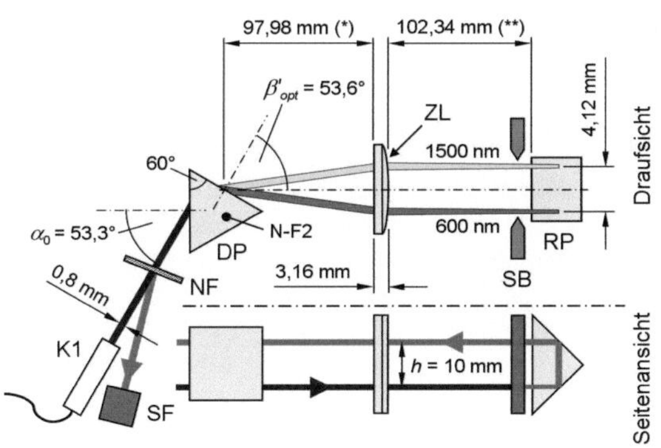

Abb. A.3 Schematische Darstellung der Geometrie der umgesetzten Prismen-Linsensequenz mit den optischen Komponenten SC-Laser-Kollimator (K1), Notch-Filter (NF) mit einem Neigungswinkel von 8° zur Reflexion des Pumplasers auf die Strahlfalle (SF), Dispersionsprisma (DP), Zylinderlinse (ZL), mechanisch verstellbare Schlitzblende (SB) und Retroreflektorprisma (RP). (*) Maß entspricht dem Brennpunktabstand von der Rückseite der Zylinderlinse (engl. back focal length – BFL). (**) Maß wurde mittels Raytracing-Software (OSLO Light Edition 6.4, Lambda Research, USA) so bestimmt, dass der Fokus im Bereich von 600 nm bis 1500 nm auf der horizontalen Symmetrieebene innerhalb von RP liegt. Es ist unabhängig vom Abstand h der Strahlen, welcher durch vertikales Verschieben von RP variiert werden kann.

A.2 Messkopf (Applikator)

Als Applikator kommt ein leicht modifizierter Standardmesskopf für die dreidimensionale Bildgebung zum Einsatz, der in der Arbeitsgruppe Klinisches Sensoring und Monitoring entwickelt wurde. Die Modifikationen beschränken sich dabei auf den Strahlteiler des Michelson-Interferometers sowie auf den VIS-NIR-Strahlteiler, der es erlaubt die OCT-Bildgebung im Nahinfraroten mit einer konventionellen optischen Bildgebung im Sichtbaren zu kombinieren. Eine ergänzende optische Bildgebung mittels Videokamera kann die Orientierung auf der Probenoberfläche erleichtern. Beide genannten Komponenten sind nicht für den gesamten Spektralbereich von 700 nm bis 1400 nm spezifiziert und können nicht verwendet werden. Daher wurde der ursprüngliche Strahlteiler des Interferometers durch einen Breitbandstrahlteiler und der VIS-NIR-Strahlteiler mangels geeigneter, kommerziell verfügbarer Komponenten durch einen Silberspiegel zur Ablenkung des OCT-Strahls um 90° ersetzt. Eine kombinierte optische und simultane Dualband-OCT-Bildgebung ist somit gegenwärtig nicht möglich. Da aber sowohl geeignete VIS-NIR-Strahlteiler für den 800 nm- als auch für den 1300 nm-Bereich zur Verfügung stehen, können beide Spektralbereiche als Einzelbänder mit der optischen Bildgebung im Sichtbaren kombiniert werden. Die im Applikator verwendeten optischen Komponenten sind in Tabelle A.3 aufgeführt.

Tabelle A.3 Optische Komponenten des Dualband-Applikators

Bezeichnung in Abb. 5.2	Komponente	Typ	Hersteller / Vertrieb	Bestell-nummer	Bemerkung
K3	interner Kollimator	Monochromat $f = 12$ mm	Schäfter + Kirchhoff	60FC-4-M12-37	Entspiegelung 700 – 1550 nm
ST2	Strahlteiler	80:20; Ø 12,5 mm	Linos	73 3081 208	
RL	Referenzlinse	NIR Achromat; Ø 6,35 mm; $f = 15$ mm	Thorlabs	AC064-015-B	Entspiegelung 650 – 1050 nm
RS	Referenzspiegel	1/4 λ Aluminium	Linos	G340080000	Ø 6 mm
GSx	Galvanometer-scanner (x-Achse)	Protected Silver-Spiegel; 6 mm x 6 mm	Cambridge Technology	6M2003X-S	für Strahldurchmesser ≤ 3 mm
GSy	Galvanometer-scanner (y-Achse)	Protected Silver-Spiegel; 10,9 mm x 5,1 mm	Cambridge Technology	6M2003Y-S	für Strahldurchmesser ≤ 3 mm
US	Umlenkspiegel	1/4 λ Protected Silver; 12,5 mm x 12,5 mm	Edmund Optics	NT49-191	
SL	Scan-Linse	Hastingtriplett; Ø 15 mm; $f = 25,4$ mm	Edmund Optics	NT30-120	Breitbandentspiegelung MgF_2

A.3 Dualband-Spektrometer

Berechnung der Spektrometer

Für die Konstruktion der Spektrometer ist zunächst die Wahl der Gitter entscheidend. Gitter sind als dispersives Element in OCT-Spektrometern Prismen in jedem Falle vorzuziehen, da sich mit ihnen eine wesentlich höhere Winkeldispersion und damit spektrale Auflösung erzielen lässt. Ebenfalls erfolgt bei Gittern die Aufspaltung des Spektralbereichs annähernd linear nach der Wellenlänge, was bei Prismen aufgrund des nichtlinearen Verlaufs der Dispersion (vgl. Gl. (A.11)) nicht der Fall ist. Als Gitter für das kurzwellige und langwellige Band wurden goldbeschichtete Reflexionsgitter (830 Rillen/mm bzw. 600 Rillen/mm, Optometrics, USA) ausgewählt, die aufgrund der verwendeten Blaze-Technik eine hohe Effizienz in der ersten Beugungsordnung bei der jeweiligen Zentralwellenlänge von 800 nm bzw. 1250 nm aufweisen. Die geometrischen Zusammenhänge eines solchen Gitterspektrometeraufbaus sind in Abb. A.4 schematisch dargestellt.

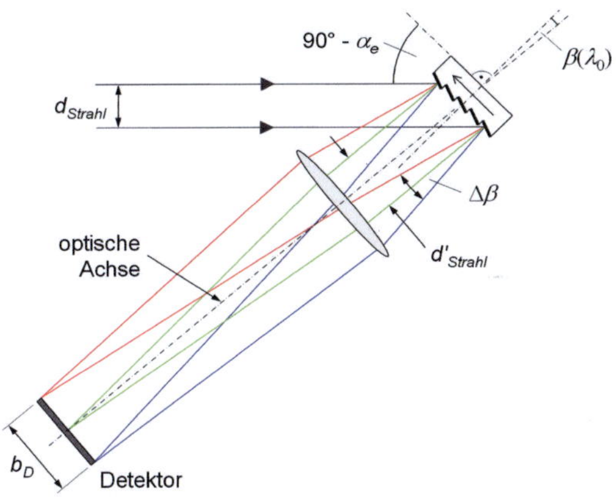

Abb. A.4 Schematische Darstellung der Geometrie eines reflexionsgitterbasierten Spektrometers mit Zeilendetektor. Der Pfeil auf dem Gittersubstrat gibt die Blaze-Richtung des Gitters an. Weitere Erläuterungen im Text.

Die Beziehung zwischen einfallendem und ausfallendem Licht am Gitter kann dabei mit Hilfe der allgemeinen Gittergleichung wiedergegeben werden [3]

$$\sin\beta(\lambda) = \frac{m \cdot g \cdot \lambda}{\cos\gamma} - \sin\alpha_e, \tag{A.17}$$

wobei α_e der Einfallswinkel, m die Beugungsordnung, g die Rillenfrequenz des Gitter, $\beta(\lambda)$ der Ausfallswinkel in Abhängigkeit der Wellenlänge und γ der Sturzwinkel des Gitters (Off-Plane-Winkel) ist. In Verbindung mit den gegebenen Rillenfrequenzen von 830 mm^{-1} bzw. 600 mm^{-1} und der Beugungsordnung $m = 1$ wurde der Einfallswinkel für beide Gitter auf 45°

festgelegt, um so eine genügend große Trennung zwischen ein- und ausfallendem Strahl zu gewährleisten.

Das spektrale Auflösungsvermögen $\Delta\lambda_{min}$ der Gitter ist weiter abhängig von der Anzahl der beleuchteten Gitterrillen N_G sowie der Zentralwellenlänge λ_0 und kann berechnet werden zu [3]

$$\Delta\lambda_{\min} = \frac{\lambda_0}{m \cdot N_G}. \tag{A.18}$$

Im Vergleich zur spektralen Auflösung des Detektors, welche sich durch die spektrale Breite $\Delta\Lambda$, die auf die Zeilenkamera mit N Detektorelementen abgebildet wird, ergibt, soll gelten

$$\Delta\lambda_{\min} < \frac{\Delta\Lambda}{N}. \tag{A.19}$$

Folglich muss in der ersten Beugungsordnung für N_G gelten

$$N_G > \frac{\lambda_0 \cdot N}{\Delta\Lambda}, \tag{A.20}$$

wodurch in Verbindung mit dem Einfallswinkel und der Breite des ausgeleuchteten Bereichs auf dem Gitter b_G der Strahldurchmesser d_{Strahl} des einfallenden Lichts bestimmt werden kann, der benötigt wird, um die geforderte spektrale Auflösung zu erreichen

$$d_{Strahl} = b_G \cdot \cos\alpha_e = \frac{N_G}{g} \cdot \cos\alpha_e > \frac{\lambda_0 \cdot N}{g \cdot \Delta\Lambda} \cdot \cos\alpha_e. \tag{A.21}$$

Dieser minimale Strahldurchmesser beträgt bei 1024 Detektorelementen für das 800 nm-Band mit einer Breite von 200 nm und das 1250 nm-Band mit einer Breite von 300 nm lediglich 3,49 mm bzw 5,03 mm. Neben der spektralen Auflösung des Gitters muss aber auch die optische Auflösung der abbildenden Optik beachtet werden, welche durch den Durchmesser des ausfallenden Strahls d'_{Strahl} und die Brennweite f bestimmt wird. Der ausfallende Strahldurchmesser kann durch die geometrische Beziehung

$$d'_{Strahl} = b_G \cdot \cos\beta(\lambda) = \frac{d_{Strahl}}{\cos\alpha_e} \cdot \cos\beta(\lambda) \tag{A.22}$$

berechnet werden. Zur Bestimmung der Abbildungsbrennweite muss zunächst die Winkeldispersion der Gitteranordnung, also der Winkelbereich $\Delta\beta$ über den der abzubildende Spektralbereich $\Delta\Lambda$ aufgefächert wird, bekannt sein. Die Winkeldispersion kann berechnet werden zu [3]

$$\frac{\Delta\beta}{\Delta\Lambda}=\frac{g\cdot m}{\cos\beta(\lambda_0)}, \tag{A.23}$$

wobei sich der Ausfallswinkel der Zentralwellenlänge $\beta(\lambda_0)$ durch Gl. (A.17) bestimmen lässt. Mit Hilfe des Winkelbereichs des ausfallenden Strahls $\Delta\beta$ und der Breite des Zeilendetektors b_D, auf den der Spektralbereich $\Delta\Lambda$ abgebildet werden soll, kann dann analog zu Gl. (A.15) die benötigte Brennweite der abbildenden Optik unter der Annahme einer symmetrischen Abbildung des Spektralbereichs bezüglich der optischen Achse berechnet werden zu

$$f_{Abb}=\frac{b_D}{2}\cdot\frac{1}{\tan(\Delta\beta/2)}. \tag{A.24}$$

Für die Spektrometerkonfiguration A beträgt die Brennweite für das 800 nm-Band ($b_D = 26{,}6$ mm) und das 1250 nm-Band ($b_D = 25{,}6$ mm) mit den oben genannten Gittern folglich 159,72 mm bzw. 141,71 mm. Die Strahltaille w_0 des fokussierten Gaußstrahls auf dem Detektor ergibt sich dann wiederum mit Hilfe von Gl. (2.13) zu

$$w_0\approx\frac{2\cdot\lambda\cdot f_{Abb}}{\pi\cdot d'_{Strahl,1/e^2}}, \tag{A.25}$$

wobei der Strahldurchmesser auf das $1/e^2$-Niveau bezogen ist. Für eine genügend gute optische Abbildung sollte der Spot-Durchmesser des fokussierten Strahls auf dem Detektor kleiner sein als die Breite eines Detektorelements (Pixel) sein. Da die Strahlintensität für das $1/e^2$-Niveau erst auf 13,5 % des Maximalwertes abgefallen ist, und somit ein nicht zu vernachlässigender Anteil nicht in die Bestimmung des Spot-Durchmessers mit eingeht, wird anstelle dessen das 5 %-Niveau als Kriterium für den Spot-Durchmesser verwendet, für das gilt

$$d_{Spot,5\%}=\sqrt{2\cdot\ln 20}\cdot w_0\,. \tag{A.26}$$

Der Strahldurchmesser des einfallenden Lichtes, der benötigt wird um einen definierten Spot-Durchmesser auf der Detektorzeile zu erreichen kann somit berechnet werden zu

$$d_{Strahl,1/e^2}=\frac{\sqrt{8\cdot\ln 20}\cdot\lambda\cdot f_{Abb}}{\pi\cdot d_{Spot,5\%}}\cdot\frac{\cos\alpha_e}{\cos\beta(\lambda)}. \tag{A.27}$$

Um im kurzwelligen Band eine Spot-Größe von 10 µm (Pixelgröße Si-Kamera Basler sprint spL2048-70km) bei der Zentralwellenlänge von 800 nm zu erreichen, ist demnach ein Durchmesser des einfallenden Strahls von mindestens 14,09 mm erforderlich.

Wie in Abb. 5.2 zu erkennen, wird der Strahldurchmesser vor den Spektrometern durch den Faserkollimator K2 (Schäfter und Kirchhoff 60FC-4-A8-07, Deutschland) bestimmt. Dieser Kollimator wurde zum einen wegen seiner Auslegung für einen breiten Spektralbereich von 650 nm bis 1330 nm, und zum anderen aufgrund seines Strahldurchmessers von 1,44 mm ($1/e^2$-Niveau) ausgewählt. Dieser Strahldurchmesser stimmt näherungsweise mit dem Strahldurchmesser der Prismen-Linsensequenz von 0,8 mm überein, wodurch eine gute Fasereinkopplung des spektral geformten Strahls gewährleistet ist.
In Folge der oben aufgeführten Berechnungen wird der beim Verlassen des Faserkollimators K2 vorliegende Strahldurchmesser von 1,44 mm vor den Spektrometern mittels eines Kepler-Teleskopaufbaus unter Berücksichtigung kommerziell verfügbaren Linsen auf 15,4 mm ($1/e^2$-Niveau) vergrößert. Die daraus resultierenden Berechnungen für die Konstruktion des Dualband-Spektrometers sind in Tabelle A.4 und Tabelle A.5 zusammengefasst. Es ist zu erkennen, dass sowohl die spektrale Auflösung der Gitter $\Delta\lambda_{\min}$ als auch der Spot-Durchmesser $d_{Spot,5\,\%}$ auf dem Detektor stets kleiner als die spektrale Auflösung des Detektors $\Delta\Lambda/N$ bzw. die Pixelbreite der entsprechenden Zeilenkameras (Tabelle 5.1) ist. Ebenfalls ist zu sehen, dass beide Spektrometer sehr ähnliche Abbildungsparameter bezüglich der spektralen Auffächerung $\Delta\beta$ und der Brennweite f_{Abb} besitzen.

Tabelle A.4 Parameter für die Berechnung des Dualband-Spektrometers (Konfiguration A)

Band	λ_0 **in nm**	$\Delta\Lambda$ **in nm**	N	b_D **in mm**	$d_{Strahl,1/e^2}$ **in mm**	α_e **in °**	g **in mm^{-1}**	m
800 nm	800	200	1024	26,6	15,4	45	830	1
1250 nm	1250	300	1024	25,6	15,4	45	600	1

Tabelle A.5 Ergebnisse der Berechnung zur Konstruktion des Dualband-Spektrometers (Konfiguration A)

Band	N_G	$\beta(\lambda_0)$ **in °**	$d'_{Strahl}(\lambda_0)$ **in mm**	$\Delta\lambda_{\min}$ **in nm**	$\Delta\Lambda/N$ **in nm**	$\Delta\beta$ **in °**	f_{Abb} **in mm**	$d_{Spot,5\,\%}(\lambda_0)$ **in µm**
800 nm	18076	-2,47	21,76	0,044	0,195	9,52	159,72	9,15
1250 nm	13067	2,46	21,76	0,096	0,293	10,32	141,71	12,69

Optikkonstruktion

Ausgehend von den oben aufgeführten Berechnungen wurde das Dualband-Spektrometer mit Hilfe einer Raytracing-Software (OSLO Light Edition 6.4, Lambda Research, USA) konstruiert und optimiert. Aufgrund der ähnlichen Abbildungsparameter konnten identische Linsen in beiden Teilspektrometern verwendet werden. Die abbildende Optik besteht dabei aus je einem Achromat (AC) zur Minimierung der sphärischen und chromatischen Aberrationen sowie je einer Plankonkavlinse zur Korrektur der Bildfeldkrümmung auf dem Detektor. Die Plankonkavlinse wird in diesem Zusammenhang daher als Fieldflatner (FF) bezeichnet. Abb. A.5 zeigt die mittels der Raytracing-Software erstellte Optikkonstruktion des Dualband-Spektrometers sowie des vorgelagerten Teleskopaufbaus (L1, L2) zur Strahlvergrößerung und integriertem dichroitischen Spiegel (DS) und Bandtrennung. Die Positionierung des dichroitischen Spiegels im divergenten Strahlbereich des Teleskops erlaubt eine abschattungsfreie Weiterleitung des Strahls trotz Einschränkung der freien Apertur des Spiegels durch Fassung und Halterung. Ferner kann durch die daraus resultierende, doppelt vorhandene, zweite Teleskoplinse (L2) die Kollimierung des Strahls unabhängig für beide Wellenlängenbänder erfolgen, und so der Einfluss chromatischer Aberrationen reduziert werden.

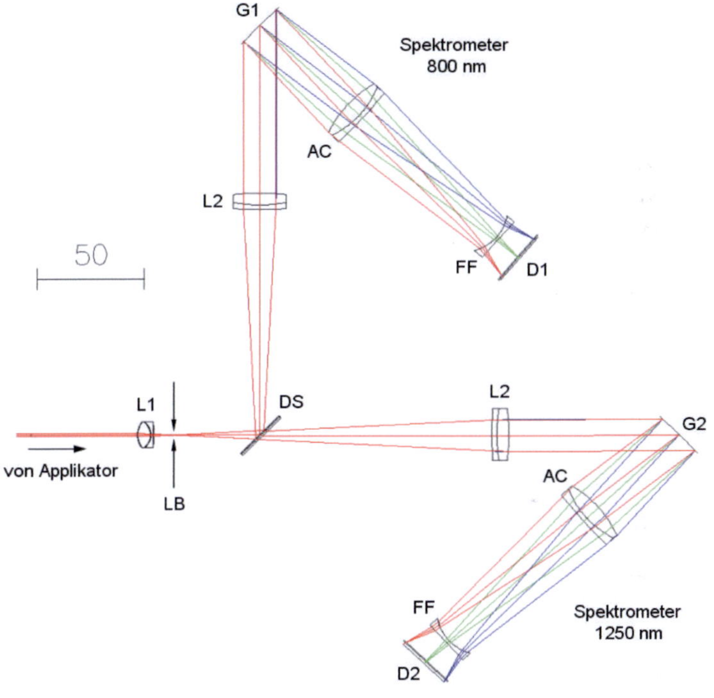

Abb. A.5 Optikkonstruktion des Dualband-Spektrometers und der vorgelagerten Teleskopoptik mittels Raytracing-Software (OSLO Light Edition 6.4, Lambda Research, USA). Die Abkürzungen entsprechen denen in Abb. 5.2: L1: Teleskoplinse 1, LB: Lochblende, DS: dichroitischer Spiegel, L2: Teleskoplinse 2, G1: Gitter 800 nm, G2: Gitter 1250 nm, AC: Achromat, FF: Fieldflatner (Plankonkavlinse), D1: Si-Zeilendetektor (DALSA IL-C6-2048C), D2: InGaAs-Zeilendetektor (Sensors Unlimited SU1024LDH-1.7RT-0500/LC). Maße in mm.

Auflistung der verwendeten optischen Komponenten

Die im Dualband-Spektrometer, der vorgelagerten Faserkopplung und dem Teleskopaufbau verwendeten optischen Komponenten sind umseitig in Tabelle A.6 zusammengefasst.

Tabelle A.6 Optische Komponenten des Dualband-Spektrometers, der Faserkopplung und des Teleskopaufbaus

Bezeichnung in Abb. 5.2	Komponente	Typ	Hersteller / Vertrieb	Bestell-nummer	Bemerkung
K2	Faserkollimator	Asphäre $f = 8$ mm	Schäfter + Kirchhoff	60FC-4-A8-07	Entspiegelung 650 – 1330 nm
ST1	Strahlteiler	80:20 (Transmission : Reflexion); Ø 12,5 mm	Linos	73 3081 208	
SMF	Singlemode-Faser 780 nm	Corning HI 780 Specialty Fiber	Corning / AC Photonics	PSFA1FA3 05-FLX780	FC/APC Patch Cord, 5 m
L1	Kepler-Teleskop-optik; Linse 1	Achromat; Ø 12,5 mm; $f = 14$ mm	Edmund Optics	NT45-209	Breitbandentspie-gelung MgF_2
LB	Lochblende	Lochblende, gefasst Apertur: Ø 50 µm Dicke: 0,03 mm	Edmund Optics	NT56-282	Fassung Ø 25 mm x 1,25 mm
DS	dichroitischer Spiegel	Cut-On-Wellenlänge 950 nm; Ø 25,4 mm; Dicke: 1,5 mm	Omega Optical / Glen Spectra	950DCLP	Einfallswinkel 45°
L2	Kepler-Teleskop-optik; Linse 2	Achromat; Ø 25 mm; $f = 150$ mm	Edmund Optics	NT32-494	Breitbandentspie-gelung MgF_2
G1	Reflexionsgitter 800 nm	goldbeschichtetes Gitter 800 nm; 830 lp/mm; 25 mm x 25 mm	Optometrics / Edmund Optics	NT43-850	Blaze-Winkel 19,38° Dicke: 9,5 mm
G2	Reflexionsgitter 1250 nm	goldbeschichtetes Gitter 1250 nm; 600 lp/mm; 25 mm x 25 mm	Optometrics / Edmund Optics	NT49-574	Blaze-Winkel 22,02° Dicke: 9,5 mm
AC	Achromat für Spektrometer	Achromat; Ø 31,5 mm; $f = 100$ mm	Linos	G322288525	Entspiegelung 725 – 1050 nm
FF	Fieldflatner für Spektrometer	Plankonkavlinse; Ø 22,4 mm; $f = -40$ mm	Linos	G314301525	Entspiegelung 725 – 1050 nm
D1	Si-Zeilenkamera	IL-C6-2048C oder sprint spL2048-70km	DALSA oder Basler		je nach Konfigu-ration A oder B (Tabelle 5.1)
D2	InGaAs-Zeilen-kamera	SU1024LDH-1.7RT-0500/LC	Sensors Unlimited		

A.4 Prismenspektrometer

Konstruktion des Spektrometers

Da das hier vorgestellte Spektrometer zur Charakterisierung des SC-Emissionsspektrums und dessen spektraler Formung mittels der Prismen-Linsensequenz dienen soll, muss es einen großen Spektralbereich von kleiner 700 nm bis größer 1400 nm erfassen können. Die ansonsten vorteilhaften Gitter scheiden für diese Anforderung aus, da sich verschiedene Beugungsordnungen aufgrund des großen Spektralbereichs überlappen würden, und folglich keine eindeutige spektrale Abbildung zustande käme. Anstelle dessen wurde ein Prisma aus hochbrechendem Glas (Schott N-SF10) als dispersives Element verwendet. Das so aufgespaltete Licht wird dann mittels einer Optik auf die zur Verfügung stehende InGaAs-Zeilenkamera (Sensors Unlimited SU1024LDH-1.7RT-0500/LC) fokussiert. Die Quanteneffizienz dieser Kamera ist zwar lediglich im Bereich von 950 nm bis 1650 nm maximal, dennoch kann sie zur Lichtdetektion vom Sichtbaren (ca. 600 nm) bis ins kurzwellige Infraroten (ca. 1750 nm) mit eingeschränkter spektraler Empfindlichkeit verwendet werden. Abb. A.6 zeigt den optischen Aufbau des Prismenspektrometers, der mit Hilfe einer Raytracing-Software (OSLO Light Edition 6.4, Lambda Research, USA) konstruiert wurde.

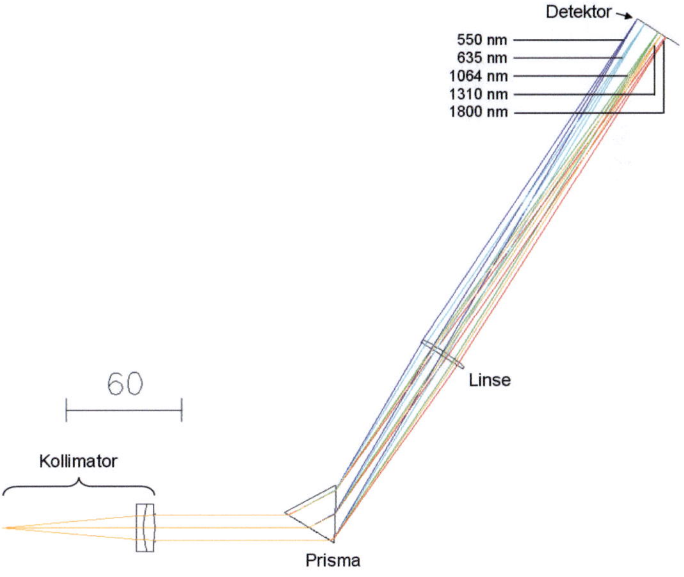

Abb. A.6 Optikkonstruktion des Prismenspektrometers mittels Raytracing-Software (OSLO Light Edition 6.4, Lambda Research, USA). Maße in mm.

Zur Kopplung des Spektrometers an eine Singlemode-Faser dient ein Kollimator, mit dessen Hilfe anschließend das Dispersionsprisma (Kantenlänge 30 mm) nahezu vollständig über dessen Breite ausleuchtet wird. Die spektrale Auflösung $\Delta\lambda_{\min}$ des Prismas kann daher berechnet werden zu [3]

$$\Delta\lambda_{\min} = \frac{\lambda}{b\cdot\left(\mathrm{d}n/\mathrm{d}\lambda\right)}, \tag{A.28}$$

wobei b die Breite der Prismenbasis darstellt. Für das N-SF10-Prisma mit einer Kantenlänge von 30 mm ergibt sich für den Wellenlängenbereich von 600 nm bis 1800 nm eine spektrale Auflösung von ca. 0,2 nm bis 4 nm, was zur Untersuchung des breitbandigen SC-Spektrums ausreichend ist. Der Einfallswinkel des Lichtes auf das Prisma und der mittlere Ausfallswinkel, der die Lage der optischen Achse von Fokussieroptik und Detektor bestimmt, wurde mit Hilfe von Gl. (A.13) für eine minimale Gesamtablenkung bei einer Wellenlänge von 1064 nm berechnet. Aufgrund des symmetrischen Strahlenverlaufs durch das Prisma, der bei minimaler Gesamtablenkung vorliegt, betragen beide Winkel 58,3°. Die Fokussierung des Spektrums auf die Zeilenkamera erfolgte mittels einer Plankonvexlinse mit einer Brennweite von 200 mm. Die im Primenspektrometer verwendeten optischen Komponenten sind in Tabelle A.7 zusammengefasst.

Tabelle A.7 Optische Komponenten des Prismenspektrometers

Bezeichnung in Abb. A.6	Komponente	Typ	Hersteller / Vertrieb	Bestell-nummer	Bemerkung
Kollimator	Kollimator zur Faserkopplung	Monochromat $f = 60{,}5$ mm	Schäfter + Kirchhoff	60FC-4-M60-37-16	Entspiegelung 700 – 1550 nm
Prisma	Dispersions-prisma	N-SF10 60°; 30 mm x 30 mm	Linos	G336672000	
Linse	Plankonvexlinse	N-BK7; Ø 25,4 mm; $f = 200$ mm	Thorlabs	LA1708-B	Entspiegelung 650 – 1050 nm
Detektor	InGaAs-Zeilen-kamera	SU1024LDH-1.7RT-0500/LC	Sensors Unlimited		

Justage und Arbeitsbereich des Spektrometers

Die Justage des Spektrometers erfolgte über vertikale Rotation des Prismas sowie Translation der abbildenden Linse. Als Wellenlängennormale kamen zwei fasergekoppelte Halbleiterlaser bei 635 nm (Laserdiodenmodul HSML-635-01-FC, Frankfurt Laser Company, Deutschland) und 1310 nm (Laserdiodenmodul LFO-14-ip, Roithner Lasertechnik, Österreich) sowie der Nd:YAG-Pumplaser der SC-Lichtquelle bei 1064 nm zum Einsatz. Der theoretische Verlauf der Wellenlänge über den Zeilendetektor ist bekannt und kann analog zu Gl. (A.14) und Gl. (A.15) berechnet werden. Abb. A.7 zeigt den theoretischen Wellenlängenverlauf über die Detektorelemente der Zeilenkamera (Dreiecke) in Kombination mit den gemessenen Zeilenprofilen der drei Justierlaser (orange, grüne und hellblaue Kurve). Es ist zu erkennen, dass die Lage der Spektren gut mit den theoretischen Werten übereinstimmt. Zur Umrechnung von Detektorelementen in absolute Wellenlängen wurde der theoretische Verlauf durch ein Polynom 5. Grades (schwarze Kurve) approximiert, wodurch sich unter Berücksichtigung der spektralen Empfindlichkeit der Kamera von ca. 600 nm bis 1750 nm ein Arbeitsbereich des Spektrometers von 540 nm bis 1830 nm ergibt.

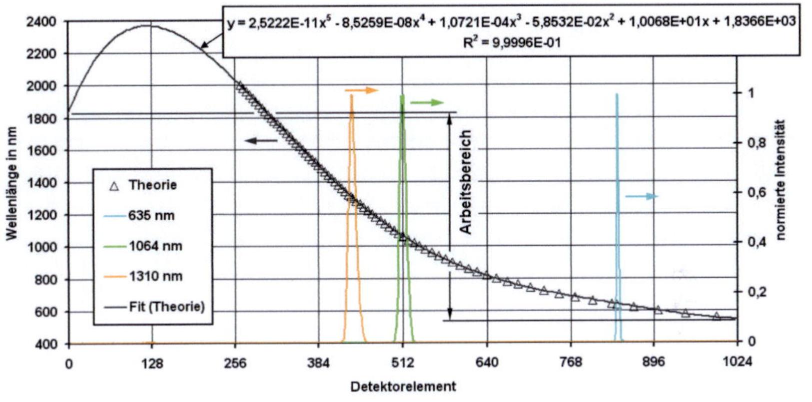

Abb. A.7 Arbeitsbereich des Prismenspektrometers. Theoretisch ermittelter Verlauf der Wellenlänge über die Detektorzeile (Dreiecke), Fit-Funktion (Polynom 5. Grades, schwarze Kurve) zur Umrechnung von Detektorelementen in absolute Wellenlängen und Zeilenprofile der Justierlaser bei 635 nm, 1064 nm und 1310 nm (orange, grüne und hellblaue Kurve, Farben entsprechen der Darstellung der jeweiligen Wellenlänge in Abb. A.6) mit deren Hilfe das Spektrometer eingestellt wurde.

A.5 Erweiterter Messkopf zur Bildgebung am Auge (Augenapplikator)

Als Augenapplikator kommt der leicht modifizierte Standardmesskopf gemäß Abschnitt A.3 zur Anwendung, der mit einer Vorsatzoptik im Probenarm, einer entsprechenden Verlängerung des Referenzarms und einer Vorrichtung zur Kompensation der zusätzlich durch Vorsatzoptik und Auge eingebrachten Dispersion erweitert wurde. Die Vorsatzoptik bestehend aus einer Triplettlinse und einer Plankonvexlinse wurde mittels Raytracing-Software (WinLens 4.4, Linos Photonics, Deutschland) so ausgelegt, dass sie zum einen das telezentrische Scan-Muster des Standardapplikators in ein fächerförmiges Muster überführt, und zum anderen den Probenstrahl auf die Retina fokussiert, während sich der Pivot-Punkt des fächerförmiges Scans im vorderen Bereich der Augenlinse befindet. Als Augenmodell diente das im Abschnitt 6.1.2 beschriebene *Schematic rat eye* mit aufgelegter Kontaktlinse. Das Ergebnis des Raytracings für den Probenarm des Augenapplikators ist in Abb. A.8 dargestellt.

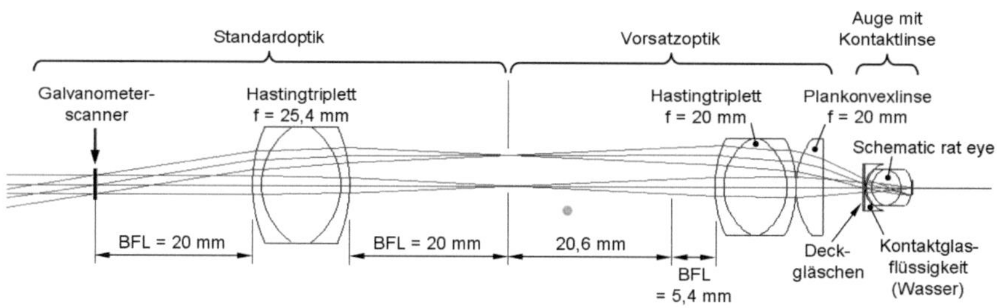

Abb. A.8 Optik-Design für den Probenarm des Augenapplikators mittels Raytracing-Software (WinLens 4.4, Linos Photonics, Deutschland). Der kollimierte Probenstrahl wird von den Galvanometerscannern über die standardmäßig verwendete Scanlinse (Hastingtriplett $f = 20$ mm) mit einer rückwärtigen Brennweite (*back focal length* – BFL) von 20 mm und der Objektivlinsenkonfiguration in der Vorsatzoptik (Hastingtriplett $f = 20$ mm; Plankonvexlinse $f = 20$ mm) mit einer kombinierten BFL von 5,4 mm auf das Auge abgebildet. Durch einen Versatz der Brennpunkte zwischen Scanlinse und Objektivlinsenkonfiguration von 20,6 mm entsteht hinter der Vorsatzoptik ein konvergenter Probenstrahl mit fächerförmigem Scan-Muster, der in Verbindung mit der Kontaktlinse direkt auf den Augenhintergrund fokussiert werden kann. Weitere Erläuterungen im Text.

Die Vorrichtung zur Dispersionskompensation besteht aus einem Prismenpaar und einer 3 mm dicken Glasplatte und dient gleichzeitig zur Verlängerung des Referenzarmes. Sowohl Prismen als auch Glasplatte bestehen aus N-BK7. Beide Prismen können übereinander gleiten und sind mittels Schrauben unabhängig voneinander quer zur Strahlrichtung verschiebbar. Die dafür erforderlichen Führungs- und Rückstellkräfte wurden über Federn realisiert. Die Menge an N-BK7, die zusätzlich in den Referenzarm eingebracht werden kann, lässt sich damit stufenlos von 6,4 mm bis auf 24,9 mm Dicke variieren. Die optischen Komponenten, die im Augenapplikator gegenüber dem standardmäßig verwendeten Dualband-Messkopf zusätzlich zum Einsatz kommen, sind in Tabelle A.8 aufgeführt.

Tabelle A.8 Zusätzliche optische Komponenten des Augenapplikators

Bezeichnung in Abb. 6.4	Komponente	Typ	Hersteller / Vertrieb	Bestell-nummer	Bemerkung
OL	Objektivlinsen-konfiguration (Vorsatzoptik)	Hastingtriplett; Ø 12,5 mm; *f* = 20 mm	Edmund Optics	NT45-251	Breitbandentspiegelung MgF_2
		Plankonvexlinse; Ø 12,5 mm; *f* = 20 mm	Linos	G312329525	Entspiegelung 725 – 1050 nm
DK	Dispersions-kompensation	Littrowdispersionsprisma N-BK7 30° - 60° - 90°; 12,7 mm x 21,9 mm	Edmund Optics	NT43-648	2 Stück; unbeschichtet
		1/4λ N-BK7 Fenster; Ø 12,5 mm; Dicke 3 mm	Edmund Optics	NT45-257	Breitbandentspiegelung MgF_2

B Technische Daten

Tabelle B.1 Technische Daten des Dualband-OCT-Systems

	800 nm	1250 nm
Lichtquelle	• SuperK Versa Super Continuum Source, Koheras A/S, Dänemark	
Detektor	• [a]DALSA IL-C6-2048C • [b]Basler sprint spL2048-70km	• Sensors Unlimited SU1024LDH-1.7RT-0500/LC
volle spektrale Bandbreite*	• [a]200 nm • [b]176 nm	• 300 nm
axiale Auflösung	• [a]3,8 µm (in Luft) • [b]4,2 µm (in Luft)	• 5,7 µm (in Luft)
laterale Auflösung	• 7,0 µm (mit Standardmesskopf)	• 10,9 µm (mit Standardmesskopf)
maximaler Tiefenmessbereich	• [a]0,8 mm (in Luft) • [b]1,98 mm (in Luft)	• 1,35 mm (in Luft)
A-Scan-Rate	• [a]11,88 kHz • [b]≤ 70 kHz	• ≤ 47 kHz
max. Aufnahme-geschwindigkeit (512 Linien/B-Scan)	• [a]23,2 fps • [b]136,7 fps (A-Scan-Rate 70 kHz)	• 91,8 fps (A-Scan-Rate 47 kHz)
Pixel pro A-Scan (maximal)	• [a]512 • [b]1024	• 512
Sensitivität	• [a]-94 dB • [b]-93 dB (A-Scan-Rate 12 kHz)	• -92 dB (A-Scan-Rate 12 kHz)

* theoretisch berechnete oder durch Simulation bestimmte Werte